W0075320

WEINLANDSCHAFT
ITALIEN

Hallwag Verlag Bern und München

Die englische Originalausgabe ist unter dem Titel
THE NEW ITALY im Verlag Mitchell Beazley,
einem Imprint von Octopus Publishing Group Limited,
London, erschienen.

© Octopus Publishing Group Limited 2000
© Text: Daniele Cernilli und Marco Sabellico 2000
© Karten: Octopus Publishing Group Limited 2000

Aus dem Englischen von Elke Raab
Produktionsbetreuung der deutschsprachigen Ausgabe:
Eva Henle, books in prog•ress, Wien
Umschlag: Robert Buchmüller
Umschlagbild: Simon McBride
Gestaltung: Colin Goody
Kartografie: Hardlines, Colin Goody
Bildrecherche: Sandra Assersohn, Carla Bertini,
Kali Dhillon, Clare Gouldstone, Helen Stallion
Printed and bound by Toppan Printing Company in China

© Hallwag AG, Bern 2000
Alle deutschen Rechte vorbehalten

ISBN 3-7742-5289-0

Hallwag

Daniele Cernilli · Marco Sabellico

WEINLANDSCHAFT
ITALIEN

Tradition und Aufbruch

Inhalt

Vorwort

Die Welt des italienischen Weins lässt sich am besten – wenn auch etwas unorthodox – als «faszinierendes Chaos» beschreiben. Italien hat über 300 DOCs – *denominazioni di origine controllata* – und DOCGs – *denominazioni di origine controllata e garantita*. Rechnet man die IGTs – *indicazioni geografiche tipiche* – dazu, so kommt man auf über 500 Klassifikationen. Rund 50000 Kellereien erzeugen eine Unzahl verschiedener Weine. Eine so komplexe Situation verwirrt selbst Kenner der Materie und ist dazu angetan, Weinfreunde abzuschrecken, die sich durchaus für italienischen Wein interessieren.

Italiens Weine und Weinbaugebiete in all ihren Aspekten zu erfassen ist äußerst schwierig. Man sollte dafür nicht nur in Geografie, Botanik, organischer Chemie und Biologie, in den Bräuchen und Traditionen, sondern auch im Verkosten von Weinen bewandert sein – kurzum, Fachwissen und zugleich praktische Erfahrung mitbringen.

Wir maßen uns nicht an, alle offenen Fragen zu beantworten, hoffen aber, einen Grundstein für weitere Erkundungen zu legen. Wir haben versucht, komplizierte Fachausdrücke zu vermeiden, und wollen der Leserschaft das Rüstzeug für eine Reise durch das Weinland Italien vermitteln. Auf dieser Reise wird man entdecken, dass in Italien vielfach noch die alten Gebietsgrenzen gelten, innerhalb derer bestimmte Rebsorten angebaut und Weine erzeugt werden, und dass Traditionen bewahrt wurden, die sonst wohl in Vergessenheit geraten wären.

In diesem Buch wird es aber nicht nur um Wein gehen. Hinter jedem dieser Weine steht ein Stück lokaler oder regionaler Geschichte – die Geschichte eines Landes, das noch nicht allzu lange Italien heißt, die Geschichte einer alten, erhabenen Kultur. Viele Menschen empfinden immer noch eine tiefe Verbundenheit zu einem bestimmten Gebiet, und Italiens Weine spiegeln das wider.

Erhebende Landschaften, jahrtausendealte Geschichte, große Talente des Weinbaus – da kann eine Italienreise schon zur Weinodyssee werden.

In Italien sind zur Zeit der Weinlese fast eine Million Menschen im Einsatz. Zwischen September und Oktober kommt man auf vielen Landstraßen wegen des ständigen Hin und Her der Traktoren mit ihren mit Trauben voll geladenen Anhängern kaum voran. Bei der Lese wird deutlich, wie tief der Weinbau in den ältesten Traditionen dieses Landes verankert ist.

Mit dem Wissen wächst das Verständnis für die Zusammenhänge, und die Entwicklungen, die tausende Weinbaubetriebe in den wichtigsten Anbaugebieten Italiens in jüngster Zeit mitgemacht haben, sind zum Teil sagenhaft. Die Modernisierung setzt sowohl bei Anbaumethoden und Weinbergarbeit als auch bei der Vinifizierung und Reifung der Weine an. Unterstützt wird dieser Aufbruch in Richtung Fortschritt und Innovation in hohem Maß durch die ständige Entwicklung von Italiens internationalen und heimischen Märkten.

Und was wird die Zukunft bringen? Zu erwarten sind eindeutig eine massive Verbesserung im mittleren Qualitäts- und Preissegment sowie ein Aufstieg zur Weltklasse bei den teureren Spitzengewächsen, vergleichbar dem französischen Erfolgsrezept «Image und Exklusivität». Führende Erzeuger wie Angelo Gaja im Piemont haben bewiesen, dass es heute für große italienische Weine im oberen Preissegment einen internationalen Markt gibt, der in der Vergangenheit nicht wirklich existierte.

Die «Qualitätsrevolution» beruht auch auf der Neuanlage vieler Weinberge und dem auch bei Massenproduzenten anzutreffenden Bestreben, mit höherer Qualität interessantere Marktsegmente zu erobern. Das stimmt optimistisch. Hält diese Entwicklung an, könnte Italien im Who's Who der Welt des Weins bald zu den alten Hasen zählen – wofür es bei einer so weit zurückreichenden Weinkultur auch langsam an der Zeit wäre.

Ein historischer Abriss

Italien war vielleicht nicht das erste Land, in dem je Wein erzeugt wurde; seine Weinberge jedoch brachten schon in prähistorischer Zeit Ruhm ein. Ausgrabungen zeigen, dass wilde Vitis-vinifera-Reben in Italien heimisch und schon seine frühesten Bewohner aufstrebende Winzer und Weinerzeuger waren. Das wissen wir von den Phöniziern, die über Jahrhunderte den Handel im Mittelmeerraum beherrschten und bei ihrer Ankunft in Apulien gegen 2000 v. Chr. bereits primitive Methoden der Weinerzeugung vorfanden.

Die Anfänge des italienischen Weinbaus gehen auf die Griechen zurück, die Süditalien und Sizilien besiedelten und deren Weinbautechniken die einheimische Bevölkerung bis hinauf ins Piemont und ins Veltlin übernahm. Unabhängig davon handelten die Etrusker von Mittelitalien aus bis nach Gallien mit ihrem eigenen Wein. Angesichts des Erfolgs dieser frühen Weinerzeuger, des günstigen Klimas und seiner Böden erstaunt es nicht, dass Italien bald als Oenotria galt – das Land des Weins.

Die Römer übernahmen und verbesserten Elemente sowohl des griechischen als auch des etruskischen Weinbaus und entwickelten Reberziehung und Schnittsysteme, die noch durchaus bis ins 17. und 18. Jahrhundert Anwendung fanden. Bald brachten römische Weinberge beachtliche 1500 kg Trauben pro Hektar hervor – eine Zahl, die den Vergleich mit den intensiv bebauten Rebflächen unserer Zeit nicht zu scheuen braucht. Die Krise des griechischen Weinbaus hob Italiens Ansehen noch, und in der Republik (509–27 v. Chr.) sowie im Kaiserreich (27 v. Chr.–395 n. Chr.) griff der Weinbau im römischen Imperium rasch um sich. Dichter und Historiker wie Horaz oder Plinius d. Ä. nannten als berühmteste Weine Falerner und Massicano (beide aus dem Norden Kampaniens), Caecubo aus dem Süden Latiums, den sizilianischen Mamertino, den venetischen Retico und die Weine aus Alba südlich von Rom.

Die Römer brachten ihre Weinbaumethoden in die neuen Provinzen – etwa die Provence, das Narbonnais, die Gegend um Vienne (die heutige Côtes du Rhône) – und pflanzten riesige Weingärten um Tarragona und Valencia, von wo aus sie Wein in großen Mengen exportierten. Seit dem 2. Jahrhundert n. Chr. wurde Wein auch im Gebiet der heutigen Côte d'Or, der Heimat der großen Burgunder, in der Umgebung von Lutetia (Paris), entlang des Rheins und der Mosel und sogar in England angebaut.

Transport und Reifung des Weins

Das Schicksal des römischen Weinbaus ist mit dem der Amphore verknüpft. Das beliebte zweihenkelige Tongefäß wurde vor 1500 v. Chr. von den Kanaanitern entwickelt. Es fasste zwischen 26 und 40 Liter, wurde mit Kork- oder Holzstöpseln verschlossen, mit Pech luftdicht versiegelt und brachte den Wein bis in die hintersten Winkel des Imperiums.

Die spitz zulaufende Amphore steckte man in die Erde oder im Schiffsladeraum in eine Sandschicht. Der Wein alterte und reifte darin ähnlich wie in den heutigen Flaschen unter Sauerstoffabschluss, was die Begeisterung erklärt, mit der man damals von der Verkostung von über vierzig Jahre alten Weinen schwärmte. Große Jahrgänge wie der Opimianische reiften über hundert Jahre (belegt 121 v. Chr., als Opimius Konsul war). Die Amphoren erwiesen sich jedoch als zerbrechlich und wurden nach und nach durch Holzgefäße aus den Werkstätten der für ihre Tischlerarbeiten berühmten Kelten ersetzt.

Auch der Stil der Weine war unterschiedlichen Moden unterworfen. Ursprünglich ähnelten die meisten römischen Weine einem dickflüssigen, süßen Sirup mit recht hohem Alkoholgehalt; sie wurden üblicherweise mit Wasser verdünnt. Im Mittelalter kam man allmählich von dieser Tradition ab, aber schon zur Römerzeit trank so mancher reinen, unverdünnten Wein – Merum – und galt dann nicht selten als Alkoholiker. In der Endzeit

Der Wein war stets untrennbar mit der italienischen Lebensart verbunden. Kein Wunder, dass Italien als «Oenotria» – Land des Weins – galt. Dieses Gemälde von Giorgio Morandi (1938) zeigt Wein als starkes, alles überdauerndes Symbol.

des römischen Imperiums im 5. Jahrhundert entwickelte sich der Wein allmählich zu dem, was wir heute darunter verstehen – er wurde «dünner», verlor an Süße und hatte in der Regel bereits einen niedrigeren Alkoholgehalt.

Der Niedergang Oenotrias

Mit dem Ende des römischen Imperiums brach für Italien und seine Weine das finstere Mittelalter an. Der Weinbau überlebte meist nur rund um Klöster, vom Qualitätswein blieb nur die Erinnerung. Die Produktion sank merklich, und da das Getränk schwer zu transportieren war, wurde es meist vor Ort zu religiösen oder Heilzwecken verabreicht. Amphoren gab es nicht mehr, Flaschen noch nicht – die Zeit der Fässer brach an. Doch die waren einer längeren Alterung selbst der besten Jahrgänge nicht förderlich, und so wurde Wein meist jung getrunken.

Italien bestand damals aus zahllosen Einzelstaaten, von «italienischem Wein» konnte im Mittelalter daher nicht die Rede sein; erst in der Zeit des Risorgimento begann man Buch zu führen. Wir wissen allerdings, dass die Republik Venedig den Mittelmeerraum und den Handel mit Süßweinen aus Sizilien, Zypern, Kreta und Griechenland auf den Märkten Nordeuropas beherrschte. In Italien gab es in jener Zeit einige legendäre Weine: rote Toskaner wie zum Beispiel den Montepulciano (später als Vino Nobile bekannt), den weißen Vernaccia di San Gimignano oder den süßen weißen Orvieto.

Schon die Römer betrieben in Italien Weinbau – deren Vorbilder waren Griechenland und der Nahe Osten. Diese Vase aus dem Haus des Fabius Rufus in Pompeji zeigt den Weingott Dionysos und Ariadne auf der griechischen Insel Naxos.

Anfang des 18. Jahrhunderts trat eine für den europäischen Weinbau entscheidende Wende ein. Bis 1709 wurde selbst im nördlichen Wales und Schottland Wein angebaut. In jenem Jahr aber zerstörte der Frost alle Weinberge der Gegend und richtete an den Reben weiter Teile Frankreichs, Deutschlands und Norditaliens schwere Schäden an; nur der äußerste Süden blieb verschont. Im Jahr darauf verfünffachten sich die Weinpreise. Diese dramatischen Ereignisse veranlassten italienische Winzer, die resistentesten und ertragreichsten Rebsorten anzupflanzen – was die Ausbreitung von Pagadebit (Bombino Bianco), Trebbiano und Verduzzo erklärt. Innerhalb weniger Jahre hatte sich die Weinerzeugung völlig gewandelt.

1716 wurden daher vom toskanischen Großherzog Cosimo III. die ersten Weingesetze erlassen – wenn auch nur für das Chianti und dessen Umgebung, denn der Chianti galt als so kostbar, dass er geschützt werden musste. Es war jedoch aufgrund der instabilen politischen Lage schwer, italienweit hochqualitative Weine zu entwickeln. Wein wurde von Bauern erzeugt und getrunken – und nicht etwa, wie in Frankreich, vom Adel. Im Gegensatz zum teuren französischen Wein, der an fast allen europäischen Höfen hoch in der Gunst stand, trank man in Italien den Wein meist dort, wo er wuchs.

Das 19. und 20. Jahrhundert

Im 19. und bis weit ins 20. Jahrhundert beherrschten französische Weine Europa. Mit der Einführung des DOC-Systems (Denominazione di Origine Controllata) Anfang der sechziger Jahre verbesserten sich Italiens Weine enorm und genießen heutzutage internationales Ansehen.

Einer der berühmtesten, der Brunello di Montalcino, wurde seit 1888 von Biondi Santi hergestellt; aber erst 1964 wurde dem Brunello, nun im «neuen Stall» der Fattoria Barbi Colombini – ein marktfähiges Image verpasst, das seinem Namen gerecht wurde. Barolo, ein weiterer großer italienischer Roter, kam vor allem in der zweiten Hälfte des 19. Jahrhunderts auf. Älterer Abstammung sind Chianti, Vino Nobile di Montepulciano und Vernaccia di San Gimignano, ihr Export war jedoch – vom Chianti abgesehen – bis vor wenigen Jahren nicht nennenswert.

Auch das Image von Schaumwein (Spumante) ist dem Export wenig förderlich. Obwohl Carlo Gancia, Giuseppe Contratto und Antonio Carpenè sich bereits Ende des 19. Jahrhunderts an hochwertigem Spumante versuchten, hat heute nur Asti international Erfolg – das Gros der italienischen Schaumweine bleibt im Lande.

Heute sind sich Italiens Weinerzeuger des großen Potenzials ihrer Weine bewusst – zugleich aber auch der Tatsache, dass man in Frankreich mit der Crème der Weine, Weinerzeuger und Anbaugebiete des Landes vertraut ist, in Italien hingegen kaum jemand weiß, wo genau Montalcino, der Collio Goriziano oder selbst die besten Weinbaugemeinden des Chianti liegen. Restaurants bieten weiter oft nur «Weißwein» oder «Rotwein» an, und im englischsprachigen Ausland werden italienischer und spanischer Wein gerne in einen Topf geworfen. Um den Beifall, den französische, deutsche, amerikanische, ja selbst portugiesische Weine ernten, muss Italien dort noch ringen.

Französische Sorten verdanken ihre Beliebtheit in Italien unter anderem der Reblaus, die die Wurzeln der Rebstöcke befällt und aussaugt. Sie wurde Ende des 19. Jahrhunderts mit katastrophalen Auswirkungen von Amerika nach Italien eingeschleppt. In Friaul, im Trentino und im Veneto (die zum Teil zu Österreich-Ungarn gehörten) ließen sich die befallenen Stöcke nur durch den Import französischer Reben ersetzen, die bereits auf reblausresistente amerikanische Unterlagen gepfropft waren. Deshalb finden sich heute «klassische» französische Sorten wie Cabernet, Chardonnay und Pinot neben den für ihre Gegend typischen Sorten Tocai, Refosco, Marzemino, Nosiola, Ribolla, Verduzzo und Malvasia Istriana.

Zurück zur Tradition

Man findet in Italien auch heute noch Weine, die man als direkte Nachkommen der alten griechisch-römischen Tradition bezeichnen könnte – aber sie sind selten. Während die Tradition, Weine zu harzen, im beliebten griechischen Retsina fortlebt, findet man das italienische Erbe nur noch bei den Passito-Weinen des Mezzogiorno – etwa dem süßen Greco di Bianco, auch bekannt als Greco di Gerace, aus Reggio di Calabria. Heute werden allerdings wieder mehr Weinberge mit alten Rebsorten bepflanzt. So feiern Weine ihr Comeback, die sonst womöglich ausgestorben wären – Weißweine wie Fiano di Avellino und Timorasso in Allessandrino, bei den Rotweinen etwa Ruchè oder Pelaverga aus dem Piemont oder die friaulischen Sorten Tazzelenghe und Schioppettino.

In den vergangenen Jahrzehnten versuchte man in Italien mit Programmen zur raschen, beinahe rasanten Qualitätsverbesserung gute Weine in klassischen Regionen wie Falerno und Caecubo zu erzeugen – durchaus mit ausgezeichnetem Erfolg. Dass maßgebliche Weinkritiker heute von der «Renaissance» des italienischen Weins sprechen, ist den – oft kühnen – Bemühungen von Weinerzeugern um Qualitätssteigerung sowie dem Geschick von Önologen zu verdanken, die es wagten, neue Vinifizierungs- und Anbaumethoden anzuwenden – mit dem Erfolg, dass es heute nicht mehr für Schlagzeilen sorgt, wenn italienischer Wein Weltklasse erreicht oder bei einer internationalen Verkostung Lorbeeren einheimst. Gebiete wie Chianti Classico, die Langhe und der Collio liefern uns Weine, die neben den Weltbesten bestehen können.

Kein anderes Land hat so vielfältige Böden und Mikroklimate oder eine solche Fülle «einheimischer» Weingärten wie Italien. In einer Welt, in der Wein dem globalen Trend zum Einheitsgeschmack folgt und «internationale Sorten» wie Chardonnay und Cabernet Sauvignon boomen, kann Italien stolz auf seine modernen und traditionellen Erzeuger von Weltrang und seine faszinierende Palette alter und neuzeitlicher Weine verweisen.

In der Kunst der Renaissance findet man häufig Hymnen auf den Wein. Eines der berühmtesten Bilder ist Caravaggios junger Bacchus (etwa 1593/94) in den Uffizien in Florenz.

Weinbau in Italien

Die italienische Weinproduktion fiel 1997 zwar auf unter 50 Millionen Hektoliter, dieser Rückgang wurde jedoch durch höhere Weinpreise und eine generelle Qualitätssteigerung infolge beträchtlicher Fortschritte in Vinifikation und Ausbau wettgemacht. Dadurch kam es zu zuverlässigeren Weinen, und chemische Stabilisatoren wurden durch Filtration, niedrige Gärtemperaturen und ausgesuchte Hefekulturen überflüssig.

Es gibt immer noch Spielraum für Verbesserungen, etwa bei der Klonenwahl, der Auswahl der Rebsorten und bei den Anbaumethoden. In einigen Regionen steht die Analyse von Böden und klimatischer Lage noch aus.

Italien muss heute immer mehr neben Ländern bestehen, die um qualitätsinteressierte Konsumenten in Europa, Amerika und Asien wetteifern. Den Trend zum «internationalen» Wein mitzumachen – Cabernet Sauvignon, Merlot und Chardonnay –, mag kurzfristig Erfolg versprechen, aber für manche Erzeuger würde das bedeuten, die italienischen Weinbautraditionen in ihrer Vielfalt aufzugeben und einer Vereinheitlichung, wenn auch auf einem international hohen Niveau, Platz zu machen. Mit dieser Entwicklung ginge der Verlust des typisch italienischen Stils – und somit der Trumpfkarte des Landes auf internationaler Ebene – einher.

Weinlese bei Barolo. Jede Traube wird einzeln vom Weinstock geschnitten und kommt dann in eine Plastikkiste.

Zunächst einmal muss Italien unter Beweis stellen, dass es seine besten Weine in gleich bleibender und verlässlicher Qualität erzeugen kann, was die italienischen Landwirtschaftsbehörden vor enorme Herausforderungen stellt. In den Hauptanbauregionen und in den wichtigsten Produktionsgebieten werden derzeit wesentliche Schritte in diese Richtung unternommen.

Nordwestitalien

Im Piemont laufen Untersuchungen zur Modernisierung der Vinifikation bei Premiumweinen. Die Erzeuger von Barolo und Barbaresco versuchen verstärkt Weine zu produzieren, die schneller reifen und leichter trinkbar sind – ein Schock für Traditionalisten. Aber der weltweite Erfolg, den die besten dieser innovativen Winzer erzielten, rechtfertigt zu einem gewissen Grad die Abkehr von den alten Methoden – zumindest für die nahe Zukunft. Kürzere Mazeration und der Trend zum Barriqueausbau haben die Konsumenten vielerorts besänftigt. Der Geist der Erneuerung hat selbst Regionen wie Asti erfasst, wenn auch mit unterschiedlichen Ergebnissen.

Vergleichbare Entwicklungen finden in den fortschrittlichsten Teilen der Lombardei statt, etwa in Franciacorta. Die Modernisierung gewinnt jedoch nicht überall an Boden: Regionen wie Oltrepò und Valtellina bleiben der örtlichen Tradition eng verbunden und setzen in erster Linie auf die lokale Nachfrage.

Nordostitalien

Auch die ertragsstarke Region Veneto befindet sich in einer massiven Umwälzung, die vor allem den Valpolicella betrifft: Viele Winzer konnten in den letzten Jahren spektakuläre Qualitätssprünge machen – ein typisches Beispiel ist hier der Amarone, der international Lob erntete.

In Südtirol kam es, unterstützt von den besten Winzergenossenschaften Italiens, zu außergewöhnlichen technischen und qualitativen Verbesserungen in vergleichbarem Ausmaß. Das benachbarte Trentino profilierte sich neben der Stillweinproduktion auch im Bereich hochqualitativer Schaumweine – eine Initiative der großen Genossenschaften, die neunzig Prozent der regionalen Produktion beherrschen. Friaul – Julisch-Venetien dagegen blieb gegen den weltweiten Trend zum Rotwein in den vergangenen Jahren vorwiegend bei der Produktion von Weißwein.

In den letzten Jahren entdeckten die Konsumenten, dass die Emilia-Romagna weit mehr als nur Lambrusco zu bieten hat. Heute ist diese Region die Heimat einer Reihe faszinierender Weine aus den Colli Piacentini über die Colli Bolognesi bis hin zur Teilregion Romagna.

Insbesondere im Aostatal und in Ligurien bleiben etliche Winzer beim traditionellen Wein, den sie in kleinen Mengen im Wesentlichen nur in ihrer Heimatregion verkaufen, obwohl sie mit diesem Wein durchaus auch international punkten könnten.

West- und Mittelitalien

Die Toskana ist und bleibt das Barometer der önologischen Renaissance Italiens. Moderne Methoden, eine Phalanx hervorragender Erzeuger und einige der Spitzenönologen Italiens bringen Ergebnisse, die noch vor zwanzig Jahren undenkbar gewesen wären. Chianti Classico, Vino Nobile di Montepulciano, Brunello di Montalcino

Sofort nach der Lese kommen die Trauben in die Kellerei. Blätter, Zweige und schlechte Beeren werden aussortiert. Das Bild zeigt Sangiovese-Trauben auf Castello di Volpaia (Toskana).

Auch in Latium steigt die Qualität allmählich. Hier kam es durch die Abkehr von den althergebrachten Traditionen und die Hinwendung zu standardisierteren Weinen zu besonders einschneidenden Verlusten. In Montefiascone, Frascati und Marino zeichnen sich jedoch neue Entwicklungen ab, und die Spitzenönologen der Region schaffen ein attraktives Weinsortiment.

Unter den Regionen Mittelitaliens haben die Abruzzen mit ihrem beachtlichen Preis-Leistungs-Verhältnis beim Wein wohl die besten Aussichten. Montepulciano und Trebbiano gehören sicher zu den interessantesten Rebsorten der Region, die in der Hand der Großgenossenschaften schon jetzt erstklassige Weine ergeben.

Südlich davon stellt die gebirgige Lage von Molise, der Basilicata und Kalabriens ganz andere Anforderungen an den Weinbau. Aglianico del Vulture und Cirò sind durchaus interessante Weine, die jedoch nach wie vor nur Insidern bekannt sind.

Das südliche Italien

Ganz anders stellt sich die Lage in Kampanien dar, wo einheimische Rebsorten wie Aglianico, Greco, Fiano oder Falanghina sowie eine Reihe renommierter Kellereien das Image der Weine aufpoliert haben. Hier sieht die Zukunft rosig aus, und bei den derzeitigen Erzeugungs- und Vermarktungsstrategien sollte dieses Gebiet bald zu den Spitzenweinregionen Italiens gehören.

Apulien und Sizilien könnten das «Kalifornien Italiens» werden. Die Produktion ist enorm, die Qualität im Schnitt höher als anderswo – die Weine sind erstaunlich gut, aber noch weithin unbekannt. Neben der Masse des anonymen Verschnitts erzeugen nur rund zwanzig Firmen Außergewöhnliches auf dem letzten Stand der Technik, aber sogar die Massenweine sollten es bald mit der Konkurrenz aus Übersee aufnehmen können. Heimisch sind in dieser Region Negroamaro, Primitivo, Nero d'Avola und Inzolia, und zu den aufstrebenden Gebieten gehören Salento, Gravina und Pachino. Jetzt sind nur noch einige vernünftige Investitionen in überschaubarer Höhe und auf lange Sicht ein wenig Optimismus nötig.

Sardiniens Potenzial zeigte sich bereits ansatzweise in Regionen wie Sulcis, Gallura und Alghero anhand von Rebsorten wie Cannonau, Carignano, Vermentino, Torbato, Vernaccia di Oristano und Nasco. DOCG-Status erhielt im Jahr 1997 der Vermentino di Gallura – ein Wein, der die robuste und zugleich offenherzige Art der sardischen Bevölkerung widerspiegelt.

Nach der Gärung (meist in Edelstahltanks) besteht die Möglichkeit, den Wein im Fass reifen zu lassen. Die großen Fässer heißen *botti*.

und die Super-Toskaner (manche aus Anbaugebieten, die wie Bolgheri DOC-Status erlangt haben) werten die Region und ihren typischen Vertreter, den Sangiovese, wieder auf. Heute gehören toskanische Weine – und mit ihnen zu Recht der Sangiovese – zur intenationalen Elite.

Ganz ähnlich hat der beeindruckende Relaunch des Verdicchio die Weinqualität in den Marken schlagartig gesteigert. Ob in Matelica oder in der viel größeren Region Castelli di Jesi – der Verdicchio, eine der besten einheimischen weißen Rebsorten Italiens, feiert sein Comeback.

Auch in Umbrien kam es zu großen Fortschritten bei Weinbau und Weinerzeugung, insbesondere in den Herkunftsgebieten der DOCG-Weine Torgiano Rosso Riserva und Sagrantino di Montefalco. Auf dem Weißweinsektor geht es zugegebenermaßen weniger spektakulär zu; die Führungspositionen des klassischen Orvieto und des aufsteigenden Gebiets Colli Amerini sind unangefochten.

Gianfranco Repellino von
Giordano kontrolliert
den Gärverlauf seines
Chardonnays in tempe-
raturgesteuerten
Edelstahltanks.

Klassifizierung

Bis weit ins 20. Jahrhundert hinein wurden viele der historischen italienischen Weingesetze missachtet. Das Gesetz über die heute gültige Klassifizierung nach DOCs – *denominazione di origine controllata* – und DOCGs – *denominazione di origine controllata e garantita* – wurde 1963 vom italienischen Parlament verabschiedet. In Anlehnung an die entsprechenden französischen Gesetze über die *appellation contrôlée* regelt es die Qualitätskontrolle für den italienischen Wein.

Der erste Wein, der DOC-Status erhielt, war der berühmte toskanische Weiße Vernaccia di San Gimignano. In den Folgejahren wurde eine Unzahl von DOC-Klassifizierungen quer durch das gesamte önologische Spektrum des Landes vergeben – von Chianti bis Barolo, von Amarone bis Brunello di Montalcino.

Rund dreißig Jahre später wurde klar, dass es neuer Bestimmungen bedurfte. 1992 wurde daher das bisherige Appellationssystem novelliert und vervollständigt. Heute umfasst es vier Qualitätsstufen, die jeweils die verschiedensten Weintypen umfassen, mit über 300 DOC- und DOCG-Weinen und insgesamt 18 000 Sorten.

Vini da tavola – Tafelweine

Dieser Begriff bezeichnet die qualitative Grundstufe der Weine. Das Etikett gibt außer Name und Warenzeichen des Abfüllers meist nur die Farbe des Weins (*bianco, rosso, rosato* – weiß, rot, rosé) an. Es sind Weine ziemlich einfachen Stils aus einer fruchtigen, harmonischen Mischung von Trauben aus den verschiedensten Anbaugebieten, Sorten oder sogar Jahrgängen – jedenfalls in der Theorie.

Laut Etikett handelt es sich hier um DOC Verdicchio dei Castelli di Jesi (Marken), und zwar um einen *classico superiore* aus dem kleineren, «klassischen» Teil von Castelli di Jesi mit höherem Alkoholgehalt – in diesem Fall 13,5 Volumenprozent – als «normaler» DOC Castelli di Jesi.

Indicazione geografica tipica (IGT)

Die zweite Qualitätsstufe entspricht ungefähr dem französischen *vin de pays*. Auf dem Etikett von IGT-Weinen dürfen die geografische Herkunftsregion (z. B. Toskana), die Hauptrebsorte (z. B. Sangiovese) und der Jahrgang angegeben werden.

Denominazione di origine controllata (DOC)

Die dritte Stufe umfasst Weine höherer Qualität, die in klar abgegrenzten Gebieten nach gesetzlichen Bestimmungen *(disciplinari)* erzeugt wurden. Die Bestimmungen betreffen zulässige Stile – etwa *vendemmia tardiva* (Spätlese) oder *riserva* –, Anbaumenge, verwendete Rebsorten, Erträge, Art und Dauer des Ausbaus. In der Praxis steht der gesamte Produktionszyklus von der Rebe bis zur Flasche unter Aufsicht der entsprechenden staatlichen Stellen. Ehe dieser Wein in den Handel kommt, wird er von Kommissionen der einzelnen Handelskammern verkostet und analysiert, um sicherzugehen, dass er den Produktionsbestimmungen entspricht.

Das Etikett trägt stets die Bezeichnung DOC. Anders als bei IGT-Weinen können auf dem Etikett von DOC- und DOCG-Weinen auch die Subregion – zum Beispiel Valtellina Superiore Sassella – und die Seriennummer der entsprechenden Flasche aufscheinen.

In dieser Kategorie gibt es auch eine Reihe spezifischer Bezeichnungen. Die wichtigsten sind «riserva» für hochqualitative Weine, die lange genug gereift sind, sowie «superiore» oder «Auslese» für anspruchsvollere Weine mit höherem Alkoholgehalt als die gewöhnlichen Weine derselben DOC-Zone. Frascati etwa muss einen Alkoholgehalt von mindestens 11 Volumenprozent aufweisen, Frascati Superiore hingegen einen von mindestens 11,5. Mit «classico» werden Weine aus dem kleineren, traditionelleren – also «klassischeren»– Anbaugebiet innerhalb einer Weinbauregion bezeichnet, die – wie im Fall von Valpolicella und Valpolicella Classico – zumeist teurer sind.

Denominazione di origine controllata e garantita (DOCG)

Damit wird die Spitze der Hierarchie bezeichnet. Derzeit gibt es rund zwanzig DOCGs, vom piemontesischen Asti bis zum sardischen Vermentino di Gallura. Dem Gesetz nach darf der Wein nur in Flaschen zu maximal fünf Litern verkauft werden, die das Emblem der Herkunftsregion in Form einer von der Regierung vergebenen Banderole tragen müssen. Die Bezeichnung DOCG ist Spitzenweinen vorbehalten, die eine mindestens fünfjährige «Lehrzeit» als DOC-Wein absolviert haben. Sie müssen zwei Analysen durchlaufen, um in diese Klasse aufzusteigen: einmal bei ihrer Erzeugung (wie DOC-Weine) und noch einmal, ehe sie auf Flaschen gezogen werden.

Entsprechend den EU-Richtlinien fallen die beiden unteren Stufen – *vino da tavola* und IGT – in die Hauptkategorie Tafelweine. Die dritte und vierte Stufe – DOC und DOCG – werden von der EU-Gesetzgebung als *vini di qualità prodotti in una regione determinata* – VQPRD (QbA) – zu einer Gruppe zusammengefasst, ähnlich, wie es auch in Frankreich und Deutschland der Fall ist. In die erste Kategorie fallen die französischen *vins de table* und *vins de pays*, die deutschen Tafel- und Landweine, der zweiten entspricht die *appellation contrôlée* bzw. die Bezeichnung «Qualitätswein».

Vom «cru» zur «vigna»

In den letzten Jahren kamen Italiens Weinerzeuger dem Bedürfnis nach einer genaueren Kennzeichnung der Weine aus besonderen Lagen nach. So mancher Wein zeichnet sich im Vergleich zu einem anderen aus den umliegenden Lagen durch besonders günstige geologische Gegebenheiten, traditionell höhere Qualität oder spezifischen Charakter aus. Das führte zur Einführung der italienischen Bezeichnung «vigna» – vergleichbar dem französischen «cru» (Lage) – auf dem Etikett. Die Bezeichnung ist gesetzlich festgelegt und findet nur bei DOC- und DOCG-Weinen Verwendung. Diese Weine dürfen ausschließlich den Namen der Lage – und nicht eine geografische Bezeichnung – tragen. Das Gesetz sieht für solche Weine schärfere Kontrollen vor. So müssen die Grenzverläufe der Rebflächen auf Plänen verzeichnet sein, und Trauben aus einer Lage dürfen nicht gemeinsam mit denen aus einer anderen vinifiziert werden.

Das Etikett

Das hochkomplexe System von Namen und Klassifizierungen erreicht seinen Höhepunkt auf dem Etikett des Weins. Dieses ist ein wesentlicher Einflussfaktor für das Kaufverhalten der Konsumenten und vermittelt eine Reihe wichtiger Angaben über den Wein. Um klare, vollständige und nachvollziehbare Information dürfte es dabei allerdings offenbar nicht gehen. Seitens der EU werden im Sinne einer angestrebten Vereinheitlichung europaweit strenge Etikettierungsnormen festgelegt.

Jedes Etikett trägt den Namen des Weins (z. B. Toscana, Barolo, Chianti, Frascati, Soave), die Klassifizierung (*vino da tavola*, DOC etc.), gefolgt vom Namen des Erzeugers und von Firmenname und Adresse des Abfüllers. Der Alkoholgehalt wird in Volumenprozent (z. B. 12 % vol.) angegeben. Bei süßen und halbtrockenen Weinen, die Restzucker enthalten, wird zusätzlich zum tatsächlichen der theoretische Alkoholgehalt mit einem Pluszeichen angegeben, also zum Beispiel 10 + 2 %. Alle diese Elemente müssen laut Weingesetz auf den Etiketten aller italienischen Weine aufscheinen.

Mit der Qualität von Italiens Weinen steigt auch die Fülle weiterer weinspezifischer Informationen, die der Konsument dem Etikett entnehmen kann. Darunter fallen Angaben darüber, ob der Wein trocken (*secco* oder *asciutto*), halbtrocken (*abboccato*), lieblich (*amabile*) oder süß (*dolce*) ist. Manche Etiketten enthalten Vorschläge, zu welchen Gerichten der Wein am besten kredenzt wird – der eine vorzugsweise zu Fisch, ein anderer zu Braten oder Wild. Andere Etiketten geben die ideale Temperatur und die Art und Weise an, wie der Wein serviert werden sollte – Letzteres gilt üblicherweise nur für flaschengealterte Rotweine. Manchmal befindet sich auf dem Etikett sogar eine mundgerecht aufgearbeitete Geschichte des Weins oder des betreffenden Erzeugerweinguts.

Das Paradoxon der «vini da tavola»

In den letzten zwanzig Jahren sorgte ein höchst seltsames Phänomen für Aufsehen und Kontroversen in Italiens Weinszene. Qualitativ hochwertige, nach innovativen Methoden erzeugte Weine kamen als schlichte *vini da tavola* auf den Markt – allerdings zu Preisen, die den Besten unter den DOC-Weinen angemessen wären. Diese Weine «neuen Stils» kommen von Erzeugern, die mutig oder hartnäckig genug sind, um sich über die DOC-Vorschriften hinwegzusetzen und alternative Lösungen zu suchen, was verwendete Rebsorten, Ausbaumethoden, Dauer der Lagerung etc. betrifft.

Die berühmtesten sind die Super-Toskaner und die großen *vini da tavola* des Piemont, die weltweite Anerkennung gefunden haben und mit den simplen Tafelweinen nur die Bezeichnung gemein haben. In den vergangenen Jahren wurden viele dieser Weine neuen Stils zu Klassikern und erlangten offiziell DOC-Status, darunter der gefeierte Sassicaia, der heute die Bezeichnung Bolgheri Sassicaia DOC führt. Dergleichen «Emporkömmlinge» sollte man im Auge behalten.

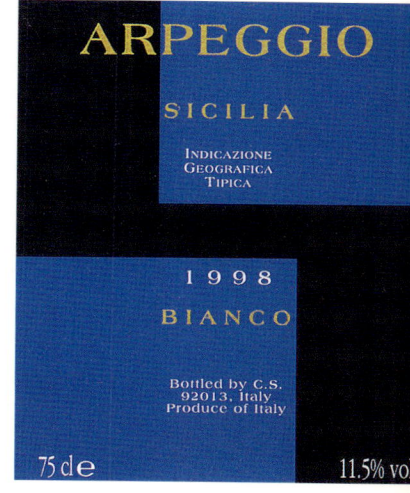

Etikett eines ziemlich einfachen Weins. Der hier gezeigte Arpeggio ist ein Verschnitt nicht näher genannter weißer Rebsorten; das Etikett verrät nur, dass es sich um Weißwein (*bianco*) handelt. Er ist als Indicazione Geografica Tipica klassifiziert, als Herkunftsgebiet scheint schlicht Sizilien auf.

Klima, Böden und Anbaumethoden

Italien hat unzählige verschiedene Klimazonen, Böden und Reberziehungssysteme, wie es bei einer solchen geografischen und politischen Vielfalt nicht anders zu erwarten ist. Über 2000 Kilometer trennen die Insel Pantelleria von den Weingärten des Klosters Neustift im Südtiroler Eisacktal – das südlichste vom nördlichsten der Anbaugebiete, die sich vom 36. bis zum 46. nördlichen Breitengrad, von den vulkanischen Hügeln Pantellerias unter der sengenden Sonne des Mittelmeers bis zu den saftig grünen Höhen am Fuße der Südtiroler Alpen erstrecken. Dazwischen liegen verschiedenste Klimate, die oft zwischen benachbarten Regionen stark schwanken.

In den letzten fünf bis sechs Jahren kam es zu massiven Umwälzungen in den Weinbergen, angefangen bei ernsthafter Forschung in Richtung Klonenwahl bei den wichtigsten traditionellen Reben. Das führte zu einer

Weingarten in Sciacca, Teil der trockenen, heißen sizilianischen Provinz Agrigento. Rebstöcke in Buschform – und nicht an Drahtrahmen – zu erziehen, ist eine für den Mittelmeerraum typische Technik.

Verlagerung in Richtung dichtere Bestockung, was die Qualität des Weins durch eine Verringerung des Ertrags der einzelnen Rebstöcke steigern sollte. Für bedeutende DOC- und DOCG-Weine legt das Gesetz sogar eine Mindestmenge an Rebstöcken pro Hektar fest – was in einem Land, das lange eisern auf Quantität setzte, einer kleinen Revolution gleichkommt. Heute liegt der Schwerpunkt offiziell bei Sorgfalt in Anbau und Forschung.

Unsere Reise beginnt im Nordwesten Italiens. Das Tor zu dieser Region bildet das gebirgige Aostatal, in dem sich italienische und französische Kultur mischen. Weinbau betreibt man nur im Tal der Dora Baltea, die die Region längs durchfließt. Die Weinberge liegen in Richtung des Landesinneren auf Terrassen am Fuß der Berge oder auf den schmalen Talsohlen am Flussufer. Die Böden sind zumeist kalkhaltig, das Kontinentalklima sorgt für eher kühle Sommer und strenge Winter. Die Reben werden in niederen Reihen erzogen, üblicherweise nach dem traditionellen Guyot-System, so wie auch im Veltlin ganz im Norden der Lombardei, wo ebenfalls die Berge und das Klima die Weinbaumethoden bestimmen.

Piemont und Lombardei haben Kontinentalklima mit heißen, trockenen Sommern und kalten, feuchten Wintern. Die sprichwörtliche Feuchtigkeit des Piemont gab der Paradetraube der Region, dem Nebbiolo, ihren Namen. Piemont, Mittel- und Südlombardei haben vorwiegend Kalk- und Tonböden, die höhere Reberziehung und Methoden wie Konter-Spalier mit einer Reihenhöhe von zwei Metern und mehr ermöglichen. So kommt man auf maximal 3500 Rebstöcke pro Hektar; qualitätsbewusste Winzer in Barolo, Barbaresco, Asti und Franciacorta pflanzen ihre Rebstöcke jedoch dichter. Bei niedrigeren Erziehungsformen können bei geringeren Abständen zwischen den Reihen mehr Stöcke pro Hektar gepflanzt werden, wodurch bei geringeren Erträgen pro Stock der Hektarertrag dennoch gleich hoch ist. Für einen Ertrag von 10 Tonnen pro Hektar muss bei 3000 Pflanzen jeder Stock über 3 kg Trauben tragen; bei 6000 Pflanzen reichen 1,5 kg pro Stock, was zu einer deutlichen Verbesserung der Traubenqualität führt.

Vom weinbaulichen Gesichtspunkt aus ähneln sich Südtirol, das Trentino, Bergamo und Brescia im Osten der Lombardei und das große Gebiet des westlichen Veneto (inklusive Verona und Vicenza) sehr. Vorherrschend ist hier das Trentiner Pergel-System, das sich besonders bei

Rebstöcken bewährt, die am Fuß der Berghänge beiderseits der Flüsse Etsch und Eisack gepflanzt werden. Dieses System ist nach der Seite hin offen, wo die Rebe in Form einer Sieben erzogen wird, was eine hohe Pflanzdichte in jeder Reihe ermöglicht. Die Trentiner Pergel-Erziehung eignet sich besonders für trockene Terrassen mit eingeschränkter Produktivität und speziell für die kalkhaltigen Böden, wie sie im Trentino und in Südtirol verbreitet sind. In der Valpolicella-Region um Verona sind die Böden etwas fruchtbarer und lehmhaltiger; hier muss der Ertrag der Reben reduziert werden, und die Rebstöcke werden in niedrigeren Reihen nach dem Guyot-System erzogen, um geringere Stockerträge und höhere Pflanzdichte pro Hektar zu erreichen.

Weinberge bei Bozen in Südtirol (DOC Santa Maddalena Classico). Hier zeigt sich der erstaunlich kühle, alpine Charakter mancher Weinbaugebiete Italiens.

Rebstöcke können mit Netzen vor unwillkommenen «Naschkatzen» – Vögeln und kleinen Raubtieren – geschützt werden.

Sobald die Hügel in die weiten, ausgiebig bewässerten Ebenen des mittleren und östlichen Veneto und des mittleren Friaul übergehen, treten hohe Reihen in Sylvoz- oder Casarsa-Erziehung auf. Letztere ist nach der Stadt Casarsa della Delizia benannt, der Weinhauptstadt des weitläufigen, flachen Gebiets Grave del Friuli mit seinen trockenen Kiesböden und seinem kontinentalen Klima, das auch in Piave (im Veneto) vorherrscht, wohingegen die Adria in Lison-Pramaggiore, Latisana und Aquileia für deutlich mildere Winter sorgt. Erziehungssysteme und Böden sind jedoch weitgehend dieselben.

Der äußerste Osten Italiens ist von Hügelland geprägt, das die Grenze zwischen Friaul-Julisch-Venetien einerseits und Slowenien andererseits bildet. Die Reben werden nach einem in der Region als «Cappuccina» bezeichneten System niedrig erzogen. Dabei handelt es sich um eine Abart des doppelten Guyot-Systems, bei dem der Strecker schräg nach unten und nicht parallel zum Boden gebunden wird. Das ergibt eine gute Pflanzdichte pro Hektar und qualitativ hochwertige Trauben – insbesondere bei den weißen Sorten – in den friaulischen Gebieten Collio, Colli Orientali del Friuli und Isonzo. In diesen Gegenden stößt man in erster Linie auf kalkhaltige Tonböden, das Mittelmeer sorgt für ein gemäßigtes Klima. Der Golf von Triest, der den Nordrand des Mittelmeers bildet, liegt nur wenige Kilometer von den südlichsten Weinbergen des Collio entfernt, etwa auf demselben Breitengrad (45° 30') wie das Haut-Médoc.

Den Südteil der Ebene von Padua nimmt die ausgedehnte Region Emilia-Romagna mit all ihren Eigenheiten ein, wo das Erbe der vielen Einzelstaaten noch fortwirkt, aus denen die Region vor der politischen Vereinigung Italiens Mitte des 19. Jahrhunderts bestand. Der Weinbau in den Colli Piacentini gestaltet sich weitgehend ähnlich wie im lombardischen Oltrepò Pavese, in den Colli Tortonesi, in Monferrato und im piemontesischen Asti, mit denen die Emilia größere Ähnlichkeiten aufweist als mit ihren Nachbarprovinzen.

Die Reberziehung in der Emilia ist dem Trentiner Pergel-System vergleichbar, nur weiter entwickelt. Sie ist vor allem in den flacheren Gebieten von Parma, Reggio nell'Emilia und Modena verbreitet. In der Romagna überwiegen Guyot- und – bei höheren Reben – Sylvoz-Erziehung.

In Ligurien herrscht das typische Mittelmeerklima, der Weinbau gestaltet sich auf den oft beinahe senkrecht zum Meer hin abfallenden Terrassenhängen schwierig. Lediglich enge, wenig ausgreifende Systeme wie *alberello*- und Spaliererziehung sind hier möglich.

Mittelitalien – Toskana, Umbrien, nördliches Latium und die Marken – weist eine durchgehende Einheit von Klima und Anbau auf. Die Reben werden meist im Doppelbogen- oder toskanischen Bogensystem *(archetto Toscano)*, Abarten des Guyot-Systems, erzogen. Bei den Böden handelt es sich fast immer um Kalk- und Tonböden mit geringen Unterschieden zwischen Küste und Landesinnerem. In den Marken, Umbrien und in der landseitigen Toskana herrscht ein kühleres Klima, im toskanischen Küstengebiet und im nördlichen Latium ein eher mediterranes.

Das Planen- oder Pergel-System ist in den Abruzzen, in Molise, im mittleren und südlichen Latium und in Apulien weit verbreitet. Es bringt hohe Erträge, aber auch Qualität, vor allem in den Abruzzen. Die Böden variieren stark – in Latium sind sie vorwiegend vulkanischen Ursprungs, in den Abruzzen und den niedrigeren Regionen Richtung Adria hingegen ist der Anteil von Ton und Kalk höher. Ähnlich unterschiedlich ist das Klima: am Tyrrhenischen Meer klassisches Mittelmeerklima, Richtung Adria zunehmend kontinental und stärker den kalten Nordwestwinden ausgesetzt. Die Höhen des Apennins, der Latium von den Abruzzen trennt, sind ausschlaggebend für das Klima im gesamten östlichen Teil von Süd- und Mittelitalien.

Der Weinanbau im Mezzogiorno ist hauptsächlich von *alberello*-Erziehung geprägt – vor allem im südlichen Apulien, in Kampanien, in weiten Teilen Siziliens sowie in ganz Sardinien. Weinberge und Klima erinnern an das mediterrane Spanien: meist Trockenheit und Dürre, da und dort feuchter, fast subtropisch. Die Böden variieren von den typischen Kalk-Ton-Böden bis zu den kaliumreichen vulkanischen Tuffen an den Hängen des Ätna.

Nach einer scharfen Kurve erreichen wir die letzte Etappe unserer Reise: Nordkampanien, Massico, Campi Flegrei und das Gebiet von Aversa. Hier halten sich alte Anbaumethoden; die Reben ranken sich vier bis fünf Meter hoch an Pappeln empor. Die für Mittel- und Süditalien typischen Böden sind reich an vulkanischer Asche und ermöglichen die Verwendung französischer Unterlagen; der weiche Boden lässt der Reblaus keine Chance.

Der Schlauch im Vordergrund dient der Bewässerung der Rebstöcke; anders könnten diese Pinot-Bianco-Reben die langen, heißen, trockenen Sommer in der apulischen DOC Castel del Monte nicht überstehen.

Rebsorten

Rote Rebsorten

Aglianico Diese Rebsorte wurde als *vitis hellenica* von den Griechen nach Kampanien gebracht und verbreitete sich bis in die Basilicata und nach Apulien. Sie altert gut und bringt körperreiche, wohlstrukturierte und gehaltvolle Rotweine mit kräftiger Säure und inten-

Aglianico-Traube an einem 25 Jahre alten Rebstock in Rionero in Vulture (Basilicata) – eine ursprünglich griechische Rebe.

siven Tanninen wie den DOCG-Wein Taurasi und den DOC-Wein Aglianico del Vulture hervor.

Aleatico Diese Sorte wächst in Portoferraio (Elba), Gradoli (nördliches Latium) und Apulien und ergibt Gewächse mit der vollen Kraft der großen mediterranen Rotweine – süß, kräftig und recht alkoholstark, darunter manch verborgenes Juwel.

Ancellotta Wird hauptsächlich in der mittleren Emilia angebaut, wo sie auch noch unter dem Namen Lancellotta bekannt ist. Diese tiefrote Traube wird als nahe Verwandte der großen Lambrusco-Familie angesehen.

Barbera Stammt aus Monferrato, ist im gesamten Piemont und in der Lombardei zu finden, wird aber auch anderswo – bis ins südliche Mittelitalien – versuchsweise angebaut, und zwar mit Erfolg. Macht sortenrein oder in Cuvées etwa die Hälfte des piemontesischen Rotweins aus; in ihrem Element ist sie in klassischen Appellationen wie Barbera d'Alba. Im Oltrepò Pavese stellt sie für sich allein eine DOC-Zone.

Blauburgunder siehe Pinot Nero

Blaufränkisch siehe Franconia

Bombino Nero Wächst fast ausschließlich in Apulien, wo sie Lizzano Rosso (DOC) ergibt.

Bonarda Wird von Monferrato bis zu den Colli Piacentini und Colli di Parma, einschließlich Oltrepò Pavese, entweder sortenrein oder mit anderen Sorten zur Erzeugung mehrerer wohlstrukturierter roter DOC-Weine verwendet. Von violetter Farbe und mit recht guter Lagerfähigkeit. Ist im Oltrepò auch noch als Croatina bekannt.

Bonarda Novarese siehe Uva Rara

Bovale Stammt ursprünglich aus Spanien und wird heute im mittleren und südlichen Sardinien angebaut. Einer der Bestandteile des roten Campidano di Terralba, der in den Provinzen Oristano und Cagliari erzeugt wird.

Brachetto Wird verbreitet in Acqui Terme in der Provinz Asti angebaut und liefert den berühmten roten Brachetto d'Acqui (DOCG), einen süßen, sehr duftigen Wein, häufig auch einen Schaum- oder Perlwein.

Cabernet Franc «Internationale» Rebsorte, im Bordeaux-Gebiet beheimatet. Weniger verbreitet als Cabernet Sauvignon, in Italien – vor allem im Nordosten – jedoch erfolgreicher. Findet sich häufig im Friaul und vor allem im Veneto; wird im Trentino und in Südtirol meist mit Cabernet Sauvignon verschnitten. Ergibt erstklassige Rotweine, die hervorragend altern.

Cabernet Sauvignon Die Rebsorte der internationalen Spitzenweine. Cabernet Sauvignon stammt ebenfalls aus Bordeaux und wächst weltweit in kühlen, gemäßigten Regionen, wobei sie jedoch immer ihren sortentypischen Charakter bewahrt. Fast überall in Italien angebaut, vorwiegend im Trentino, in Südtirol, in jüngster Zeit – und mit großem Erfolg – auch in der Toskana, in Umbrien und Sizilien. Bestandteil eines der berühmtesten Weine überhaupt, des toskanischen Sassicaia di Bolgheri (DOC).

Calabrese siehe Nero d'Avola

Canaiolo Nero Diese Sorte wird in Teilen Mittelitaliens angebaut und verleiht dem Chianti mehr Milde.

Cannonau Wegen ihrer hohen Ertragsfähigkeit wird diese aus Spanien stammende Rebsorte auch in trockenen Gegenden und auf felsigem Untergrund weltweit erfolgreich angebaut – Garnacha, Grenache Noir, Alicante oder Roussillon sind nur einige ihrer Synonyme. Cannonau wird in ganz Sardinien angebaut und ergibt Weine mit hohem Alkoholgehalt – die gesetzlichen Bestimmungen sehen mindestens 13,5 Volumenprozent, für die Riserva sogar 15 % vol. vor.

Barbera: Diese Sorte wächst in ganz Piemont und in der Lombardei; in anderen Teilen Italiens wird sie versuchsweise angebaut.

Carignano In Italien kommt Carignano fast ausschließlich im Südwesten Sardiniens vor, insbesondere in der DOC-Zone Carignano del Sulcis. Auch im westlichen Mittelmeerraum verbreitet, von Südfrankreich bis nach Penedés in Katalonien, wo er als Carignan oder Cariñena bezeichnet wird.

Cesanese Eine typische Rebsorte aus Latium, die heute in den Weinbaugebieten Piglio, Affile und Olevano Romano angepflanzt wird, die beiderseits der Grenze zwischen den Provinzen Rom und Frosinone liegen. Sie ergibt ziemlich alkoholstarke, häufig sehr süße Still- und Perlweine, die zum baldigen Verbrauch bestimmt sind.

Chiavennasca siehe Nebbiolo

Ciliegiolo Auch als Ciliegiolo di Spagna bekannt, weil sie vermutlich in Spanien beheimatet ist. Wird heute vor allem in der Toskana, in Umbrien und Latium angebaut, wo sie zur Bereitung von Montecarlo Rosso, Val di Cornia Rosso, Colli del Trasimeno Rosso, Colli Perugini Rosso, Colli Amerini Rosso und Velletri Rosso verwendet wird.

Colorino Farbstoffreiche Traube. Ein geringer Prozentsatz darf Chianti, Rosso delle Colline Lucchesi und Montecarlo Rosso zugesetzt werden.

Corvina Ein Star aus dem Umland von Verona. Eine der Sorten, die (zusammen mit Molinara und Rondinella) Weine wie Bardolino, Valpolicella, Recioto Classico und Amarone ergeben, die in dem Gebiet zwischen dem Ostufer des Gardasees und dem Valpolicella-Hügelland im Norden und Nordosten von Verona hergestellt werden.

Croatina siehe Bonarda

Dolcetto Diese Sorte kommt ursprünglich aus dem Piemont (wo sie immer noch stark verbreitet ist) und Ligurien, wo sie als Ormeasco bekannt ist. Dolcetto gilt im Piemont als sehr beliebte und traditionelle Sorte. Der Wein ist tief purpurrot, duftig und aromatisch und hat einen typischen, angenehmen, aber leicht bitteren Nachgeschmack. Die kräftigsten und langlebigsten sind Dolcetto d'Alba, Dolcetto di Diano d'Alba und Dolcetto di Dogliani.

Franconia (Blaufränkisch) In einigen Gebieten des Friaul, vor allem am Isonzo und in den Colli Orientali angebaut.

Frappato Wächst fast ausschließlich in Süd- und Mittelsizilien und wird für den berühmten Cerasuolo oder Frappato di Vittoria verwendet, einen alkoholstarken, süßen Rotwein.

Freisa Wohl die schlichteste unter den roten Rebsorten des Piemont. Ergibt leichte, oft perlende Rotweine, denen das Altern nicht wirklich bekommt. Freisa d'Asti und Freisa di Chieri zählen zu den DOC-Weinen.

Gaglioppo Diese meistverbreitete rote Rebsorte Kalabriens – die aber auch in den Abruzzen, Kampanien, Umbrien und den Marken angebaut wird – ist vermutlich griechischer Abstammung. Cirò ist zweifelsohne der bekannteste Wein aus Gaglioppo; die Rebe ist jedoch auch Bestandteil der DOC-Weine Donnici, Lamezia, Melissa und Savuto.

Gamay Französischen Ursprungs, die wichtigste Rebsorte im Beaujolais. Da sie bereits früh reift, kann sie in kühleren Gegenden, wie etwa dem Aostatal, angebaut werden.

Girò Nicht zu verwechseln mit dem Cirò aus Kalabrien. Girò stammt aus Cagliari und ist Bestandteil des gleichnamigen roten DOC-Weins, der auch als Süßwein angeboten wird.

Grignolino Sehr unübliche Rebsorte, reich an Tannin, von heller Farbe. Wird fast ausschließlich in Monferrato und Asti angebaut, wo sie die gleichnamigen DOC-Weine hervorbringt.

Groppello Fast nur an der lombardischen Riviera del Garda Bresciano angebaut, Grundbestandteil der dortigen Roten und Rosés und auch des Groppello del Bresciano.

Guarnaccia Hauptbestandteil des Ischia Rosso (DOC); kommt fast ausschließlich in der Provinz Neapel vor.

Incrocio Manzoni siehe «Weiße Rebsorten»

Lagrein Wächst in der Umgebung von Bozen. Diese farbintensive Traube liefert den tiefroten Lagrein Dunkel mit Brombeer- und Heidelbeeraromen sowie den Rosé Lagrein Kretzer.

Lambrusco Bereits den Etruskern bekannt, meistangebaute Rebsorte in der Ebene der Emilia, aber auch in der Bassa Mantovana und in Teilen des Trentino, wo sie hauptsächlich Weine neuen Stils ergibt. Die wichtigsten der gegenwärtig rund 60 Spielarten sind Lambrusco Salamino, Lambrusco Marani, Lambrusco Maestri, Lambrusco Montericco und der berühmte Lambrusco di Sorbara. Grundlage der vier DOC-Weine Sorbara, Grasparossa di Castelvetro, Salamino di Santa Croce und Reggiano, die in der Emilia erzeugt werden.

Malvasia siehe «Weiße Rebsorten»

Marzemino Verdankt seine Bekanntheit Lorenzo Da Ponte, dem Librettisten von Mozarts «Don Giovanni». Er wächst fast ausschließlich im Trentino – vor allem in Isera bei Rovereto – und in Teilen der östlichen Lombardei und ergibt violettroten Wein mit einem mittelstarken Körper und intensiven Kräuteraromen.

Merlot Auch diese Traube kommt aus Bordeaux, wo sie ertragreicher ist als Cabernet. Sie war die erste französische Rebsorte, die nach der Reblauskatastrophe im großen Stil in Italien angebaut wurde – zunächst in Friaul, im Veneto und Trentino. Heute findet man sie in der Lombardei, in Latium, Kampanien, Umbrien und in der Toskana.

Molinara Ihr Name leitet sich von ihrer wachsartigen Blüte und ihrem mehlartigen Belag ab. Kommt fast nur in der Provinz Verona vor und ist Bestandteil von Bardolino, Valpolicella, Amarone und Recioto Classico.

Monica Typische rote Rebsorte aus der Gegend von Cagliari; ergibt süße Rotweine, manchmal auch Likörweine, sehr selten Perlweine.

Montepulciano Nach Sangiovese ist Montepulciano d'Abruzzo eine der meistverbreiteten in Italien heimischen Sorten. Hat ihren Ursprung in der Toskana und wurde auch mit Sangiovese verwechselt, mit dem sie nahe verwandt ist. Der Name ist allerdings das einzige, was sie mit dem Vino Nobile di Montepulciano verbindet, der aus völlig anderen Trauben erzeugt wird. Montepulciano gedeiht in den Abruzzen, wo er die meistangebaute Rebsorte darstellt und über 200 000 Hektoliter Rotwein oder Rosé – wie etwa Cerasuolo – erbringt. Ebenfalls recht erfolgreich wird er in der Emilia, in den Marken (wo er dem Rosso Conero einen leichten Hauch von Eleganz verleiht), in Latium, Molise und Apulien angebaut.

Morellino siehe Sangiovese

Nebbiolo Gemahnt an die Nebel, die die Langhe-Berge im Oktober einhüllen. In diesem Teil des Piemont ist Nebbiolo die meistangebaute Sorte. Dem perfekten, unnachahmlichen Zusammen-

Nebbiolo-Traube: Barolo und Barbaresco machten die klassische Sorte berühmt.

Negroamaro («schwarzbitter»), die verbreitetste Sorte Apuliens; wie die meisten Rebsorten Süditaliens griechischer Herkunft.

spiel aus den Böden der Gegend und dieser Traube verdanken wir Barolo und Barbaresco. Die häufigsten Spielarten sind Lampia und Michet in den Langhe, Spanna in der Gegend von Vercelli und Novara sowie Chiavennasca im Veltlin. Abgesehen von Barolo und Barbaresco sind auch die DOCG- und DOC-Weine Roero, Gattinara, Spanna, Carema, Nebbiolo d'Alba und in der Lombardei die Weine des Veltlin sortenreine Nebbiolos. Wird auch für viele andere lombardische und piemontesische Rotweine verwendet.

Negrara Charakteristische rote Rebsorte aus dem Valpolicella-Gebiet, benannt nach der bekannten gleichnamigen Gemeinde.

Negroamaro Bestandteil von 80 Prozent der apulischen Roten und Rosés. Kam vermutlich mit den Griechen in die ionische Küstenregion Süditaliens; verbreitetste Rebsorte in den Anbaugebieten Lecce und Brindisi sowie in der Provinz Tarent. Auch in den DOC-Gebieten Alezio, Brindisi, Copertino, Leverano, Matino, Nardò, Cerignola,

Salice Salentino und Squinzano durchaus von Bedeutung.

Nerello Wird mit ihren Spielarten Mascalese und Cappuccio fast ausschließlich im Osten Siziliens angebaut. Grundbestandteil von Faro und Etna Rosso.

Nero d'Avola Auch bekannt als Calabrese. Siziliens beste und am häufigsten angebaute rote Rebsorte wird meist in Alberello- oder Spalierform erzogen und ergibt eine Traube mit hohem Zuckergehalt und Weine, die es leicht auf 15 Prozent Alkohol bringen können. Der Wein hat einen intensiven Duft und Geschmack, aber wenig Säure, weswegen Nero d'Avola fast immer verschnitten wird, etwa zu Cerasuolo di Vittoria und anderen DOC-Weinen, darunter einige Marsalas, sowie zu den bekannten sizilianischen Tafelweinen.

Ormeasco siehe Dolcetto

Ottavianello Benannt nach der Region Ottaviano in der Provinz Neapel. Sie wird heute fast ausschließlich in Apulien angebaut und brachte der Region das DOC für Ostuni Ottavianello ein.

Pascale di Cagliari Wird hauptsächlich in Campidano di Terralba an der Grenze zwischen den Provinzen Oristano und Cagliari angebaut.

Per'e Palummo siehe Piedirosso

Perricone (Pignatello) Wird so gut wie überall in Sizilien unter den verschie-

densten Namen angebaut und zur Erzeugung von Marsala Rubino und Eloro Rosso verwendet.

Petit Rouge Typische Sorte aus dem mittleren und westlichen Aostatal, Bestandteil von Enfer d'Arvier, Torrette und Valle d'Aosta Petit Rouge.

Piedirosso (Per'e Palummo) Typische rote Rebsorte aus Kampanien, wächst im gesamten Gebiet von Sannio Benevento, Solopaca und auf der Insel Ischia.

Pignatello siehe Perricone

Pignolo Außergewöhnliche Sorte, typisch für Teile der Colli Orientali del Friuli und von Buttrio. Liefert ausgezeichnete Rotweine von guter Struktur.

Pinot Grigio Diese leicht rötliche Sorte ist eine genetische Mutation des Pinot Nero, wenn auch der daraus gewonnene Wein beinahe weiß ist. Er mag zwar nicht die Referenzen seines aristokratischen Rivalen, des Pinot Bianco, oder die Eigenart eines Tocai vorweisen können, brachte einem breiten Publikum jedoch gewiss einen neuen Weißweinstil näher: fruchtig und angenehm, zugleich keineswegs ohne Struktur. Der Pinot

Grigio aus Collio und den Colli Orientali del Friuli verleiht den dortigen Weinen Textur, in Südtirol (wo er als Ruländer bezeichnet wird) ist er aufgrund seines höheren Säuregehalts länger lagerfähig. Wird auch in der Toskana sehr erfolgreich vinifiziert.

Pinot Nero Gilt als die aristokratischste und zugleich am schwersten zu beherrschende unter den roten Rebsorten. Heimisch ist sie als Pinot Noir in Burgund – ihr verdankt die Region ihre größten Weine. In der Champagne und Kalifornien hat sie manchen schäumenden Auftritt. In Italien findet man zwei Arten: Die eine ist im Veneto, in Friaul und insbesondere im Oltrepò Pavese zu finden, wo sie neutralen, aber vorzüglichen Grundwein für Spumante hervorbringt. Ganz anders geartet die zweite: Sie ist so empfindlich, dass die Qualität

Der Primitivo hat seine Wurzeln in Dalmatien; später fand er als Zinfandel in Kalifornien weite Verbreitung.

des Weins selbst aus perfekten Lagen stark vom Jahrgang abhängt. Diese Art ist im Trentino und in Südtirol (unter der Bezeichnung Blauburgunder), in der Lombardei – vor allem im Oltrepò, aber auch in Franciacorta –, im Veneto und in Friaul weit verbreitet. Sie berechtigt auch in der Toskana zu Hoffnungen.

Primitivo Der kalifornische Zinfandel ist nichts weiter als Primitivo, der über den großen Teich gelangt ist. Primitivo wird immer noch in Salento und einigen Gebieten Kampaniens angebaut. Er kam ursprünglich aus Dalmatien, wo er Plavac Mali heißt. Er war vermutlich Bestandteil des antiken Falerners und ergibt heute den Primitivo di Manduria.

Prugnolo Gentile Diese nahe Verwandte des Sangiovese Grosso wird in Montepulciano für Weine wie Vino Nobile di Montepulciano und Rosso di Montepulciano angebaut.

Raboso Die beiden Klone Raboso del Piave und Raboso Veronese werden verbreitet in der Gegend von Treviso angebaut. Für den Raboso aus dem Piave-Tal werden beide verwendet, den Veronese-Klon findet man im Colli Euganei Rosso aus der Provinz Padua.

Refosco dal Peduncolo Rosso Archetypische Sorte aus Friaul, die vor allem in den Hügeln von Collio, der Colli Orientali del Friuli und in den Ebenen von Grave und Isonzo angebaut wird. In Carso heißt sie Terrano, in der Romagna stellt sie die Hauptzutat des Cagnina.

Rondinella Namhafte Traube aus dem Gebiet von Verona, wird für Bardolino, Valpolicella, Amarone und Recioto Classico verwendet.

Rossese Typische Sorte an der ligurischen Riviera di Ponente, hat ihren Höhepunkt in Dolceacqua bei San Remo. Hauptbestandteil zweier DOC-Weine, Rossese della Riviera Ligure di Ponente und Rossese di Dolceacqua.

Ruchè Kommt fast ausschließlich um Asti vor und ist Grundbestandteil des

Sangiovese gilt als klassische Rebsorte Italiens; beliebt auch in den USA und in Australien.

leicht aromatischen, trockenen DOC-Weins Ruchè di Castagnole.

Ruländer siehe Pinot Grigio

Sagrantino So gut wie ausschließlich auf Montefalco bei Perugia beschränkte Rebsorte. Sagrantino ist der Hauptbestandteil des großen Rotweins Sagrantino di Montefalco, der kürzlich die DOCG verliehen bekam – tanninreich und üppig, ein aufstrebender Star der italienischen Weinszene.

Sangiovese Eine der von Emilia-Romagna bis Kampanien meistangebauten Rebsorten Italiens. Von der Menge des daraus erzeugten Weins her kommt sie dem Barbera gleich. Chianti, Sangiovese di Romagna, Brunello di Montalcino und Morellino di Scansano sind nur einige der klingenden Namen, bei denen sie im Spiel ist. Die Verbreitung des Sangiovese brachte über die Jahrhunderte zahllose Klone hervor. Er liefert ein breites Weinspektrum – von durchschnittlichen Rotweinen bis zu Aristokraten wie dem Brunello di Montalcino.

Schiava (Vernatsch) Die meistangebaute Rebsorte in der Region Trentino-Südtirol. Der Name könnte auf slawische Herkunft hindeuten oder auf eine alte Anbauform, bei der die Rebe gleich einer «Sklavin» an einen stützenden Baum gebunden wurde. In manchen deutschen Weinbaugebieten als Trollinger bekannt – eine Verballhornung von «Tirolinger», was auf Südtiroler Herkunft schließen lässt. Unter den zahlreichen Klonen der Schiava ist die Schiava Grossa (Großvernatsch) die meistangebaute. Sie ist auch ein Bestandteil der meisten Rotweine der Region und die so gut wie alleinige «Verantwortliche» für verschiedenen DOC-Weine, wie etwa Kalterersee, Südtiroler Vernatsch und St. Magdalener.

Schioppettino Auch als Ribolla Nera bekannt. So gut wie ausschließlich in den Colli Orientali del Friuli angebaut, wo sie gut strukturierte Weine liefert, die gut altern.

Spanna siehe Nebbiolo

Spätburgunder siehe Pinot Nero

Syrah Auch Shiraz, aber nicht zu verwechseln mit der Petite Sirah, mit der sie nichts gemein hat. Als eine der edelsten Rebsorten weiterhin vor allem im Rhônetal beheimatet, wo sie Weine von fast unvergleichlicher Eleganz wie Côte-Rôtie, Cornas und Hermitage hervorbringt; aber auch in Australien gedeiht sie hervorragend. Ein paar toskanische Weine aus der Syrah haben internationales Niveau.

Tazzelenghe (Tacelenghe) Seltene rote Sorte in den Colli Orientali del Friuli, vor allem in Buttrio und Manzano angepflanzt. Der Name Tazzelenghe spielt auf ihren extremen Säuregehalt an und bedeutet im Friaulischen so viel wie «Zungenschneider».

Teroldego Schwarze Traube aus dem Trentino, ähnelt dem Lagrein und wurde jahrzehntelang ähnlich unterbewertet. Struktur, Wucht und Raffinesse dieser außergewöhnlichen Rebsorte kamen jedoch zum Vorschein, sobald sie in großem Stil kultiviert wurde.

Terrano siehe Refosco dal Peduncolo Rosso

Uva di Troia Vor allem im nördlichen und mittleren Apulien angebaut, Hauptbestandteil von Castel del Monte Rosso und Rosato, Cacc'e Mmitte di Lucera, Rosso Barletta, Canosa und Cerignola.

Uva Rara Ihr Name ist auf die spärliche Dichte ihrer Trauben zurückzuführen. Angebaut vor allem im Oltrepò Pavese – dort findet sie Eingang in Oltrepò Pavese Rosso, Buttafuoco und Sangue di Giuda – sowie in der Gegend von Novara als Bestandteil von Ghemme, Fara, Sizzano und Boca. Findet sich auch in den Colline Novaresi unter der Bezeichnung Bonarda Novarese.

Vernatsch siehe Schiava

Vespolina (Ughetta) Hauptsächlich in der Provinz Novara angebaut; wird oft mit der Uva Rara oder Bonarda Novarese verwechselt; für Lessona, Bramaterra, Ghemme, Fara und Boca und zu einem geringen Anteil für Gattinara DOCG verwendet; hat eigene DOC, die sich in den Produktionsvorschriften an die DOC Colline Novaresi anlehnt.

Weiße Rebsorten

Albana Die Albana ist beinahe ausschließlich in der Romagna zu finden, aus ihr entsteht ein weißer DOCG-Wein, Albana di Romagna, den es in mehreren Varianten gibt: trocken, lieblich, süß und *passito* (aus in der Sonne getrockneten Trauben). Letzterer ist am begehrtesten.

Albarola Typisch für die Cinque Terre in Ligurien. Sie taucht im Cinqueterre Bianco und im außergewöhnlichen Passito Cinqueterre Sciacchetrà auf.

Ansonica (Ansonaca) siehe Inzolia

Arneis Erst vor kurzem vor dem Aussterben bewahrt, heute in zunehmendem Maß in seiner Heimat Piemont angebaut. Wird oft zugesetzt, um die Herbheit des Nebbiolo zu mildern.

Asprinio Diese traditionelle Rebsorte wächst fast ausschließlich im Anbaugebiet von Aversa, wo sie den Hauptbestandteil des gleichnamigen DOC-Weins stellt.

Bellone Traditionelle, bereits zu Römerzeiten bekannte Sorte; wird zu Castelli Romani verschnitten, ist aber heutzutage extrem selten geworden.

Biancame (Bianchello) Ähnelt dem Trebbiano und ist vermutlich entfernt mit dem Greco verwandt. Die Biancame wird hauptsächlich im Norden der Marken angebaut und bildet den Grundbestandteil des berühmten Bianchello del Metauro.

Bianco d'Alessano Autochthone apulische Sorte, wird hauptsächlich in den Gebieten Locorotondo und Martina Franca angebaut, wo sie Bestandteil der gleichnamigen DOC-Weine ist.

Biancolella Wächst fast ausschließlich auf der Insel Ischia, obwohl sie ursprünglich aus Korsika stammen dürfte. Biancolella ist die Grundlage für Ischia Bianco und den angenehmen, duftigen weißen Biancolella d'Ischia.

Blanc de Morgex Typische Sorte des Aostatals, eine der wenigen, die sich als resistent gegen die Reblaus erwiesen. Sie stellt den Hauptbestandteil des gleichnamigen DOC-Weißweins, der im nordwestlichsten Winkel der Region erzeugt wird, und wird in 1000 Metern Seehöhe angebaut.

Bombino Bianco Führende Rebsorte Mittelitaliens, von der Romagna bis Apulien. Grundbestandteil vieler DOC-Weißweine, von Pagadebit di Romagna bis zu Leverano und San Severo.

Bosco Einer der Bestandteile des DOC-Weins Cinqueterre und des legendären Sciacchetrà, des außergewöhnlichen und hochgeschätzten Passito dieses Gebiets. Vermutlich eine der wenigen in Ligurien heimischen Sorten.

Cacchione siehe Bellone

Canaiolo Bianco siehe Drupeggio

Carricante So gut wie ausschließlich an den Hängen des Ätna angebaut, oft in Lagen über 1000 Metern Höhe. Hauptingredienz des Etna Bianco, eines angenehmen Weißen mit komplexem, mineralischem Duft und kräftigem, aristokratischem Aroma.

Catarratto Eine der klassischen Rebsorten Siziliens; wird in der Mitte und im Westen der Insel angebaut und für die Erzeugung von Bianco Comune und Bianco Lucido verwendet. Stellt – neben

Grillo und Inzolia – auch einen Bestandteil von Marsala und Alcamo.

Chardonnay Heimisch in Burgund. In Italien früher mit seinem entfernten Verwandten, dem Pinot Bianco, verwechselt. Heute wird diese Sorte in ganz Italien angepflanzt und liefert ausgezeichneten Schaumwein-Grundwein, vor allem auf kalkhaltigen Böden in mittlerer Höhenlage. Ertragsstarke Sorte, bringt leichten Wein mit zarter Frucht hervor.

Coda di Volpe Mit Greco und Falanghina wird Coda di Volpe zu den kampanischen Weinen der DOCG-Gebiete Vesuvius, Taburno und Campi Flegrei verschnitten.

Cortese Diese Sorte wächst in ihrer Heimat Alessandria im Piemont, vorzugsweise auf den Hügeln zwischen Novi und Tortona. Anderswo selten vorkommend, allenfalls in einigen Weingärten der Provinz Verona. Ihre eigentliche Domäne ist Gavi – und zwar in einem Ausmaß, dass statt der Rebsorte die Ortschaft zur DOCG-Appellation wurde. Weine aus diesem Gebiet zählen zu den bekanntesten Weißweinen Italiens – blass, mit hellgrünen Reflexen und feinem Duft, aristokratisch, aber intensiv und sehr trocken. Viel Charakter, einiges an Säure und gute Struktur.

Drupeggio Typische mittelitalienische Sorte, kommt insbesondere in Umbrien und Alto Lazio vor. Mancherorts als Canaiolo Bianco bezeichnet.

Erbaluce Eine der wenigen weißen Sorten des Piemont; angebaut in der Gegend von Caluso in der Provinz Turin. Verhilft dem weißen Caluso und dem Caluso Passito zu Charakter.

Falanghina Diese sehr traditionelle weiße Rebsorte wächst in den Anbaugebieten Campi Flegrei, Sannio Benevento und Massico und in ganz Nordkampanien. Sie wurde kürzlich auch auf der Halbinsel Sorrent vor allem an der Küste bei Amalfi angepflanzt. Bringt Weine mit festem Körper und zartem aromatischem Duft hervor.

Favorita In Teilen des Piemont und in den Langhe angebaut; Grundlage des gleichnamigen DOC-Weins.

Fiano Abkömmling der antiken Apianum, die schon den alten Römern große Weine bescherte. Wird heute vorwiegend in Irpinia und in kleinen Gebieten in Molise angebaut. Sortenrein im Fiano di Avellino DOC.

Forastera Weiße Rebsorte, wächst ebenso wie Biancolella auf der Insel Ischia. Grundlage für Ischia Bianco and Forastera d'Ischia.

Garganega Weit verbreitet im Osten von Verona und Teilen von Vicenza. Das Rückgrat von Soave und Gambellara.

Gewürztraminer siehe Traminer

Grecanico Wird in fast ganz West- und Mittelsizilien angebaut und ist eine der Hauptsorten der DOC-Regionen Menfi, Santa Margherita di Belice und Contessa Entellina.

Grechetto Ist in Umbrien und im Norden Latiums in seinem Element, wird unweit des Orvieto-Gebiets für Torgiano

Die kräftige Garganega stellt das Rückgrat des Soave und des Gambellara dar.

Die vielseitige, aromatische Malvasia kam aus Kleinasien nach Griechenland. Heute wächst sie in ganz Italien.

dia, die in Latium und Kampanien angebaut wird, sowie die zart duftende Malvasia Bianca del Chianti, die auch mit anderen Sorten verschnitten wird. Malvasia gedeiht auf den Liparischen Inseln und ergibt dort einen der größten italienischen Dessertweine. Malvasia Nera liefert im Piemont (DOC-Weine in Casorzo und Castelnuovo), in Südtirol (ebenfalls als DOC) und Apulien rote und Roséweine. Die Palette ihrer sardischen Abarten reicht vom Schaum- bis zum Likörwein.

Moscato (Muskateller) Gehört zu den ältesten Trauben und wird weltweit angebaut. Aus Kleinasien stammend, wurde er von griechischen und phönizischen Seeleuten im ganzen Mittelmeerraum verbreitet. Zur großen Muskateller-Familie gehört auch der kleinbeerige Muscat à petits grains (gelber Muskateller), der selbst wiederum zahllose Spielarten hat. In Italien wächst Moscato vor allem in den Hügeln des Piemont und im Oltrepò Pavese, ist aber auch sonst fast überall anzutreffen. Er bringt eine breite Palette hervor, angefangen vom schäumenden Asti mit seinem eigenen, unverwechselbaren Aroma über den Südtiroler Gold- und Rosenmuskateller bis zu den goldenen Likörweinen Apuliens.

Müller-Thurgau Diese Kreuzung zwischen Riesling und Chasselas wurde 1882 an der Königlichen Lehranstalt für Obst- und Weinbau im deutschen Geisenheim von Prof. Hermann Müller, einem gebürtigen Schweizer aus dem Thurgau, entwickelt. In Italien ist sie selten und bedeckt in der Lombardei, im

Moscato Bianco (Muskateller), eine der ältesten, weltweit meistangebauten Rebsorten.

Bianco verwendet. Einzige Rebsorte des Anbaugebiets Colli Martani.

Greco Griechischer Abstammung, wird in Kalabrien und Kampanien angebaut, wo er den DOC-Wein Greco di Tufo ergibt. In kleineren Mengen auch dem Lacrima Christi del Vesuvio, Frascati und dem apulischen Torre Quarto beigemengt. Die Kalabreser Abart bringt einen der besten italienischen Dessertweine hervor; auch Cirò Bianco wird aus Greco gemacht.

Grillo In der Gegend um Marsala und Alcamo im Westen Siziliens verbreitet angebaut; liefert die Grundlage für die gleichnamigen DOC-Weine.

Grüner Veltliner siehe Veltliner

Incrocio Manzoni Von dieser Rebsorte gibt es zwei Arten: 6–0–13, eine Kreuzung aus Riesling und Pinot Bianco, die einen leichten, schwach aromatischen Wein ergibt. Seltener ist die rote Kreuzung 2–15 aus Prosecco und Cabernet Sauvignon. In manchen Gebieten im Veneto angebaut, insbesondere in der Provinz Treviso.

Inzolia Nach Trebbiano und Catarratto ist Inzolia (auch als Ansonica bekannt) gut und gern die dritthäufigste Rebsorte ihrer Heimat Sizilien. Wichtigster Bestandteil von Marsala.

Kerner Diese Sorte entstand durch Kreuzung von Rheinriesling und Vernatsch. Tritt ab und zu in England und am Rhein auf; in Italien findet man sie fast ausschließlich in Südtirol.

Malvasia Eine Sortenfamilie mit einer langen, ereignisreichen Geschichte. Sie kam aus Kleinasien nach Griechenland und wurde nach dem Hafen Monemvasia benannt. Ihre wichtigsten italienischen Vertreter: Istriana aus Friaul-Julisch-Venetien, die leicht aromatischen Wein mit gutem Alkoholgehalt und reichem, vollem Geschmack ergibt; Malvasia del Lazio, intensiv und elegant, die für einige lokale Weiße, aber selten sortenrein verwendet wird; Malvasia di Can-

Veneto und in Friaul gerade ein paar Dutzend Hektar. Die besten Weine kommen aus dem Südtiroler Eisacktal und dem Trentiner Valle di Cembra. Die Weinberge brauchen viel Sonne, hohe Lagen und eher kühles Klima.

Nasco Einheimische sardische Sorte vor allem in der Gegend von Cagliari, insbesondere in Campidano. Ergibt süße, manchmal likörartige Weißweine.

Nosiola Hochwertige Sorte aus dem Trentino, liefert fruchtige Weiße mit charakteristischem, leicht bitterem Nachgeschmack.

Nuragus Vermutlich phönizischer Import, seit Jahrtausenden auf Sardinien angebaut. Wächst dort fast überall, besonders in Mittel- und Südsardinien. Neben Vermentino ist Nuragus der Hauptbestandteil der leichten, fruchtigen, ausgewogenen Weine (oft *frizzanti*), für die die Insel berühmt ist. Unter den sardischen DOC-Weinen ist nur der Vermentino di Sardegna ertragsstärker als der Nuragus di Cagliari.

Ortrugo Diese im Oltrepò Pavese und den Colli Piacentini heimische Rebsorte ist einer der Bestandteile von Trebbianino Val Trebbia, Monterosso Val d'Arda und Val Nure und ergibt sortenrein den Colli Piacentini Ortugo.

Pampanuto Ähnelt stark dem Bianco d'Alessano und wird für Castel del Monte Bianco verwendet, der in weiten Teilen der Provinz Bari erzeugt wird.

Pecorino In Mittelitalien häufig anzutreffen, vor allem im Gebiet von Osimo, in den mittleren Marken und in weiten Teilen Umbriens.

Picolit Seltene Sorte, wächst vor allem in den Colli Orientali del Friuli und in geringerem Ausmaß im Collio Goriziano. Neigt zum Verrieseln – von jeder Traube entwickeln sich nur wenige Beeren bis zur Reife. Der gleichnamige Wein ist angenehm, von dezenter Süße und konzentriertem Geschmack.

Pigato Kommt hauptsächlich an der ligurischen Riviera di Ponente, insbesondere in der Gemeinde Albenga vor.

Pignoletto Fast ausschließlich in Zola Predosa und einigen Nachbargemeinden in den Colli Bolognesi angebaut.

Grundlage eines leichten weißen DOC-Weins, manchmal auch als Frizzante.

Pinot Bianco (Weißburgunder) Diese Sorte wurde jahrzehntelang mit dem Chardonnay verwechselt (mit dem sie viele Merkmale gemein hat), so dass sie noch vor fünfzehn Jahren in Italien als Pinot-Chardonnay bezeichnet wurde. Sie wird in der Lombardei, im Veneto, in Friaul und Trentino-Südtirol angebaut. Im 18. Jahrhundert förderten die toskanischen Großherzöge Lorena ihren Anbau in der Toskana. Heute findet sie sich im DOC-Wein Pomino. Die bekanntesten Weine aus Pinot Bianco kommen aus Friaul und Südtirol. Die Rebe wird auch für die berühmtesten Spumanti aus Friaul, Trentino und Franciacorta verwendet.

Prosecco Seine Herkunftsregion ist ungewiss, wahrscheinlich Julisch-Venetien oder östlich davon. Beliebt im Veneto und in kaum geringerem Maß in der Provinz Padua. Ergibt strohfarbenen Wein mit deutlichem Duft nach Äpfeln, Mandeln und Glyzinien, zart aromatischem Geschmack, aber wenig Struktur. Die bekanntesten DOC-Proseccos aus dem Anbaugebiet von Conegliano-Valdobbiadene sind Frizzanti (Perlweine) und Spumanti (Schaumweine) – noch blasser und flüchtiger. Eine süßere Variante wächst in San Pietro di Barbozza auf dem Cartizze-Hügel und wird für die beliebten süßen Spumanti verwendet, die auf dem Etikett als Superiore di Cartizze oder schlicht als Cartizze bezeichnet werden.

Ribolla Gialla Historische Sorte, die seit dem Ende des Mittelalters in Friaul angebaut wird. Wird heute zu leichten Weißweinen mit blumigem Bukett und eher schwacher Struktur verarbeitet, besonders interessant im Collio.

Riesling Neben Chardonnay gilt Riesling als eine der edelsten weißen Rebsorten der Welt. Zwei nicht verwandte Rebsorten tragen den Namen: der (echte) Riesling (Riesling Renano) und der Welschriesling (Riesling Italico). Erstere ist an Rhein und Mosel heimisch und zweifellos die wertvollere, sie bringt große Weine mit enormem

Alterungspotenzial hervor. Manchmal wird sie auch zu süßen Weinen ausgebaut, als Spätlese, Eiswein (aus gefrorenen Trauben) oder Trockenbeerenauslese (aus edelfaulen Trauben). Die beiden Rieslingarten, die man in Italien vor allem im Norden anbaut, werden gelegentlich verwechselt. Welschriesling findet man häufig im Oltrepò Pavese als Spumante und leichten, duftigen Stillwein. Rheinriesling wird in Trentino-Südtirol, Lombardei, Veneto (vor allem Treviso) und Friaul angebaut.

Sauvignon Blanc Diese internationale Rebsorte ist stark in Mode. Sie stammt ursprünglich aus Frankreich, wo sie im Bordeaux-Gebiet und an der Loire heimisch ist. In Italien wurde sie schon vor über hundert Jahren angebaut, zunächst in den Provinzen Parma und Piacenza,

dann auch im Veneto und heute in erster Linie in den friaulischen Anbaugebieten Collio, Isonzo, Aquileia, Grave und Colli Orientali.

Sylvaner Wird im Elsass angebaut, wo diese unkomplizierte und rentable Sorte die Grundstufe der Qualitätspyramide darstellt. In Italien wächst die Rebe erfolgreich in Südtirol, wo sie unkomplizierte, leicht fruchtige Weißweine hervorbringt.

Tocai Friulano Ihm wird manchmal fälschlich ungarische Abstammung nachgesagt, wahrscheinlich wegen der

Trebbiano – im alten Rom als Trebularum bekannt – wird in ganz Italien angebaut; Ertragsbegrenzung steigert seine Qualität.

Namensähnlichkeit mit dem berühmten Tokajer. Zur weiteren Verwirrung trägt außerdem bei, dass im Elsass «Tokay» gleichbedeutend ist mit Pinot Grigio, der seinerseits in Friaul ebenfalls weit verbreitet ist. Tocai hingegen ist eine in Italien heimische Rebsorte und die meistangebaute des Veneto – wenngleich ihr Boden und Klima des Collio Goriziano noch mehr zusagen. Sie wird überall in Friaul, um Verona und in der Lombardei angebaut.

Torbato Vermutlich ein Mitglied der Malvasia-Familie. Gegenwärtig nur im Gebiet von Alghero in der sardischen Provinz Sassari angebaut, wo sie die Grundlage des gleichnamigen DOC-Weins stellt.

Traminer Traminer stammt wahrscheinlich aus der kleinen Südtiroler Region Tramin (italienisch Termeno). Französische Önologen hingegen vermuten, dass es sich dabei um eine Spielart des Savagnin handelt, der im Jura, an der Grenze zwischen Frankreich und der Schweiz, heimisch ist. Es gibt jedenfalls zwei Arten: Traminer und den aromatischen Gewürztraminer. Traminer wird in Südtirol, in geringerem Maß auch im Trentino und vereinzelt im Veneto und in Friaul angebaut.

Trebbiano Schon die Römer kannten diese Sorte als Trebulanum. Sie erbringt weltweit die größten Weinerträge. Ihre Herkunft ist strittig, in Frankreich jedenfalls liefert sie unter dem Namen Ugni Blanc die ideale Grundlage für die Destillation von Cognac und Armagnac – und auch für den besten italienischen Weinbrand. Sie ist von der Lombardei bis in den Süden in einer Unzahl von oft sehr interessanten Weißweinen mit charakteristischen Eigenheiten vertreten und wusste sich den speziellen Gegebenheiten anzupassen. Auch die drastische Einschränkung des Hektarertrags hat ihr gut getan. Besonders gelungene Beispiele sind einige Lugana-Weine und Trebbiano d'Abruzzo.

Veltliner Unter dem Namen Grüner Veltliner die meistverbreitete weiße Rebsorte Österreichs. Sie ergibt im Eisacktal für gewöhnlich angenehme,

Der Verdicchio wächst vor allem in den Marken und wird immer beliebter. Der Name bezieht sich auf die grüne Farbe der Trauben.

aber nicht besonders komplexe Weine von mittlerer Qualität.

Verdeca Wird in Teilen Apuliens, insbesondere auf dem Murge-Plateau und in der Provinz Bari angebaut. Grundlage zweier DOC-Weißweine, Locorotondo und Martina Franca.

Verdello Wächst vor allem im Süden Umbriens, hauptsächlich um Orvieto.

Verdicchio Seit Menschengedenken in den Marken angebaut. Der gleichnamige Wein entwickelte sich in jüngster Zeit zu einem der beliebtesten Weißen Italiens. Der Name bezieht sich auf die Farbe der Traube, die selbst im reifen Zustand einen Grünstich behält. Ihre Verwandtschaft mit Trebbiano di Soave und di Lugana, mit denen sie wichtige Merkmale gemein hat, ist unter Experten nicht unumstritten. Verdicchio ist ein DOC-Wein in der Classico-Zone Castelli di Jesi und in Matelica.

Verduzzo In Nordostitalien, vor allem in Friaul angebaut, wo sie die Grundlage für trockene und süße Weine liefert. Gelungene Süßweine (wie jene aus dem Ramandolo) sind gut strukturiert und ausgeglichen.

Vermentino Diese Rebsorte kam von der Iberischen Halbinsel nach Ligurien, Korsika, Sardinien und vereinzelt bis in die Toskana. Entfernt mit Malvasia verwandt, besonders mit jener aus Madeira, ihrer möglichen Heimat. In Sardinien gibt es drei Vermentino-DOCs: Vermentino di Gallura – traditionell besser strukturiert und alkoholstärker; weiter Alghero Vermentino frizzante und Vermentino di Sardegna, der auf der ganzen Insel erzeugt wird. Ligurischer Vermentino ist für gewöhnlich nicht so gut strukturiert, aber elegant und hat eine DOC an der Riviera di Ponente und in den Colli di Luni. Pigato gilt weithin als Vermentino-Spielart. Die toskanischen DOC-Weine Candia dei Colli Apuani, Monte-

carlo und Bolgheri Vermentino enthalten Vermentino in unterschiedlichen Mengen.

Vernaccia Vermutlich vom lateinischen «vernaculum» hergeleitet, was soviel wie einheimisch bedeutet und die große Anzahl gleichnamiger Rebsorten in Italien erklären würde. Am berühmtesten ist vermutlich die toskanische Vernaccia di San Gimignano, die seit dem Mittelalter berühmten Wein hervorbringt, fest und charaktervoll, trocken und alkoholstark, mit einer breiten Palette zarter Duftnoten. Der sardische Vernaccia di Oristano wird aus überreifen Trauben aus dem Tirso-Becken erzeugt und nach einer Methode vinifiziert, die stark dem bei Sherry üblichen Solera-System gleicht – und so ähnlich schmeckt er auch. Westlich von Macerata in den Marken ergeben rote Vernaccia-Trauben einen speziellen Spumante, Vernaccia di Serrapetrona DOC. Er kann trocken,

halbtrocken oder süß sein, die besten Ergebnisse erbringt jedoch der traditionell flaschenvergorene Spumante.

Vespaiolo Typisch für das Anbaugebiet Breganze in Vicenza. Ergibt den DOC-Wein Breganze Vespaiolo. Ein kleiner Anteil geht in den berühmten Dessertwein Torcolato di Breganze aus halbgetrockneten Trauben.

Viognier Eine der interessantesten weißen Rebsorten der Welt. Stammt aus dem Languedoc-Roussillon und dem Rhône-Tal, wo sie die Grundlage für Condrieu und den berühmten Château Grillet stellt. In Italien noch kaum bekannt, zu Versuchszwecken in der Toskana und in Latium angebaut.

Weissburgunder siehe Pinot Bianco

Zibibbo Auch als Moscatellone oder Moscato di Alessandria bekannt, heute ausschließlich auf der Insel Pantelleria angebaut, treibende Kraft hinter den hervorragenden Weinen Moscato und Passito di Pantelleria.

Der Nordwesten

Der Nordwesten Italiens besteht aus vier Regionen, zwei kleinen – dem Aostatal und Ligurien – und zwei der größten des Landes – dem Piemont und der Lombardei. Diese wohlhabenden Weinbauregionen verfügen über hohe Entwicklungsstandards. Es überrascht nicht, dass sie auf das Qualitätssegment setzen.

Aufgrund seiner gebirgigen Lage wird im Aostatal Wein in kleinem Maßstab angebaut – nicht viel, aber von durchwegs hoher Qualität. Ligurien ist von den Gebirgszügen des Apennins und der Alpen geprägt, wodurch sich die Landwirtschaft auf einen schmalen, ebenen Küstenstreifen beschränkt. Angebaut werden so gut wie ausschließlich Oliven und Wein, oft auf Terrassen und in extremen Steillagen. Das ist kostspielig, da fast alle Arbeiten händisch ausgeführt werden. Der Anbau an der Riviera di Levante und in Cinque Terre kommt teurer als an der Riviera di Ponente, die sanftere Hügel aufweist.

Mehr Beachtung finden jedoch die großen Regionen. Das Piemont ist ein erstklassiges Gebiet für Milchwirtschaft und Viehzucht, wo auch Reis, Haselnüsse und Obst gedeihen; vor allem aber wird hier Wein angebaut, vornehmlich in den Bergen. Zu dieser Region gehören auch die Langhe, aus denen jährlich rund 80 000 Hektoliter der berühmtesten DOGC-Rotweine Barolo und Barbaresco kommen, die aus der Nebbiolo-Traube gekeltert werden und für die Wirtschaft der Region von entscheidender Bedeutung sind. Sie erzielen Flaschenpreise von 20 000 bis 40 000 Lire ab Keller, die Trauben bis zu 9000 Lire pro Kilo. Mittlerweile ist das Ansehen von Barolo und Barbaresco international so gestiegen, dass die Kellereien ihre Erzeugnisse *en primeur* verkaufen, noch ehe die Flaschen auf den Markt kommen – ein Privileg, das sie mit den besten Bordeaux teilen.

Die Weininfrastruktur des Piemont lässt Vergleiche mit dem französischen Starwein zu, dem Burgunder. Die Weinberge in den Langhe sind wie jene der Côte de Nuits oder der Côte de Beaune im Besitz vieler kleiner Winzer, die Wein vorwiegend aus den eigenen Trauben erzeugen; die Zwischenhändler, die Trauben und Wein von einem Weinberg kaufen und weiterverkaufen, sind zahlenmäßig unbedeutend und genießen einen fragwürdigen Ruf. Beim Barolo oder Barbaresco kommen Namen wie Bruno Giacosa, Prunotto, Pio Cesare oder Ceretto jenen von Drouhin, Latour oder Jadot in Burgund gleich.

Das auffallendste Gebiet der Lombardei ist zweifellos Franciacorta am Iseosee in der Provinz Brescia. Dass es DOC-Status erlangt hat, ist nur der gerechte Lohn für die Bemühungen einer erstaunlichen Anzahl von Unternehmern, die unschätzbare Erfahrungen und Ressourcen aus dem nicht unmittelbar weinbaulichen oder landwirtschaftlichen Bereich eingebracht haben. Die Parolen lauten hier: Qualität und Ambition, und der hiesige Spumante braucht den direkten Vergleich mit den besten und elegantesten Schaumweinen der Welt keineswegs zu scheuen.

In weiten Teilen der Lombardei halten sich die alten bäuerlichen Landbautraditionen. Das Oltrepò Pavese gleicht einem riesigen Weintank, der fast ausschließlich zum Mailänder Markt abgeleitet wird, wohingegen das Veltlin, dessen Rebflächen sich an die steilen Berghänge des Adda-Tals klammern, ein harter Boden für die Weinerzeugung ist. Der Wein ist im Allgemeinen ausgezeichnet, beinahe durchwegs rot und stammt von der Chiavennasca-Traube (wie der Nebbiolo hier genannt wird); es ist jedoch schwer, ihn außerhalb der Lombardei aufzutreiben – es sei denn in den italienischen Großstädten oder jenseits der nahen Schweizer Grenze.

Ähnlich verhält es sich mit den Roten der mittleren Lombardei, z. B. Botticino, Cellatica und Garda Bresciano, und den Weißweinen aus den Colli Morenici Mantovani und sogar dem einst weit verbreiteten Lugana di Sirmione, der jedoch unter dem Abstieg der italienischen Weißen Mitte der siebziger Jahre gelitten haben dürfte.

Der malerische Flickenteppich aus Weinbergen rund um La Morra. Von hier kommen einige der besten Barolos. Zu den Spitzenlagen gehören Brunate und Cerequio.

Aostatal

Das Aostatal ist seit dem Ende der Urgeschichte besiedelt. In der Antike lebte hier das gallo-ligurische Volk der Salasser, das den Römern mehr als hundert Jahre lang die Stirn bot. Erst 25 v. Chr. gelang den Truppen des Aulus Terentius Varro die Eroberung des Gebiets, und nach der Unterwerfung des kriegerischen Volks erbaute man die Stadt Augusta Praetoria, das heutige Aosta.

Zu Beginn des Mittelalters fielen Ostgoten, Burgunder, Byzantiner, Lombarden und Franken ins Aostatal ein. 904 wurde es vom König von Burgund erobert, und als 1032 Umberto Biancamano – er gilt als Begründer des Hauses Savoyen – Herzog von Aosta wurde, gelangte das Land endgültig in den Besitz der königlichen Familie. Im Laufe der weiteren Geschichte wurde es Teil des Königreichs Sardinien und schließlich Italiens.

Die Geburtsstunde des Weinbaus schlug 1272 auf Geheiß des Bischofs von Ivrea, Federico Front. Der Kirchenmann befahl den Bürgern von Val di Cly, ihr Land – sofern dafür geeignet – mit Rebstöcken zu bepflanzen. Von nennenswerter Bedeutung sind Weinbau und Weinerzeugung jedoch erst seit etwa 1950, als das Institut Agricole Régional (im Aostatal wird sowohl Italienisch als auch Französisch gesprochen) als experimenteller Pilotbetrieb gegründet wurde, nach dessen Vorbild auch prompt die sieben Genossenschaften entstanden, in deren Hand sich heute der Großteil des Anbaugebiets befindet.

Die Weine des Aostatals

Die Weinproduktion des Aostatals ist, was die Menge betrifft, wenig bedeutend. Von den insgesamt nur 46 000 Hektolitern in der Region produzierten Weins kommen etwas über 6000 aus der DOC Valle d'Aosta/Vallée d'Aoste. Viele Weine stammen von den Rebsorten, die in dieser Region angebaut werden, etwa Blanc de Morgex et de La Salle aus der gleichnamigen Traube, die im Norden des Gebiets auf 1000 Meter Höhe an den Abhängen des Mont Blanc wächst. Diesen sehr leichten Weißwein findet man sonst praktisch nirgends.

Weiter südlich dominiert der Rotwein – allen voran Arnad-Montjovet und Donnas, beide mit viel Körper und hauptsächlich aus Picotener, der hiesigen Spielart der Nebbiolo-Traube. Chambave Rosso, Nus, Torrette und Enfer d'Arvier bestehen vorwiegend aus Petit Rouge. Seltener und teurer sind Dessertweine wie Chambave Muscat und Nus Malvoisie, zu Letzterem werden Pinot Grigio und einheimischer Malvoisie verschnitten. Alle diese Weine heißen nach spezifischen geografischen Zonen, einige werden jedoch in so geringen Mengen erzeugt, dass sie kaum je über das Tal hinaus in den Verkauf gelangen.

Wer das Aostatal besucht, wird feststellen, dass es hier mehrere DOC-Weine gibt, die sowohl mit der Rebsorte als auch mit dem Herkunftsgebiet bezeichnet werden. Da gibt es etwa den Vallée d'Aoste Müller-Thurgau, Pinot Gris, Chardonnay, Gamay, Pinot Noir, Petite Arvine, Petit Rouge, Premetta und Fumin. Die Trauben kommen aus verschiedenen Gebieten und von Reben, die in den spezifischeren Teilgebieten nicht vorkommen. Selbst dort wartet so manche Überraschung, wie etwa recht erfolgreicher Pinot Noir und Gamay. Aber auch diese Weine werden fast ausschließlich vor Ort gehandelt.

Vor allem im Valle del Rodano versuchen sich heute einige Winzer an französischen Rebsorten, und es ist gut möglich, dass mancher ausgezeichnete Rotwein aus «zugereister» Syrah und Grenache dauerhaft an den Hängen

Weingarten bei Morgex in über 1000 Meter Höhe. Die traditionelle niedrige Pergel-Erziehung schützt die Reben vor der bitteren Kälte.

des Aostatals heimisch wird; die meisten Weine des Valle del Rodano sind jedoch klassische «Bergweine». Die Weißen haben einen feinen, aromatischen Duft und sind eher leichtgewichtig und säurebetont. Die Roten sind blass und von mittelstarkem Körper, es mangelt ihnen letztlich an Kraft und Alterungspotenzial.

Boden, Klima und Anbaumethoden

Mit noch nicht einmal 3000 Quadratkilometern ist das inmitten der Alpen gelegene Aostatal eine vergleichsweise kleine Region. Weinbau ist nur im Tal der Dora Baltea, des wichtigsten Flusses der Region, möglich; von ihrem Ursprung im Mont-Blanc-Massiv bis zur südöstlich gelegenen Grenze zum Piemont durchquert sie das gesamte Gebiet beinahe in der Diagonale.

Die Weinberge liegen am linken Ufer der Dora Baltea, wo reichlich Sonnenschein und sandige Lehmböden wesentliche Voraussetzungen für den Anbau hochwertiger Reben liefern. Auch wenn die Trauben durchaus von guter Qualität sind – die Weinbergarbeit in diesem Teil des Aostatals ist jedenfalls alles andere als eine leichte Aufgabe. Von der Anlage der Rebflächen her gleicht es dem schwei-

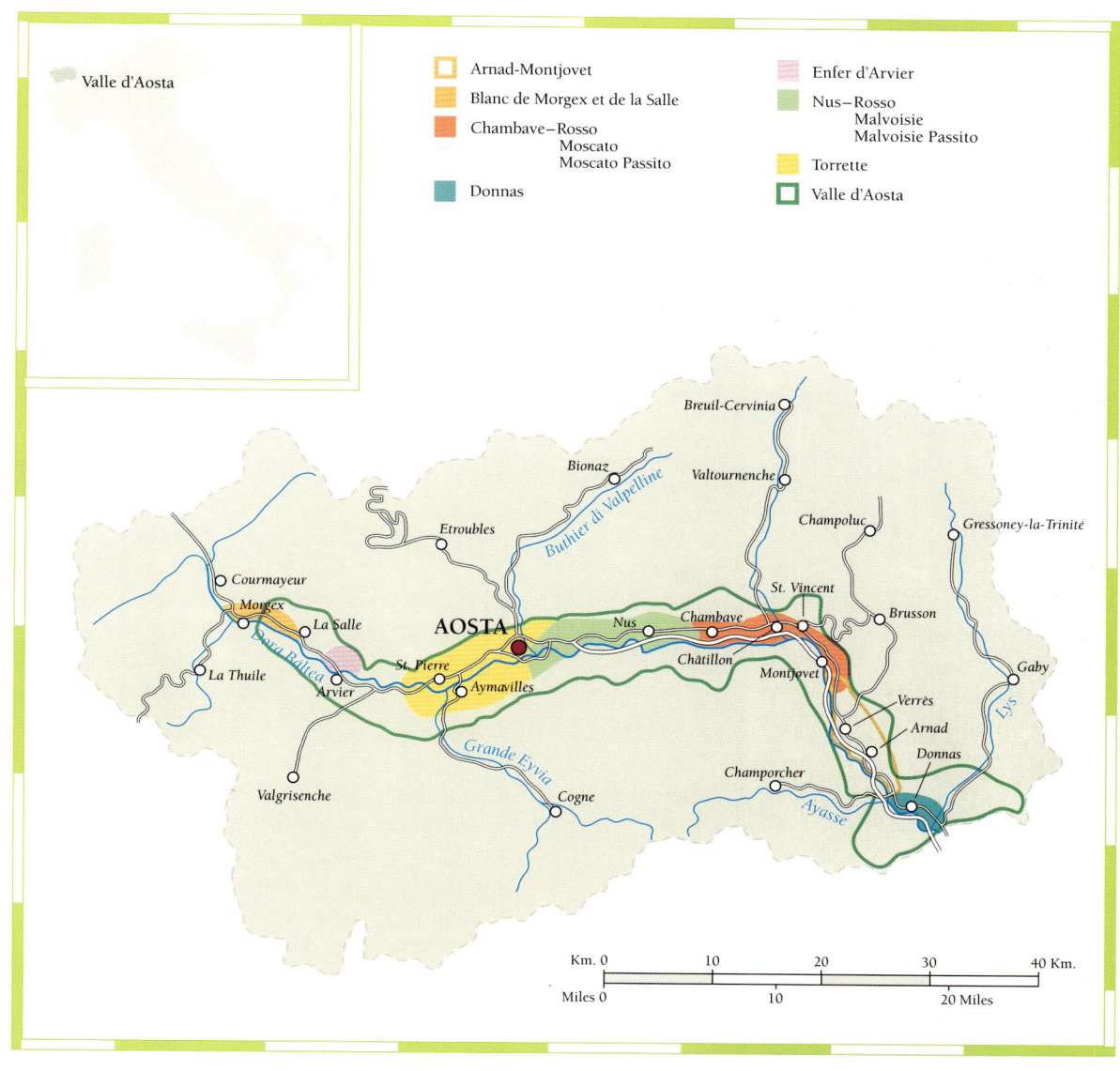

Valle d'Aosta

- □ Arnad-Montjovet
- ▨ Blanc de Morgex et de la Salle
- ▨ Chambave–Rosso
  - Moscato
  - Moscato Passito
- ▨ Donnas
- ▨ Enfer d'Arvier
- ▨ Nus–Rosso
  - Malvoisie
  - Malvoisie Passito
- ▨ Torrette
- ▢ Valle d'Aosta

Weinbau ist im Aostatal nur entlang der Dora Baltea möglich – hier im Gebiet Chambave.

zerischen Wallis: Der Wein wächst auf steilen Hängen mit Terrassen, die sich an den Berglehnen festklammern.

Die drei Hauptanbaugebiete, Valdigne ganz im Nordwesten, Valle Centrale und Bassa Valle, unterscheiden sich vor allem in der Höhenlage, die von Norden in Richtung Südosten rapide abnimmt. Die steilen Hänge des Aostatals sind in den langen Wintern bitterer Kälte und von Juli bis Anfang September sengender Hitze ausgesetzt – typisches Kontinentalklima, in dem nur frühreife Sorten wie Dolcet-

to, Gamay, Pinot Noir, Merlot oder Petit Rouge gedeihen. Die am weitesten verbreitete Erziehungsform ist die niedrige Pergola, die weitgehend dem im Trentino und in Südtirol gebräuchlichen System ähnelt. Als Alternative dazu werden die Reben – im Allgemeinen von Stangen gestützt – an Drähten auf den Terrassen oder an kleinen Bäumen erzogen; Letzteres ist vor allem in von Steinmauern umschlossenen Weinbergen üblich, wie man sie gelegentlich in Burgund findet.

Wichtige Erzeuger

Institut Agricole Régional, Aosta Eine der berühmtesten Kellereien der Region, breite Palette von Weinen fortschrittlicher Machart. Die Besten sind Trésor du Caveau – reinsortiger Syrah –, in kleinen Fässern ausgebauter Vallée d'Aoste Chardonnay und Vin du Prévôt aus Cabernet Sauvignon und Merlot. Auffallend sind auch Rouge du Prieur

aus Grenache-Trauben und Vallée d'Aoste Müller Thurgau.

Costantino Charrère, Aymavilles (AO) Einer der berühmtesten Weinerzeuger der gesamten Region. Er leitet die kleine Kellerei mit großem Geschick. Seine Spezialität, der rote Vin de La Sabla, ist eine Cuvée aus Fumin und Petit Rouge. Vom roten Valle d'Aosta Premetta aus den gleichnamigen Trauben und vom

reinsortigen Grenache Vin Les Fourches werden lediglich ein paar hundert Flaschen erzeugt. Leichter trinkt sich der vorwiegend aus Petit Rouge gekelterte Vallée d'Aoste Torrette. Costantino Charrère spricht französisch, wie an seinen Etiketten erkennbar ist. Mit äußerst dicht bepflanzten Weinbergen und alten, nur wenig ertragreichen Rebsorten sorgt er dafür, dass die örtlichen Traditionen lebendig bleiben.

Les Crêtes, Aymavilles (AO) Eine der angesehensten Genossenschaften der Region mit breit gefächertem Angebot lokaler Weine, an der Spitze Coteau La Tour (Syrah), gefolgt von Vallée d'Aoste Fumin und Vigne La Tour Cuvée Bois, zwei körperreichen Roten. Weiter zwei Vallée d'Aoste Chardonnay Cuvée Frissonière, der eine (Cuvée Bois) ein Jahr in Holz ausgebaut, der andere im Stahltank. Hinzu kommen der weiße Vallée d'Aoste Petite Arvine Vigne Champorette und der rote Vallée d'Aoste Torrette aus Petit Rouge mit einem Touch Fumin, Gamay und Pinot Noir.

La Crotta di Vegneron, Chambave (AO) Inmitten des Anbaugebiets Chambave; die hier vinifizierten Trauben kommen von Genossenschaftern der umliegenden Orte Nus, Verrayes, Saint Denis, Châtillon und Saint Vincent. Beste Weine: der aromatische, süße Vallée d'Aoste Chambave Moscato Passito, der rote Vallée d'Aoste Fumin und der süße weiße Vallée d'Aoste Nus Malvoisie.

Ezio Voyat, Chambave (AO) Die Weine des bekanntesten Weinerzeugers der Region sind seit über dreißig Jahren in italienischen und ausländischen Restaurants zu genießen. Das Glanzstück ist der klassische Moscato Passito (jetzt «Vino Passito Le Muraglie»), frischer und leichter der Moscato La Gazzella.

Cave du Vin Blanc de Morgex et de La Salle, Morgex (AO) In Morgex und La Salle am Fuß des Mont Blanc liegen in 900 bis 1200 Meter Höhe die höchsten Weinberge Europas. Eine Handvoll verwegener Weinerzeuger stellt hier kleine Mengen eines einzigen Weins her, des Valle d'Aosta Blanc de Morgex et de La Salle. Den in seiner Art einzigartigen leichten, duftigen Weißwein wird man außerhalb dieses härtesten Anbaugebiets des Aostatals kaum finden.

Im Winter müssen die Rebstöcke geschnitten werden, damit sie im kommenden Jahr gut austreiben.

Piemont

Die Trüffelsuche ist eine der beliebtesten (und geheimsten) Tätigkeiten im Piemont. Trüffelgerichte passen ausgezeichnet zu den hiesigen Weinen.

Das im buchstäblichen Sinn »am Fuß der Berge« gelegene Piemont ist im Norden und Westen von den Alpen geprägt. Sie bilden die Grenze zur Schweiz und zu Frankreich. Gegen Süden hin stößt das Gebiet an den Apennin, der es von Ligurien abgrenzt.

Die frühen Einwohner Liguriens nützten diese natürlichen Verteidigungswälle im Widerstand gegen die Invasion der Römer, der erst unter der Herrschaft des Augustus (27 v. Chr.–14 n. Chr.) gebrochen wurde. Damit hielt der Weinbau im etruskischen Stil Einzug im Piemont. Karl der Große (742–814) sowie später die französischen Könige passierten das Piemont auf ihren italienischen Eroberungszügen. Erst Camillo Benso Graf Cavour, Ministerpräsident von Savoyen, förderte mit der Entwicklung des Barolo einen der größten Rotweine Italiens.

Weinerzeugung und Weinstile

Mit einer Produktion von über drei Millionen Hektolitern – davon die Hälfte DOC- und DOCG-Weine – ist das Piemont eine der unerschöpflichsten Quellen für Italiens hochqualitative Weine. Hier befinden sich mehr Weine auf DOCG-Niveau als sonstwo in Italien: Asti oder Moscato d'Asti, Barolo, Barbaresco, Brachetto d'Acqui oder Acqui, Gattinara, Ghemme und seit 1998 mit Gavi der erste DOCG-Weißwein aus dieser Region.

Die häufigsten Rebsorten sind Barbera und Dolcetto – Letzterer stellt den Most für zehn DOC-Weine. Die dritthäufigste, aber von ihrer Bedeutung her erste, Nebbiolo, wird entweder sortenrein ausgebaut oder stellt die Hauptingredienz von Weinen wie Nebbiolo d'Alba, Roero, Barolo, Barbaresco, Gattinara, Ghemme und etlichen kleineren DOC-Weinen aus der Gegend von Novara und Vercelli.

Noch häufiger ist die Moscato-Traube (Muskateller), aus der die meisten weißen DOCs und DOCGs erzeugt werden, darunter zum Beispiel der süße Asti Spumante. Der weniger bekannte stille oder leicht perlende Moscato d'Asti ist ein leichter, duftiger Weißer. Zudem finden sich hier der süße weiße Loazzolo und der Brachetto d'Acqui, ein duftiger roter Schaumwein.

Aus Asti kommen auch zwei weniger bedeutende rote Perlweine aus der Malvasia Rosso: Casorzo d'Asti und Castelnuovo Don Bosco gelten als lokale Spezialitäten.

Im ebenen Mittelpiemont gibt es drei DOCs: den roten Carema, ein körperreicher Nebbiolo, Freisa di Chieri, ein moussierender Roter aus Freisa-Trauben, und den leichten weißen Erbaluce di Caluso. Aus teilgetrockneten Erbaluce-Trauben macht man auch einen süße Passito.

In Gabiano und Rubino di Cantavenna, zwei kleinen, aber bedeutenden Gebieten im Norden der Provinz Alessandria, werden Barbera und Grignolino zu körperreichen Rotweinen mit Alterungspotenzial verschnitten. Grignolino wächst nur in Asti und Alessandria und bringt Rotweine von geringer Farbintensität, aber mit deutlichen Tanninen hervor. Dem bekanntesten, Grignolino d'Asti, ist im Grignolino del Monferrato Casalese von Vercelli ein ernst zu nehmender Rivale erwachsen.

Die jüngsten DOCs, Langhe und Piemont, punkten mit innovativem Weinbau und ihrer Ausgewogenheit zwischen internationalen und traditionellen Rebsorten. Die DOC-Zone Langhe umfasst fast die gesamte Provinz Cuneo im Südwestpiemont. Diese DOC *di ricaduta* gilt für Rotweine aus Nebbiolo oder Dolcetto, die nicht in andere Appellationen fallen. Die eher lockere Kategorie erlaubt Flaschenreifung von unterschiedlicher Dauer bei Barolo oder Barbaresco und weniger traditionelle Ausbaumethoden und Experimente mit nicht einheimischen Rebsorten wie Chardonnay, Sauvignon und Cabernet Sauvignon. Dabei handelt es sich um zumeist hochqualitative Weine, die in kleinen Fässern reifen und für das Piemont dieselbe Rolle spielen wie die Super-Toskaner für die Toskana.

Zur DOC-Zone Piemont gehören alle kleineren Gebiete. Die Auflagen sind weniger streng als bei anderen DOCs. Sie umfasst alle Weine aus den zahllosen regionalen Rebsorten sowie Schaumweine, die die Qualifikation für die DOGC-Zone Asti nicht geschafft haben.

Klima, Boden und Anbaumethoden

Im Piemont herrscht Kontinentalklima – lange, kalte Winter und heiße, ziemlich feuchte Sommer. Weinanbau ist verbreitet, am intensivsten wird er in der Hügelkette im Süden an der Grenze zu Ligurien betrieben.

Die besten Böden sind stark mergel- und kalkhaltig – allerdings so dünn, dass Weinbau beinahe die einzig mögliche Form der Bewirtschaftung darstellt.

Die Lese geht von Ende September – bei den früh reifenden Sorten Dolcetto, Chardonnay und Moscato – bis Ende Oktober bei «Spätentwicklern» wie Nebbiolo, die zur Zeit der ersten Nebel *(nebbie)* in den tiefstliegenden Gebieten der Region reifen. Es dominieren Spaliererziehung und Guyot-Schnitt; die Pflanzdichte liegt bei 3.000 bis 5.000 Stöcken pro Hektar. Gegenwärtig wird mit höheren Dichten und niedrigeren Erziehungsformen experimentiert, allerdings sind diese Methoden auf den steilen Weinbergen der Langhe und in Asti nur beschränkt effizient.

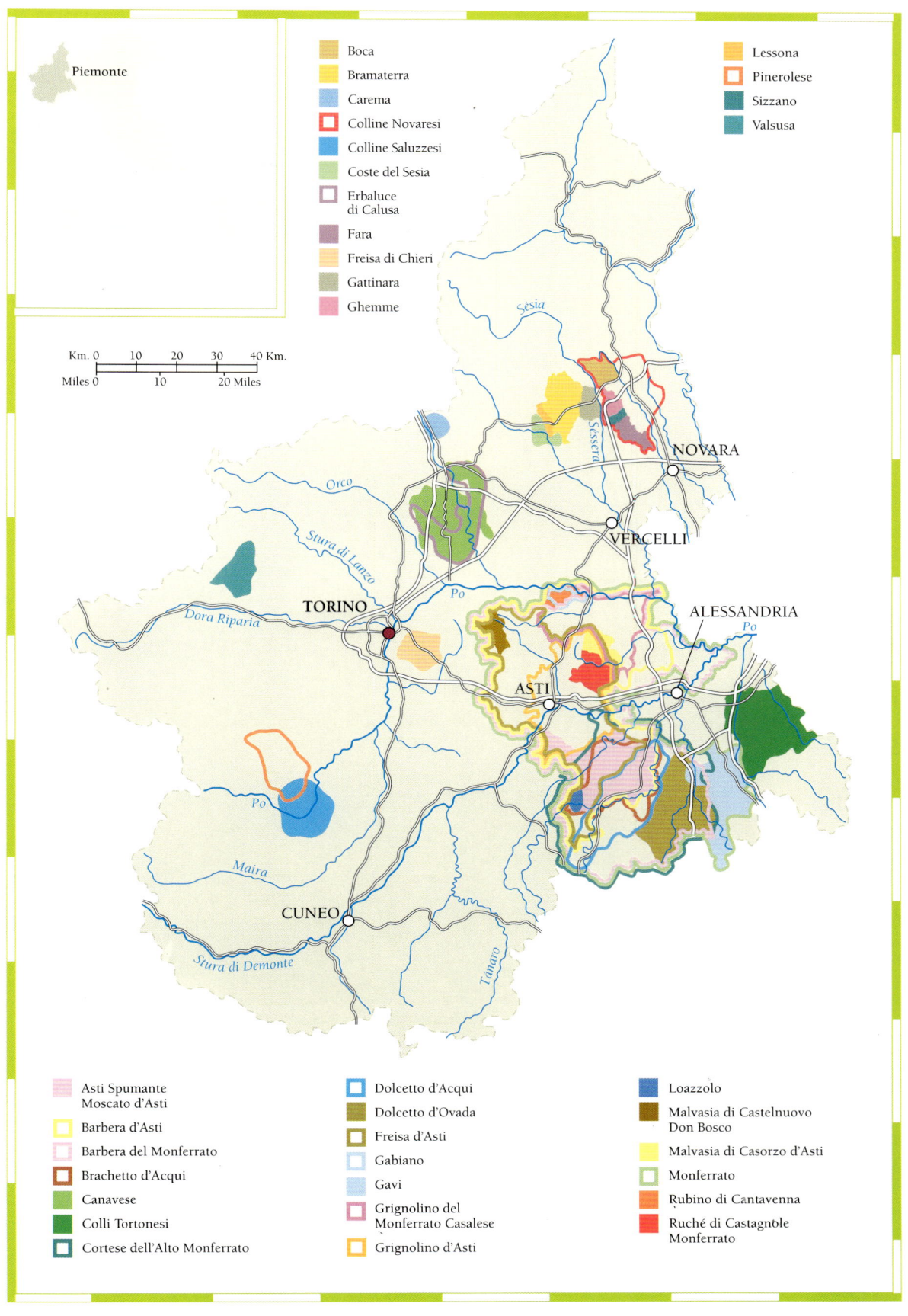

Boca

Bramaterra

Carema

Colline Novaresi

Colline Saluzzesi

Coste del Sesia

Erbaluce
di Calusa

Fara

Freisa di Chieri

Gattinara

Ghemme

Lessona

Pinerolese

Sizzano

Valsusa

Piemonte

Km. 0   10   20   30   40 Km.

Miles 0   10   20 Miles

Sesia

NOVARA

Orco

Stura di Lanzo

VERCELLI

Po

TORINO

Dora Riparia

Po

ALESSANDRIA

Po

ASTI

Po

Maira

CUNEO

Stura di Demonte

Tanaro

Asti Spumante
Moscato d'Asti

Barbera d'Asti

Barbera del Monferrato

Brachetto d'Acqui

Canavese

Colli Tortonesi

Cortese dell'Alto Monferrato

Dolcetto d'Acqui

Dolcetto d'Ovada

Freisa d'Asti

Gabiano

Gavi

Grignolino del
Monferrato Casalese

Grignolino d'Asti

Loazzolo

Malvasia di Castelnuovo
Don Bosco

Malvasia di Casorzo d'Asti

Monferrato

Rubino di Cantavenna

Ruché di Castagnole
Monferrato

Barbaresco

Mag er auch im Schatten seines berühmteren »Cousins« stehen – Barbaresco ist für sich genommen ein renommierter und spannender Wein. Auch dieser DOCG-Wein wird aus der Nebbiolo-Traube gewonnen und kam zur selben Zeit auf wie der Barolo. Ehe er auf den Markt kommt, lagert er zwei Jahre (eines weniger als Barolo), seltener – als Riserva – vier Jahre lang.

Barbaresco ist östlich von Alba in den Gemeinden Neive, Treiso und natürlich Barbaresco beheimatet. Den Weinerzeugern fiel er zu Beginn des 19. Jahrhunderts zum ersten Mal auf, als bereits über 40 Prozent des Agrarlands aus Rebflächen bestanden. Verantwortlich für die Entwicklung des Barbaresco war der erste Direktor der Weinbauschule von Alba, Prof. Domizio Cavazza. 1894 gründete er mit einigen Freunden die erste Genossenschaft der Region, die Cantina Sociale di Barbaresco. Der

Wein, den sie herstellten, war durchgegoren – also völlig trocken – und wurde in den Kellern des Castello di Barbaresco gelagert, das dem Professor gehörte.

In den vergangenen Jahren hat dieser Wein international Kultstatus erlangt, was hauptsächlich einem Weinerzeuger zu verdanken ist: Angelo Gaja. Die wichtigsten Barbaresco-Weinberge bzw. -Lagen sind Basarin, Gallina und Santo Stefano in Neive, die Rebflächen von Montestefano, Martinenga, Montefico, Paglieri, Pora, Rabajà, Rio Sordo und Bricco Asili in Barbaresco und Pajoré, Marcarini sowie Giacosa in Treiso.

Die besten Barbaresco-Jahrgänge sind auch die besten Barolo-Jahrgänge, und mag Ersterer auch etwas weniger Körper und größere Eleganz aufweisen, so müsste man schon auf die Weine der Langhe spezialisiert sein, um die beiden auseinander halten zu können.

Vom dem auf einem Hügel gelegenen Neive aus blickt man über Weinberge für den Barbaresco; es sind die vielleicht besten Weinberge des Piemont.

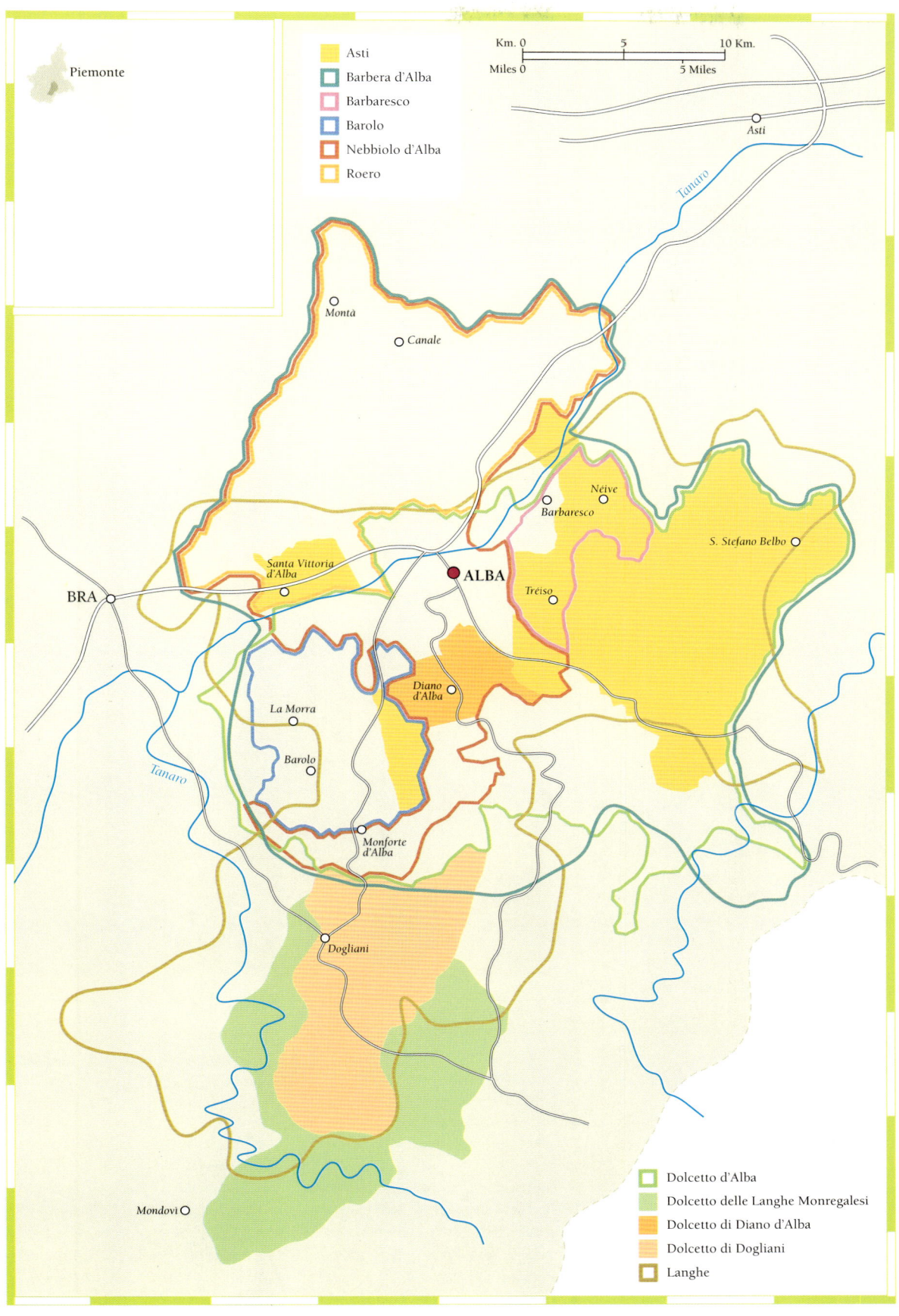

Asti
Barbera d'Alba
Barbaresco
Barolo
Nebbiolo d'Alba
Roero

Km. 0   5   10 Km.
Miles 0   5 Miles

Tanaro

○ *Asti*

○ *Montà*

○ *Canale*

○ *Nèive*
○ *Barbaresco*
○ *S. Stefano Belbo*

Santa Vittoria d'Alba ○

BRA ○

● **ALBA**

○ *Trèiso*

Tanaro

Diano d'Alba

La Morra ○

○ *Barolo*

○ *Monforte d'Alba*

○ *Dogliani*

○ *Mondovì*

Dolcetto d'Alba
Dolcetto delle Langhe Monregalesi
Dolcetto di Diano d'Alba
Dolcetto di Dogliani
Langhe

Wichtige Erzeuger

Bricco Asili, Alba (CN) Die Weinberge der Brüder Ceretto gehören zu den berühmtesten Lagen der Langhe. Die Weine werden als Bricco Rocche, Bricco Asili, La Bernardina und Ceretto angeboten. Bricco Asili ist ein klassischer, stilvoller, sehr eleganter Barbaresco. Dazu kommen drei exzellente Barolos: Bricco Rocche di Castiglione Falletto, Brunate und Prapò di Serralunga.

Tenute Cisa Asinari dei Marchesi di Gresy, Barbaresco (CN) Dieses Weingut mit seiner hervorragenden Lage im Martinenga-Tal in Barbaresco bietet elegante und angenehm zu trinkende Barbarescos aus verschiedenen Lagen. Gaiun hat die beste Strukur, Camp Gros und Martinenga sind ebenfalls durchaus interessante Weine.

Gaja, Barbaresco (CN) Angelo Gaja verkörpert weltweit den besten Künstler der italienischen Weinerzeugung. Er übernahm Ende der sechziger Jahre mit Hilfe seines Kellermeisters Guido Rivella den Familienbetrieb und bemüht sich seither um höchste Qualität. Sein Barbaresco zählt heute zur Weltspitze unter den Rotweinen. In Frankreich wurde der Weinerzeuger mit dem Titel «König Gaja» geadelt, in Amerika ist sein Name bereits Legende. Im Kielwasser seiner weltweiten Erfolge mit den Barbarescos Sorì Tildin, Sorì San Lorenzo und Costa Russi hat Angelo Gaja heute nicht nur überall in der Region (hervorragend sein Barolo aus der Sperss-Lage), sondern auch in der Toskana, in Bolgheri und Montalcino seine Hände im Spiel.

Moccagatta, Barbaresco (CN) Zu den besten Barbarescos der vergangenen Jahre zählen jene, die Franco und Sergio Minuto unter diesem Etikett herausbrachten. Es sind moderne Weine mit festem Körper und ebensolcher Struktur, voll konzentrierter Fruchtaromen. Ein perfektes Beispiel dafür ist ihr Barbaresco aus der Lage Bric Balin.

Albino Rocca, Barbaresco (CN) Rocca ist ein Winzer, der seine Keller- und Vinifizierungsmethoden komplett erneuert hat. Seine Weine sind elegant und modern, sehr intensiv und langlebig. Besonders beeindruckend sein Barbaresco aus den Lagen Brich Ronchi und Loreto.

Bruno Rocca, Barbaresco (CN) Bruno Roccas Barbaresco spiegelt die typischen Merkmale der Nebbiolo-Traube wider: Seine Weine – allen voran der Barbaresco Rabajà – sind von komplexer Struktur und eindrucksvoller Ele-

Angelo Gaja (hier in Barbaresco), einer der besten Erzeuger piemontesischer Weine und einer ihrer berufensten Botschafter.

ganz und entwickeln mit den Jahren erstklassige Raffinesse.

Fratelli Cigliuti, Neive (CN) Renato Cigliutis Wein profitiert ungemein von der Lage der Weinberge von Serraboella: Die Kennzeichen von Cigliutis Barbaresco Serraboella, Dolcetto d'Alba und Langhe Rosso Bricco Serra sind ein ausgeprägtes Bukett sowie ein hoher Alkohol- und Tanningehalt.

Bruno Giacosa, Neive (CN) Bruno Giacosa ist ein intimer Kenner der Weine der Langhe. Seine Spezialität ist der Barbaresco, besonders jener aus der Lage Santo Stefano. Eindrucksvoll auch die Barolos Collina Rionda und Rocche di Castiglione Falletto.

Fratelli Giacosa, Neive (CN) Valerio und Silverio Giacosa besitzen eines der größten Weingüter der Langhe und erzeugen jährlich über 600 000 Flaschen. Ihr Barbaresco aus der Lage Rio Sordo hat ein intensives Gewürzaroma und große Festigkeit am Gaumen.

Mehrjährige Kellerlagerung ist nötig, um die Tannine des rauen Nebbiolo zu harmonisieren.

Unten: Der Rebschnitt erfolgt meist während der Wintermonate, wie hier in Barbaresco. Im Frühjahr und Sommer kann es notwendig werden, ganze Trauben zu entfernen, um den Ertrag weiter zu verringern.

Paitin, Neive (CN) Das Weingut der Familie Pasquero-Elia bedeckt 15 Hektar Rebflächen zwischen Alba und Neive; es ist berühmt für seinen Barbaresco. Der «cru» Sorì Paitin ist ein faszinierender, ausgewogener Wein mit komplexem Bukett und einer Fülle von Tanninen.

Fiorenzo Nada, Treiso (CN) Bruno Nadas Barbaresco ist ein eleganter, moderner und sehr fruchtiger Wein von fester Struktur. Sein bester Tropfen ist allerdings zweifellos der Langhe Rosso Seifile – Barbera mit 30 Prozent Nebbiolo. Dieser Wein verbindet ein ansprechendes und reizvolles Aroma mit großer Wucht und komplexem Geschmack.

Pelissero, Treiso (CN) Eines der Weingüter der Langhe, das beachtliche Fortschritte in der Qualität gemacht hat. Ein gelungenes Beispiel dafür ist der Barbaresco aus der Lage Vanotu, einer der besten Appellationen, mit seinen würzigen Aromen und seiner Vielschichtigkeit am Gaumen.

Barolo

Denkt man an großen Rotwein – kraftvoll, körperreich und mit hohem Alterungspotenzial –, so kommt man unweigerlich auf den Barolo. Dessen Ursprünge gehen auf den Beginn des 19. Jahrhunderts zurück. In jener Zeit heiratete die französische Adelige Giulia Vittorinin Colbert den Marchese Carlo Tancredi Falletti. Serralunga und La Morra, die Barolo-Güter der Marchesa, wurden in der Folge vom französischen Önologen Louis Oudart betreut. Zur gleichen Zeit verließ Camillo Cavour, Conte von Grinzane, den Turiner Königspalast und wandte sich der Modernisierung und Rationalisierung der Landwirtschaft auf seinen Gütern zu – und von den süßen Rotweinen der Langhe ab. Er pflanzte Pinot Noir und erzeugte aus Nebbiolo Rotwein im französischen Stil. Dann – und das war das Entscheidende – stellte er Louis Oudart an, und nach einer Versuchsphase erhielt der Barolo die Merkmale, die er heute noch weitgehend aufweist.

Der Wein der Marchesa hatte am Hofe Karl Alberts durchschlagenden Erfolg – und den behielt er ohne Unterbrechung in der Ära Cavour, unter Viktor Emmanuel II. und bis zum heutigen Tag. Auf dem Höhepunkt seines Weltruhms stand der Barolo jedoch zu Beginn des 20. Jahrhunderts. Die Reblauskatastrophe in den zwanziger Jahren, die Wirtschaftskrisen der Dreißiger und der Zweite Weltkrieg stellten das Durchhaltevermögen der Winzer in den Langhe auf eine harte Probe und forderten einige Opfer. 1966 jedoch erhielt der Barolo DOC-Status und machte in der Folge langsame, aber unaufhaltsame Fortschritte. Mit der Anerkennung als DOCG 1980 brach ein außergewöhnliches Jahrzehnt mit einer Fülle guter Jahrgänge an, in dem eine neue Welle kleiner Erzeuger zum Kreis der großen Traditionalisten stieß. Heute ist Barolo der unangefochtene König der italienischen Weine, und sein Prestige ist über jeden Zweifel erhaben.

Die «crus» des Barolo

Damit ein Barolo zum Tragen der Bezeichnung DOCG berechtigt ist, dürfen dafür ausschließlich Nebbiolo-Trauben der Spielarten Lampia, Michet und Rosé verwendet werden, der Wein muss mindestens drei Jahre – die Riserva fünf Jahre – reifen. Der Hektarertrag an Trauben darf acht Tonnen nicht überschreiten. Die Nebbiolo-Trauben werden in mehreren Ortschaften in den Langhe angebaut, wobei die besten und traditionsreichsten Anbauflächen vor allem in sechs Gemeinden liegen: in Barolo sind das die Lagen Cannubi und Sarmassa, in La Morra Brunate und Cerequio, in Verduno die Lage Monvigliero, in Castiglione die Lagen Falletto Rocche, Villero und Monprivato, in Monforte die Lagen Bussia Soprana, Bricco Cicala und Pianpolvere sowie in Serralunga die Lagen Vigna Rionda, Ornato, Briccolina, Vigna Francia und Lazzarito. Auf dem Etikett scheinen viele dieser Namen neben der Appellation Barolo auf, um die edle Herkunft der Trauben zu unterstreichen.

Barolo und Barbaresco – Tradition und Innovation

Eine der erbittertsten Debatten, die in den letzten Jahren über italienischen Wein geführt wurden, entzweit die Produzenten von Barolo und Barbaresco: Auf der einen Seite stehen moderne Weinerzeuger wie Angelo Gaja, auf der Gegenseite die Traditionalisten – «Väter des Landes» genannt – wie etwas Bartolo Mascarello, Giovanni Conterno, Battista Rinaldi oder Bruno Giacosa.

Der Kontrast zwischen Licht und Schatten zeigt die Bedeutung der Lage. Je mehr Sonne die Reben bekommen, desto besser.

Ende der siebziger Jahre machte die lokale Weinwirtschaft eine Imagekrise durch – und zwar sowohl im In- als auch im Ausland –, weil die nach traditionellen Methoden bereiteten Weine aus der Mode gekommen waren. Damals reiften die Weine nach langer Gärung und Maischung auf der Schale in großen, alten Fässern und kamen faktisch als archäologische Funde auf den Markt. Man musste jahrelang warten, ehe man sie trinken konnte, und sie vor dem Servieren stundenlang dekantieren, um sie mit ausreichend Luft in Berührung zu bringen; es blieb nur zu hoffen, dass der Korken hielt.

Jahrgänge wie 1958, 1961 und 1964 brachten einige unvergessliche, komplexe, wuchtige Weine hervor, die allerdings jene Weintrinker, die die raffinierte Ausgewogenheit eines großen Bordeaux oder die Eleganz und Schönheit eines großen Burgunders gewohnt waren, nur schwer zu würdigen wussten.

Einer Reihe junger Weinerzeuger wurde klar, dass die Anbaugebiete von Barolo und Barbaresco zwar nicht Pomerol und die Nebbiolo-Traube nicht Pinot Noir oder Merlot gleichkamen, dass diese Tatsache jedoch durchaus einen Vorteil in sich barg. Mit dem Gespür für notwendige Veränderungen begannen die Avantgardisten unter ihnen – Angelo Gaja, Elio Altare, Domenico Clerico, Roberto Voerzio, Enrico Scavino und Luciano Sandrone – mit neuen Methoden wie etwa kürzerer Maischestandzeit und der Verwendung kleinerer Fässer zu experimentieren. In sehr kurzer Zeit hatten diese Erzeuger den Stil ihrer Weine revolutioniert und fanden damit sowohl bei Kritikern als auch beim breiten Publikum Anklang.

Zehn Jahre zuvor war in Bordeaux ein vergleichbarer Wandel vonstatten gegangen, als sich die wichtigsten Erzeuger zur Modernisierung entschlossen hatten. In den sehr traditionellen Langhe mit ihren vorwiegend ländlichen Strukturen jedoch lösten diese neuen Barbaresco- und Barolo-Stile endlose Debatten und Kontroversen aus. Heute erfreuen sich Barolo und Barbaresco einer nie dagewesenen Anhängerschaft und erzielen Preise wie nie zuvor; paradoxerweise haben sie sich auch eine Gemeinde von treuen Traditionsliebhabern bewahrt. Die besten Weine der Region stammen heute sowohl von Traditionalisten als auch von Anhängern des Fortschritts. Der große Erfolg war offensichtlich eine heilsame Lehre.

Grinzane Cavour: Heimat von Camillo Cavour, Pionier des Barolo (19. Jh.).

Wichtige Erzeuger

Pio Cesare, Alba (CN) Pio Cesare besitzt einige der besten Lagen Albas und erzeugt eine Reihe raffinierter moderner Weine, darunter Barolos aus der Lage Ornato di Serralunga, Barbaresco Bricco und einen exzellenten Langhe Chardonnay Piodilei.

Marchesi di Barolo, Barolo (CN) Einer der bekannten Namen des Piemont; bietet von Dolcetto d'Alba bis Gavi eine breite Palette von Weinen. Höchst bemerkenswert sind die Barolos, darunter der Estate Vineyard, ein Wein mit weicher Struktur und langem Abgang.

Bartolo Mascarello, Barolo (CN) Mascarello erntet bei Anhängern des traditionellen Barolo Beifall. Seine Weine sind nüchtern, die Schärfe ihrer Tannine zeugt von langer Maischung, sie gewinnen mit den Jahren jedoch an Eleganz und Komplexität.

Giuseppe Rinaldi, Barolo (CN) Die Weinberge dieses Erzeugers befinden sich in den besten Lagen des Anbaugebiets – etwa Cannubi San Lorenzo, Le Coste, Ravera und Brunate. Die Weine werden nach traditioneller Manier gekeltert und ausgebaut (lange Mazeration und große Fässer) und umfassen eine faszinierende Reihe von Barolos.

Luciano Sandrone, Barolo (CN) Sandrones legendärer Barolo Cannubi Boschis wird vielfach als Quintessenz des modernen Barolo-Stils gehandelt. Sandrone macht das Beste aus dieser Sorte und bringt einen strukturierten, langlebigen Wein voll weicher Frucht hervor. Auch sein Barbera und Dolcetto d'Alba sind zu empfehlen.

Azelia, Castiglione Falletto (CN) Luigi und Lorella Scavino erzeugen exzellente Rotweine, allen voran Barolos: den Barolo Bricco Fiasco und Barbera d'Alba Vigneto Punta. Alle sind mild und abgerundet, ohne es an Struktur oder Lagerfähigkeit fehlen zu lassen.

Paolo Scavino, Castiglione Falletto (CN) Enrico Scavino gehört seit Jahren zu den führenden Barolo-Erzeugern. Das Geheimnis seines Erfolgs: großartige Weine und leidenschaftliches Streben nach dem Besten. Die Barolos aus den Lagen Cannubi, Bric del Fiasc und Rocche dell'Annunziata vereinen Konzentration und Wucht mit raffinierter Eleganz. Der üppige Barbera d'Alba Carati ist ebenfalls hervorragend.

Vietti, Castiglione Falletto (CN) Eine der besten modernen Interpretationen aus dem Terroir von Castiglione Falletto. Eine Reihe von Barolos, denen so schnell kein anderer den Rang ablaufen

dürfte, aus den Lagen Lazzarito, Brunate, Castiglione und Vallero. Ebenfalls hervorragend: Barbera d'Alba Scarrone, Dolcetto d'Alba Tre Vigne und Lazzarito.

Elio Altare, La Morra (CN) Vor einigen Jahren von Robert Parker zu einem der zehn Weinerzeuger des Jahres erkoren, ist Elio Altare heute als Begründer einer progressiven Art der Weinbereitung weithin anerkannt. Sein revolutionärer 1983er Barolo trank sich wie ein großer Burgunder. Beachtlichen Erfolg erzielte er auch mit den fassgereiften Langhe Arborina (Nebbiolo) und Langhe Larigi (Barbera).

Corino, La Morra (CN) Die Brüder Giuliano und Renato Corina erzeugen konzentrierte Barberas und Barolos von intensiver Farbe und Frucht. Der Barbera di Alba Vigna Pozzo schmeckt nach reifen Kirschen und Lakritze; die besten Jahrgänge der Barolos Vigna Giachini und Vigneto Rocche sind wirklich herausragend.

Marcarini, La Morra (CN) Der traditionelle Betrieb wird von Luisa und Manuel Marchetti geführt – zwölf Hektar Rebflächen der Lagen Brunate, La Serra und Boschi di Berri. Die beiden Ersteren ergeben elegante, langlebige Barolos, die hundertjährigen Stöcke der Letzteren einen faszinierenden Dolcetto d'Alba.

Mauro Molino, La Morra (CN) Statt wie früher seine Trauben weiterzuverkaufen, erzeugt Mauro Molino seit einigen Jahren selbst Wein – und das mit großem Erfolg, vor allem im Ausland. Hervorragend sein Barolo Vigna Conca und der bemerkenswerte Barbera d'Alba Vigna Gattere.

Cordero di Montezemolo, La Morra (CN) Das Monfalletto-Gebiet in La Morra ist die beste Barolo-Lage. Zur historischen Kellerei gehören dort 26 Hektar Rebfläche und weitere drei Hektar in der Lage Villero in Castiglione Falletto, aus deren Trauben der Barolo Enrico VI gemacht wird. Alle

Elio Altare – hier in seinem Keller in La Morra – ist einer der fortschrittlichsten Weinerzeuger des Barolo; der amerikanische Weinkritiker Robert Parker lobte ihn in den höchsten Tönen.

Weine sind vorzüglich, auch der schlichte Dolcetto d'Alba.

Roberto Voerzio, La Morra (CN)
Mischt als aufsteigender Stern am Winzerhimmel des Barolo ganz vorne mit. Roberto Voerzios Weine sind modern und schon nach drei bis vier Jahren trinkbar. Trauben aus den Lagen Cerequio und Brunate, kurzer Kontakt zwischen Most und Schalen sowie Ausbau in Fässern aus französischer Eiche – das alles mildert die für traditionellen Barolo typischen bitteren, strengen Tannine. Die Barolos Brunate und Cerequio der neunziger Jahre sind vermutlich seine bisher besten und gelten als Italiens Gegenstück zu den großen Burgundern. Roberto Voerzios Vignaserra – aus Nebbiolo-Trauben mit einem Hauch von Barbera – ist ganz einfach ein köstlicher fassgereifter Rotwein; dasselbe gilt auch für seinen Barbera d'Alba Vignassa.

Gianfranco Alessandria, Monforte d'Alba (CN) Seine vier Hektar Rebfläche verwandelt Gianfranco Alessandria in beachtliche Weine. Selbst in kleineren Jahrgängen nimmt der moderne Stil seines Barolo für sich ein, und der Barbera d'Alba Vittoria ist überragend.

Domenico Clerico, Monforte d'Alba (CN) Die Weine der Langhe in der Interpretation von Domenico Clerico verkörpern das neue Zeitalter des Barolo. Seine Barolos Ciabot Mentin Ginestra und Pajana verdanken ihre Eleganz und Komplexität dem Zusammenspiel von Nebbiolo, Barbera und Cabernet und der meisterlichen Verbindung aus moderner Weinbautechnik und örtlicher Tradition.

Poderi Aldo Conterno, Monforte d'Alba (CN) Aldo Conterno erzeugt seinen Wein in Monforte in der historischen Barolo-Lage Bussia. Die Weine sind beachtlich und ungewöhnlich, teils nach innovativen Methoden, teils im alten Stil erzeugt – ihre Tannine und ihre Langlebigkeit sprechen die Liebhaber des traditionellen Barolo an; ebenso

jedoch Anhänger eleganter Weine, die schon in den ersten Jahren trinkbar sind. Barolo Gran Bussia stammt von den besten Trauben der Lage und wird nur in den besten Jahren abgefüllt. Die großen Rotweine des Jahrgangs 1988 werden mindestens zwei Jahrzehnte lang unschlagbar bleiben. Bei ihrem komplexen Bukett und ihrem intensiven Duft denken Barolo-Fans unweigerlich an Violante Sobrero oder Battista Rinaldi Anfang der siebziger Jahre.

Giacomo Conterno di Giovanni Conterno, Monforte d'Alba (CN) Kompromisslosigkeit ist das Markenzeichen von Giovanni Conternos Wein. Sein Barolo Monfortino, das Aushängeschild des Familienbetriebs, zählt zu den größten traditionellen Weinen Italiens. Ihn zu trinken, bevor er zehn Jahre alt ist, hieße verrückt zu sein. Trinkreif sind jetzt die frühen sechziger Jahrgänge. In über dreißig Jahren Flaschenlagerung werden die widerspenstigen Tannine gezähmt, bis sich das Bukett dieser Weine bei 14 Grad Alkohol schließlich zum prächtigen Duft nach Lakritze und welken Rosen verfeinert hat. Auch der Barolo Cascina Francia folgt dem traditionellen Stil, ebenso der Einfachste von ihnen, Freisa delle Langhe, der körperreicher und qualitativ herausragender wirkt als vergleichbare, heute in großem Umfang im Piemont erzeugte Rotweinstile.

Conterno-Fantino, Monforte d'Alba (CN) Claudio und Diego Conterno widmen sich hingebungsvoll den Weinbergen, Guido Fantino betreut die Kellerei – diese Arbeitsteilung erbrachte den herausragenden Barolo Sorì Ginestra, einen Cabernet und den Langhe Rosso Monprà aus Nebbiolo und Barbera mit einem Hauch Sauvignon.

Elio Grasso, Monforte d'Alba (CN) Elio Grasso hat einen sehr persönlichen Stil; seine Weine zeichnen sich durch Struktur, Konzentration und Langlebigkeit aus. Herausragend seine Barolos aus den Lagen Ginestra Casa Matè und Gavarini Vigna Chiniera.

Podere Rocche dei Manzoni, Monforte d'Alba (CN) Valentino Migliorini hat in nur wenigen Jahren Weinberge und Kellerei umgemodelt und erzeugt nun eine Reihe erstaunlicher Weine, darunter die Barolos Vigna Big und Vigna d'la Roul sowie einen der besten Schaumweine Italiens, Valentino Brut Zero Riserva.

Elvio Cogno, Novello (CN) Dem Leiter des Betriebs, Walter Fissore, steht Önologe Beppe Caviola beratend zur Seite. Unter den Weinen finden sich ein guter Barbera und Dolcetto d'Alba, ein durchaus interessanter Langhe Rosso Montegrilli sowie ein viel versprechender Barolo Ravera.

Fontanafredda, Serralunga d'Alba (CN) Dieses 100 Jahre alte Weingut ist eines der berühmtesten der Region; ein Geschenk König Viktor Emanuels II. an die Contessa Mirafiori. Seine besten Barolos kommen von den Lagen La Villa, La Delizia und Lazzarito.

Giovanni Conterno von der geschichtsträchtigen Cantina Giacomo Conterno. Seine besten Weine kommen aus den historischen Lagen von Cascina Francia.

Vigna Rionda-Massolino, Serralunga d'Alba (CN) Diese Kellerei ist nach einer historischen Lage in der Gemeinde Serralunga benannt und erzeugt vortreffliche traditionelle Weine, darunter zwei klassische Barolos aus den Lagen Vigna Rionda and Parafada.

Fratelli Alessandria, Verduno (CN) Verduno ist berühmt für den üppigen, abgerundeten Stil seines Barolo; Musterbeispiel dafür ist die Lage Monvigliero. Rubinroter Wein mit einem pfeffrigen Geschmack und einem intensiven Beerenbukett, reich am Gaumen mit einem langen Abgang. Verduno Pelaverga ist ein reizvoller Wein aus der gleichnamigen Lage.

Alba und Roero

Roero Rosso wird hauptsächlich aus Nebbiolo gekeltert und erhielt erst vor zehn Jahren DOC-Status. Er vertritt eine neue Entwicklung im Weinbau von Alba. Zahlreiche, üblicherweise kleine Erzeuger bauen ihn nach modernen Methoden aus. Das bedeutet Reifung in kleinen Holzfässern, die sich nicht allzu lange hinzieht.

Barbera d'Alba gehört zu den herausragenden Barberas, wenn auch in den berühmtesten Anbaugebieten um Alba die günstigsten Lagen üblicherweise den großen Sorten Nebbiolo, Barolo and Barbaresco vorbehalten sind.

Zu den Spitzenreitern unter den piemontesischen Roten zählt der Dolcetto d'Alba. Seinen Erfolg verdankt er neben seinem Namen nicht zuletzt seinen reizvollen Charakteristika: niedriger Tannin- und Säuregehalt, Trinkreife schon nach ein paar Monaten.

Ein paar Kilometer südlich von Alba bringt die kleine Gemeinde Diano d'Alba einen aufregenden Dolcetto mit bedeutender Struktur und beeindruckendem Alkoholgehalt hervor. Am traditionsreichsten ist wohl Dolcetto aus Dogliani – sein Ruf wurde durch einen seiner Erzeuger gefestigt: Luigi Einaudi, nach dem Zweiten Weltkrieg Präsident der jungen Republik Italien.

Zwei weitere Dolcettos kommen aus Alba. Der eine ist der in der Region weit verbreitete Langhe Dolcetto, ein typischer Vertreter des grundsoliden, trinkbaren Stils. Der andere, Langhe Monregalesi, ist von weniger imposanter Struktur und stammt aus der Gegend von Mondovì, dem entlegensten Weinbaugebiet der Region.

Die Renaissance der Weine aus Alba zeigt sich in den hohen Verkaufszahlen der DOC Langhe. Viele der Weine sind für dortige Verhältnisse äußerst innovativ. Chardonnay oder Cabernet Sauvignon werden in kleinen Fässern vergoren oder ausgebaut, traditionelle Sorten wie Nebbiolo und Barbera werden sortenrein oder als Cuvée mit nicht einheimischem Cabernet Sauvignon, Syrah und Merlot vinifiziert. Internationale Sorten kommen als Langhe Rosso in den Handel. Diese junge DOC baut eher auf Lagen als auf Rebsorten und strebt Richtlinien für all jene Weine an, die zunächst versuchsweise erzeugt wurden, mittlerweile jedoch im Ausland guten Ruf und/oder hohe Preise einbringen. Dazu zählen Angelo Gajas Darmagi (Cabernet Sauvignon), Chardonnay Gaia & Rey und Sauvignon Alteni di Brassica, Domenico Clericos Arte, Elio Altares Arborina und Larigi sowie Aldo Conternos Favot und Bussiador. Natürlich macht man in Alba weiterhin traditionelle Barolos und Barbarescos, die man jedoch nicht mit denen der Newcomer verwechseln sollte.

Aus Alba und seinem Umland stammt eine Reihe innovativer Weine der DOCs Langhe, Roero oder Alba. Sie werden aus traditionellen Rebsorten wie Nebbiolo, Barbera und Dolcetto gemacht, aber auch internationale Sorten wie Chardonnay, Cabernet Sauvignon und Merlot wirken mit.

Inmitten des Hügellands der Langhe – sie ist das Herz- und Glanzstück des piemontesischen Weinbaus – liegt das Städtchen Alba. Die Gründung der alten Stadt geht auf die Römer zurück. So wie in Beaune an der Côte d'Or haben sich auch in Alba viele Weinfirmen niedergelassen. Der geschäftige Handelsplatz ist außerdem bekannt für seine Schokoladen – Haselnuss oder Gianduja – und für seine weißen Trüffeln.

In den Adern der Region aber fließt Wein – meist roter aus Nebbiolo-, Dolcetto- und Barbera-Trauben, wenn die DOC die Bezeichnung Alba oder Roero trägt. Die einzige weiße Rebsorte in Roero ist Arneis. Sie ergibt einen leichten, schwach aromatischen Weißwein, der in diesem Gebiet seit einiger Zeit für sensationelle Verkaufserfolge sorgt. Der Rest ist ein Meer von zumeist edlen Rotweinen.

Wichtige Erzeuger

Matteo Correggia, Canale (CN) Jahrelang einer der führenden Erzeuger und Önologen des Piemont. Keine Barolo- oder Barbaresco-Lagen, aber einige dank sorgfältigem Anbau hervorragende Weine, etwa Barbera d'Alba Marun und Nebbiolo d'Alba La Valle dei Preti. Seine modernen, innovativen Weine sind konzentriert, von intensiver Farbe und fruchtigen Aromen. Dahinter stehen unablässige Selektion der Trauben am Weinberg und für Traditionalisten schier revolutionäre Methoden: kurze Maischung dank modernster Ausrüstung sowie Verwendung kleiner, neuer Fässer aus französischer Eiche. Für die herausragende Qualität der Weine sorgen die Barbera- und Nebbiolo-Trauben. Das alles zu reellen Preisen.

Malvirà, Canale (CN) Massimo und Roberto Damonte spielen in der Renaissance des Roero eine Schlüsselrolle. Breit gestreute Palette von Weinen hoher Qualität. Zu den weißen Qualitätsweinen zählen Langhe Bianco Tre Uve, Roero Arneis und Renesio, zu den roten Roero sowie der herausragende Roero Superiore – eine Klasse für sich.

Quinto Chionetti & Figlio, Dogliani (CN) Heute gilt Dogliani als aufsteigende Weinbaugemeinde des Piemont, aber Quinto Chionetti erzeugt schon lange festen, kraftvollen Dolcetto di Dogliani von seinen Weinbergen Briccolero und San Luigi, voll konzentrierter Fruchtaromen und Eleganz.

Poderi Luigi Einaudi, Dogliani (CN) Historische Kellerei, einst im Besitz von Luigi Einaudi, dem zweiten Präsidenten der italienischen Republik, nun völlig umgestaltet; erwarb kürzlich einen Teil der berühmten Lage Cannubi in Barolo. Aus einer Reihe beeindruckender Weine immer noch herausragend der Dolcetto di Dogliani I Filari.

Fratelli Pecchenino, Dogliani (CN) Attilio und Orlando Pecchenino gehören zu den Jungwinzern, die den Weinbau in Roero völlig verändert haben. Ihre großartigen Dolcettos, etwa Sirì d'Yermu, sind das Ergebnis sorgfältiger Selektion im Weinberg. Ebenfalls gut: Chardonnay Vigna Maestro und Langhe Rosso La Castella.

San Fereolo, Dogliani (CN) Nicoletta Bocca legte ihre Kellerei in die Hände des piemontesischen Spitzenönologen Federico Curtaz und des Agronomen und Önologen Beppe Caviola. Ergebnis: extrem moderne, warme, konzentrierte Weine. Der Dolcetto di Dogliani San Fereolo ist einfach ein Traum.

San Romano, Dogliani (CN) Bruno Chionetti machte seine Kellerei in Dogliani zu einem Musterweingut. Fest auf das große Potenzial des Dolcetto di Dogliani vertrauend, erzeugt er mit dem Aufsehen erregenden Vigna del Pilone einen Wein, der die Konzentration und Faszination eines großen Merlot auf sich vereint.

Giovanni Battista Gillardi, Farigliano (CN) Diese kleine Kellerei erzeugt nur 25 000 Flaschen pro Jahr, aber die Weine von Giovannis Sohn Giaculin sind das Produkt sorgfältigen Anbaus: Dolcetto di Dogliani Cursalet und Vigneto Maestra sowie ein sehr gelungener Syrah mit dem seltsamen Namen Harys voller Gewürz- und Fruchtaromen.

Il Colombo – Barone Riccati, Mondovì (CN) Carlo Riccati ist ein angesehener Professor für Philosophie an der Universität Turin – und er hat eine Leidenschaft für den Weinbau, die er mit seiner Ehefrau Adriana teilt. Ihre Weine, die sie ausschließlich aus Dolcetto-Trauben bereiten, gehören zu den Spitzenerzeugnissen unter den Weinen der Langhe Monregalesi. Ihr Il Colombo ist schlicht phantastisch.

Ca'Viola, Montelupo Albese (CN) Der Önologe Beppe Caviola zählt zu den ganz Großen des Piemonteser Weins. Nach seiner Forschungstätigkeit in einem Weinlabor beriet er mehrere regionale Kellereien und erzeugt nun Wein in seinem eigenen Betrieb. Sein Dolcetto d'Alba Barturot und der Langhe Rosso Bric du Luv sind zwei kleine Meisterwerke. Auch an den Weinen von Angelo Rocca, Eraldo Viberti und Gianfranco Alessandria spürt man deutlich seine Hand – und damit nicht genug: auch bei Villa Sparina in Gavi und bei Luigi Einaudi in Dogliani. Er zählt auf niedrige Hektarerträge, Ausdünnen der Trauben, den Erhalt der ältesten Rebstöcke, kurzer Mazeration und den Ausbau in neuer Eiche. Diese Philosophie teilt er mit den Erzeugern des neuen Barolo-Stils in den Langhe, die in Caviola einen herausragenden Berater gefunden haben.

Matteo Correggia beim Auffüllen seiner Fässer. Dank minuziöser Genauigkeit produziert er hervorragende, innovative und dazu preisgünstige Weine.

Asti und Moscato d'Asti

Asti ist weltweit für leichte, traubige Schaumweine berühmt, erzeugt aber darüber hinaus eine Vielfalt an Stilen. Diese Weinberge sind mit der beliebten heimischen Freisa bestockt.

Hügel für Hügel prägen die sanftwelligen Weinberge von Asti die beeindruckende Landschaft, die sich von Acqui Terme und Canelli fast bis zu den Städten Asti und Alba erstreckt. Dieser grüngestreifte Flickenteppich verdeckt den weißen, trockenen Boden, den die ersten Regenfälle in Schlamm verwandeln.

Es ist das Land des flüssigen Goldes, eines der größten und berühmtesten Weine Italiens, des Asti. Erstaunlicherweise gehen beinahe 80 Prozent – fast 500 000 Hektoliter jährlich – in den Export. In Deutschland und in den USA hat der Asti begeisterte Anhänger; anderen gilt er weiterhin als süßer Schaumwein zum weihnachtlichen Panettone, den man allenfalls auf dem Jahrmarkt gewinnt.

Der süße, aromatische Schaumwein ist untrennbar mit Kultur und Bevölkerung des Südpiemont verbunden. Der Anbau des Moscato di Canelli (Muskateller) war schon zu Beginn des 16. Jahrhunderts über die ganze Region verbreitet und brachte einen trüben, süßen, perlenden Moscato hervor, den man tunlichst vor dem Frühjahr nach der

Lese trinken musste – andernfalls hätte er womöglich erneut zu gären begonnen.

Bei dem Versuch, allzu junge und ungestüme Weine in Flaschen abzufüllen, kam es über Jahrhunderte regelmäßig zu Explosionen (ähnlich wie in der Champagne oder im Rheingau). Bei der zweiten Gärung bildete sich in den zerbrechlichen Glasflaschen Kohlendioxid und in der Folge extrem hoher Druck. Um diesen Effekt zu verhindern, filtrierten die Winzer aus Asti den Most durch Hanfsäcke und füllten ihren Moscato immer wieder um, sobald er erneut zu gären begann. Stabil wurde der Wein durch diese Maßnahmen aber trotzdem nicht.

Das änderte sich erst, als 1865 Carlo Gancia, ein großer Techniker, Methoden entwickelte, die ihrer Zeit weit voraus waren. Sie ermöglichten es den Weinerzeugern von Asti, süßen, perlenden und stabilen Wein nach dem Champagnerverfahren zu erzeugen, ohne dass er den typischen Geschmack und Geruch eingebüßt hätte, der einen Moscato ausmacht. Das war die Geburtsstunde des

Asti Spumante, den man zunächst als Moscato Champagne bezeichnete. Gancias System beruhte auf sorgsamem, wiederholtem Filtrieren des Mosts nach jeder auch noch so schwachen erneuten Gärung.

Der Erfolg war so groß, dass sich binnen kurzem zahlreiche weitere Kellereien der Gegend – von Cinzano bis Contratto, von Cora bis Martini & Rossi, von Bosca bis Riccadonna – an die Erzeugung dieses faszinierenden Schaumweins machten.

Heute steht der Asti für italienischen Wein schlechthin und genießt weltweit so hohes Ansehen, dass er zur DOCG geadelt wurde. Der örtlichen Tradition noch stärker verhaftet sind der stille oder leicht prickelnde Moscato d'Asti sowie Moscato naturale d'Asti, ein leichter Weißwein mit knapp 5,5 Prozent Alkohol, intensiv in Süße und Aroma und bisher fast nur bei den kleineren Kellereien erhältlich.

Brachetto d'Acqui, Malvasia Rossa di Casorzo, Malvasia di Castelnuovo Don Bosco und Loazzolo vervollständigen die Palette der süßen, aromatischen Weine aus dieser Ecke des Piemont. Die Brachetto-Traube gleicht in ihrer Geschmacksfülle rotem Moscato, der daraus gewonnene Brachetto d'Acqui ist ein süßer roter Perl- oder Schaumwein mit delikaten Waldbeeren- und Rosenaromen. Mit dem ihm kürzlich verliehenen DOCG-Status ging eine deutliche Steigerung der Qualität – und des Preises – einher. Die Schaumwein-Version ist vielschichtiger als der traditionellere, eher rustikale Perlwein.

Malvasia di Castelnuovo Don Bosco und Malvasia di Casorzo d'Asti sind beides rote Perlweine und werden in der Provinz Asti erzeugt, Letzterer vereinzelt auch in Alessandria. Außerhalb ihrer Herkunftsregion sind sie nur selten zu finden. Sie ähneln einander stark und erinnern in gewisser Weise an Brachetto d'Acqui, allerdings sind sie nicht ganz so duftig.

Der nach der gleichnamigen Stadt benannte Loazzolo, ein weißer Stillwein aus Moscato-Trauben, unterscheidet sich wesentlich von den übrigen piemontesischen Moscatos. Die besten Loazzolos werden aus teilgetrockneten Trauben gewonnen und sind kraftvolle Dessertweine mit einer enormen Duftfülle und Komplexität.

Barbera d'Asti

Die ausgedehnten Weinberge von Asti haben mehr als nur eine Unmenge Moscato zu bieten. In den letzten Jahren wurden enorme Fortschritte in Richtung Qualitätsanbau erzielt, vor allem beim gut strukturierten roten Barbera d'Asti. Diesen Trend leitete vor fünfzehn Jahren Giacomo

Bologna ein. Der umsichtige Winzer erkannte, dass bei geringeren Erträgen seiner besten Lagen in kleinen Fässern hervorragender Wein reifen konnte. Das Ergebnis waren fantastische Barberas wie Bricco dell'Uccellone, Bricco della Bigotta oder Ai Suma. Der mittlerweile verstorbene Bologna erkannte die Grundzüge der Barbera-Persönlichkeit, insbesondere den hohen Säuregehalt, die

Pflege von Barbera-Reben bei Casorzo. Für eine korrekte Erziehung werden die Reben im Frühjahr angebunden.

hohe Polyphenolkonzentration und seine frühere Reife im Vergleich zum Nebbiolo. Bologna wurde mit dieser Vorgehensweise zum Wegbereiter für den großen internationalen Erfolg des Barbera d'Asti.

Giacomo Bolognas Pioniertaten fanden eine Unzahl mittlerweile höchst erfolgreicher Nachahmer, zu denen Kellereien wie Prunotto, Michele Chiarlo, Coppo, Bava, Vietti, Boffa und Scarpa sowie ertklassige Weinerzeuger wie Angelo Sonvico (Cascina La Barbatella), Franco Martinetti, Delfina Quattrocolo (Tenuta La Tenaglia) oder Franco und Mario Scrimaglio zählen.

Der einstige Barbera d'Asti – meist ein Perlwein mit eher schwacher Struktur – wirkt heute wie verwandelt. Für Unzufriedenheit sorgt aber weiterhin, dass die DOC die Konsumenten über die Verschiedenartigkeit der Weine im Unklaren lässt. Alles wird als «Barbera d'Asti» bezeichnet, bestenfalls als «Barbera d'Asti Superiore». Mit der gut gemeinten Einführung der Klassifikation «DOC Piemonte» wurde die Unterscheidung auch nicht erleichtert. Die Sache ist nun so geregelt, als dürften etwa Erzeuger der *premiers crus* des Haut-Médoc nur die AOC Bordeaux und nicht die Namen der Gemeinden angeben.

Riesige druckfeste Tanks (Autoklaven) für die Erzeugung von Asti Spumante bei Martini & Rossi.

Wichtige Erzeuger

Prunotto, Alba (CN) Angesehener Betrieb mit hundertjähriger Tradition. Seit Jahrzehnten erzeugt er große Barolos aus den Lagen Cannubi und Bussia Soprana sowie einen Aufsehen erregenden Barbaresco aus der Lage Montestefano. Starwein der heute im Besitz von Antinori befindlichen Kellerei ist der herausragende, gut strukturierte Barbera d'Asti Costamiole.

Michele Chiarlo, Calamandrana (AT) Das Angebot dieser renommierten Firma umfasst alle Weine aus Langhe und Asti, von Gavi bis Barolo Cannubi. Vorzüglich der Moscato d'Asti Nivole und der Barbera d'Asti Superiore la Court.

Contratto, Canelli (AT) Der alten Firma im Besitz der Familie Bocchino gelang ein glanzvolles Comeback. Gute Asti- und Langhe-Weine, einige große Spumanti, darunter der außergewöhnliche Asti de Miranda Metodo Classico.

Coppo, Canelli (AT) Die Weine der Familie Coppo zählen zu den interessantesten. Im Barrique ausgebaute Barbera d'Asti aus Einzellagen wie Camp du Rouss und Pomorosso. Auch hervorragende weiße Schaumweine.

Gancia, Canelli (AT) Mit einer Jahresproduktion von 15 Millionen Flaschen ist Gancia einer der exzellentesten Schaumweinerzeuger Italiens. Neben dem vorzüglichen Asti Atto Primo wird auch der Brut Mon Grande Cuvée Riserva Metodo Classico hergestellt.

La Spinetta, Castagnole Lanze (AT) Giorgio Rivetti zählt zu den besten Produzenten piemontesischen Weins. Ende der achtziger Jahre erntete sein herausragender Moscato d'Asti den Beifall von Konsumenten und Kritikern.
Der eklektische Weinerzeuger aus Leidenschaft ruhte sich jedoch nicht auf seinen Moscato-Lorbeeren aus. Rivettis Ehrgeiz machte ihn zu einer der Schlüsselfiguren der Piemonteser Renaissance

der neunziger Jahre. Unvergesslich ist etwa sein Monferrato Rosso Pin, eine Cuvée aus Nebbiolo, Cabernet Sauvignon und Barbera, in neuer Eiche ausgebaut und voll großer Tiefe und Wucht. Heute besitzt der Betrieb auch Weinberge in Neive im Barbaresco-Gebiet, die einen faszinierenden Barbera d'Alba und einen Barbaresco aus der Lage Gallina hervorbringen.

Caudrina – Romano Dogliotti, Castiglione Tinella (CN) Moscato-Spezialist Romano Dogliotti erzeugt die hervorragenden Moscati d'Asti La Caudrina und La Galeisa und den ungeheuer aromatischen Asti Spumante La Selvatica.

Paolo Saracco, Castiglione Tinella (CN) Paolo Saracco genießt in der Region Ansehen mit seinen großartigen Moscati d'Asti und mit innovativen Weißen wie Langhe Bianco Graffagno aus Riesling-, Chardonnay- und Sauvignon-Trauben.

Martini & Rossi, Chieri (TO) Neben dem weltbekannten Wermut erzeugt Martini auch exzellente Spumanti, allen voran Asti sowie die in traditioneller Flaschengärung erzeugten und unter dem Etikett «Montelera» vermarkteten Schaumweine von Brut bis Riserva.

Bava, Cocconato d'Asti (AT) Der Ruf dieser berühmten Großkellerei beruht auf der breiten Palette ihrer *vini di territorio* – etwa Barbera d'Asti Stradivario – und ihrer unter dem Etikett «Giulio Cocchi» vertriebenen Spumanti.

Forteto della Luja, Loazzolo (AT) In der klassischen Schaum- und Perlweinregion hat Giancarlo Scaglione ein stilles Vergnügen an der Eleganz und konzentrierten Frucht seiner Moscato-Spätlese Loazzolo Piasa Rischei. Mit dem erlesenen Brachetto Pian dei Sogni Scaglione hat er sich die hart erkämpfte DOC Loazzolo redlich verdient.

Cascina La Barbatella, Nizza Monferrato (AT) Angelo Sonvico hat sich auf Barbera d'Asti spezialisiert und bietet

zwei Selektionen aus den Lagen La Vigna dell'Angelo und La Vigna di Sonvico. Diese Weine sind von atemberaubender Komplexität und gehören zu den Besten der Region.

Franco und Mario Scrimaglio, Nizza Monferrato (AT) Die traditionelle Asti-Kellerei wird als Familienbetrieb geführt und zeichnet sich durch rege Bemühungen zur Weiterentwicklung des Barbera d'Asti aus. Beeindruckend sind die Weine aus den Lagen Bricco San Ippolito, Vigneto Roccanivo und Croutin.

Braida, Rocchetta Tanaro (AT) Star des von der Familie Bologna in den siebziger Jahren inszenierten Comeback des Asti war der Lagen-Asti Bricco dell'Uccellone. Unter der Regie von Giacomo Bologna folgten in weiteren Glanzrollen Bricco della Bigotta und Ai Suma (im piemontesischen Dialekt so viel wie «wir sind»), die zur Crème des piemontesischen Weins zählen.

Piero Gatti, San Stefano Belbo (CN) Piero Gatti erzeugt drei süße Weine, in ihrer Fülle an Aroma und Geschmack vollendeter Ausdruck des Terroir: Piemonte Moscato, Langhe Freisa La Violetta und Piemonte Brachetto.

Barbera-Reben im Norden von Asti. Der Barbera d'Asti hat sich in den letzten Jahren stark gewandelt.

Tenuta La Tenaglia, Serralunga di Crea (AL) Eine der führenden Kellereien der Region mit einigen hervorragenden Barbera d'Asti, wie etwa Emozioni und Selezione Bricco Crea, sowie Paradiso, einem außergewöhnlichen Syrah von großer Dichte.

Cinzano, San Vittoria d' Alba (CN) Die älteste Kellerei im Piemont produziert heute 30 Millionen Flaschen pro Jahr. Mit ihrem erstklassigen Wermut und mit ihren süßen Spumanti, Asti in primis und Asti metodo classico, kann sie sich auf dem internationalen Parkett durchaus sehen lassen.

Franco M. Martinetti, Calliano (AT) Franco Martinettis Barbera d'Asti Superiore Montruc ist ein interessanter Wein, der mit seiner erlesenen Raffinesse und seinem gehaltvollen, vielschichtigen Bukett an den in kleinen Eichenfässern gereiften Sul Bric, eine Cuvée von Barbera und Cabernet, erinnert.

Monferrato und Gavi

Der Südosten der Region senkt sich zur Ebene hin; hier werden die Hügel sanfter, die Landschaft ist nicht so zerklüftet wie in den Langhe und in weiten Teilen des Weinbaugebiets von Asti. Die bekanntesten Gebiete des Südostens sind Monferrato und Gavi, letzteres erhielt kürzlich DOCG-Status. Monferrato bringt vorwiegend Rotweine hervor, der Großteil davon stammt aus dem mittleren und nördlichen Teil der Provinz Alessandria. Hier dominieren rote Rebsorten wie Barbera, Grignolino und Freisa sowie die weiße Cortese.

Neben den sortenspezifischen DOCs findet man auch Weine mit den DOCs Monferrato Bianco und Monferrato Rosso, für gewöhnlich das Ergebnis eines anderen Ausbaustils. Außerdem gibt es in der Region die Appellation Monferrato Casalese für Weine aus dem südlichsten Winkel des Anbaugebiets in der Umgebung der Stadt Casale

Winterlicher Weinberg in der DOCG Gavi im Südpiemont. Aufgrund der Nähe zur ligurischen Küste dominieren hier leichte, frische Weine.

Monferrato. Die Weine aus diesem großen Gebiet sind ausnahmslos leichter trinkbar und weniger komplex als die übrigen Piemonteser. Nicht selten entdeckt man perlende Cortese oder Barbera, die ausgezeichnet zur schmackhaften regionalen Küche passen.

Gavi liegt weiter im Süden des Piemont, in Richtung Ligurien. Die Stadt, nach der die DOCG benannt ist, gehörte einst zur Republik Genua. In ihren gastronomischen und önologischen Traditionen ist sie Ligurien enger verbunden als dem Piemont – was die Vorliebe für fruchtige, leichte Weine aus Cortese-Trauben erklärt. Gavi oder Cortese di Gavi ist der einzige trockene Weißwein, der im Piemont Bedeutung erlangt hat. Das Weinbaugebiet erstreckt sich über dreizehn Gemeinden der Provinz Alessandria; die bedeutendsten unter ihnen sind: Gavi, Novi Ligure, Serravalle Scrivia und Arquata Scrivia.

Wichtige Erzeuger

Liedholm, Cuccaro (AL) Carlo Liedholms Kellerei entstammen mit Barbera d'Asti und Grignolino del Monferrato Casalese exakte und saubere Interpretationen der Weintraditionen des Monferrato. Ebenfalls hervorragend ist der Rosso della Boemia.

Nicola Bergaglio, Gavi (AL) Gianluigi Bergaglios Stil ist eher traditionell. Beliebt ist der komplexe Gavi di Gavi Minaia mit feiner Säure, kompakter Struktur und gutem Alterungspotenzial.

Gian Piero Broglia, Gavi (AL) Gian Piero Broglias historisches Weingut mit rund 73 Hektar Anbaufläche erzeugt zahlreiche Varianten von Gavi. Bemerkenswert sind Selezione Bruno Broglia und Spumante Extra Brut.

La Giustiniana, Gavi (AL) In der modernen Kellerei entstehen zwei beachtliche Spielarten des berühmten Weißen aus den Lagen Centurionetta und Montessora, dazu zwei bemerkenswerte Rotweine, Brachetto d'Acqui Contero und Dolcetto d'Acqui Contero.

La Scolca, Gavi (AL) Giorgio Soldatis Gavi di Gavi Etichetta Nera ist einer der begehrtesten italienischen Weine der letzten zwanzig Jahre. Der Betrieb erzeugt auch exzellente Gavi Spumanti metodo classico.

Villa Sparina, Gavi (AL) Mit Hilfe des Önologen Caviola und des Agronomen Curtaz verwandelt die Familie Moccagatta den renommierten Betrieb in ein wahres Gavi-Forschungszentrum.

Abbazia di Valle Chiara, Lerma (AL) Mit ihrer Kellermeisterin Elisabetta Currado erzeugt die italienische Schauspielerin Ornella Muti hier einige wenige exzellente *vini da tavola*, allen voran einen ausgezeichneten Dolcetto di Ovada sowie den roten Due Donne, eine Cuvée aus Dolcetto, Lancellotta und Barbera.

Banfi Vini, Strevi (AL) Das Piemonteser Weingut der berühmten Montalcino-Kellerei (s. Seite 134) bietet eine Reihe erstklassiger Weine aus Asti und Alessandria. Herausragend ist Gavi Principessa Gavia, eine der besten Interpretationen dieses Weins; vorzüglich auch Bracchetto d'Acqui Spumante, Moscato d'Asti und Dolcetto d'Acqui Argusto.

Bricco Mondalino, Vignale Monferrato (AL) Mauro Gaudio erzeugt hier mit seinem Grignolino del Monferrato Casalese ein vollkommenes Beispiel dieses seltenen und sehr charakteristischen piemontesischen Weins mit seinen Beerenaromen, seinem kompakten Körper und seinem typischen, leicht bitteren Nachgeschmack.

Cortese-Reben bei Gavi. Der gleichnamige Wein, der aus diesen Reben gekeltert wird, ist einer der wenigen bedeutenden trockenen Weißweine des Piemont.

Novara und Vercelli

Reisfelder in der Po-Ebene. Der Reisanbau ist für die Wirtschaft von Vercelli ebenso wichtig wie der Weinbau.

In den Provinzen Novara und Vercelli liegt das wohl am wenigsten bekannte Weinbaugebiet des Piemont. Das Klima hier ist eindeutig nördlich-kontinental. Die überwiegende Mehrheit der erzeugten Weine ist rot; sie schmecken im Allgemeinen in den ersten Jahren sehr rau und bedürfen längerer Flaschenreifung.

Am berühmtesten ist der in Vercelli erzeugte und 1990 mit DOCG-Status ausgezeichnete Gattinara. Er wird hauptsächlich aus Spanna-Trauben hergestellt (die hiesige Bezeichnung für Nebbiolo), dazu kommen bis zu 14 Prozent Vespolina und Bonarda di Gattinara aus den Weinbergen rund um die Stadt Gattinara. Er reift mindestens drei Jahre lang, wenigstens vier als Riserva, wobei man ihn vorzugsweise noch zwei, drei weitere Jahre im Keller belässt. Seinen Ruf verdankt er seiner beeindruckenden Alterungsfähigkeit und diese wiederum dem hohen Tanningehalt des Nebbiolo sowie seinem Säurereichtum, mit dem er seine Verwandtschaft in den Langhe – Barolo und Barbaresco – weit hinter sich lässt. Seine nicht besonders dichte Farbe ist typisch für Wein aus Italiens Norden.

Ghemme stammt aus der Provinz Novara. Auch er ist ein DOCG-Wein, ähnelt dem Gattinara und ist noch langlebiger. Auch hier bildet die Spanna das Rückgrat, zugefügt werden zwischen 10 und 30 Prozent Vespolina und bis zu 15 Prozent Bonarda Novarese. Ghemme reift mindestens vier Jahre, zur Harmonisierung der Gerbstoffe sollte er noch ein paar Jahre länger im Keller bleiben.

Aus Novara und Vercelli kommt eine Unzahl von DOC-Weinen sehr ähnlichen Stils: hauptsächlich Spanna mit unterschiedlich hohen Zusätzen von Vespolina, Croatina und Bonarda Novarese. Die Weine heißen nach dem Ort ihrer Erzeugung – in Novara etwa Boca, Fara und Sizzano, in Vercelli Bramaterra und Lessona. Es sind durchwegs Rotweine mit festem Körper, wenn auch nicht so langlebig wie Gattinara und Ghemme.

Deutlich jüngeren Ursprungs ist die DOC Colline Novarese mit ihren im Allgemeinen weniger komplexen und nicht so konzentrierten Weinen. Die DOC umfasst das Gebiet von Novara sowie Borgomanero und reicht bis an die Ufer des Lago Maggiore.

Wichtige Erzeuger

Antoniolo, Gattinara (VC) Rosanna Antoniolo erzeugt zusammen mit ihren Kindern Lorella und Alberto einige der besten Gattinaras. Aus der Lage Vigneto Osso San Grato stammt ein vollkommenes Beispiel des hiesigen Nebbiolo: ein nüchterner Wein mit festem Körper und viel Tannin, einem Bukett nach Himbeeren und Johannisbeeren und komplexen mineralischen Spuren.

Nervi, Gattinara (VC) Carla Ferrero und Giorgio Agliata produzieren im Jahr rund 90000 Flaschen Rotwein, darunter herausragende Gattinaras. Besonders beliebt ist der Wein aus der Lage Molsino – rubinrot mit orangen Reflexen, würzigem Aroma und tanninbetonter Struktur. Empfehlenswert ist auch Spanna Coste della Sesia.

Giancarlo Travaglini, Gattinara (VC) Travaglini sorgte für die weltweite Verbreitung dieses edlen, nüchternen Piemonteser Weins. Die jahrelange Weiterentwicklung seiner Weine spiegelt sich im raffinierten Gattinara und in der Riserva Numerata wider; beide verbinden Wucht und vielschichtiges Bukett.

Antichi Vigneti di Cantalupo, Ghemme (NO) Alberto Arlunno ist der überzeugendste Hersteller von Ghemme, dessen Potenzial er in verschiedenen Spielarten voll auszuloten wusste. Am besten ist der lang gereifte Collis Breclemae, der durch seine harmonische Struktur, seine feinen Tannine und einen langen aromatischen Abgang besticht.

Sella, Lessona (VC) Diese Kellerei hat sich mit zwei typischen IGTs, Lessona und Bramaterra, die den Stempel des beratenden Önologen Giancarlo Scaglione tragen, zu einer Bezugsgröße entwickelt. Empfehlenswert ist Lessona della Selezione San Sebastiano allo Zoppo, ein wuchtiger, nüchterner Wein mit ausgereiftem Charakter.

Aus diesem Keller in Gattinara stammen Giancarlo Travaglinis anspruchsvolle, strenge Weine.

Lombardei

Schon zur Zeit des alten Roms waren rätische Weine aus dem Veltlin und vom Gardasee weithin bekannt. Aber die Weinbautradition der Region ist noch älter. Heute trägt die Provinz Pavia den Stempel der qualitätsbewussten Ligurer, die vom griechischen Weinbau in Südfrankreich beeinflusst waren. Sie verwendeten veredelte, geschnittene Reben in Buschform oder, bei zu feuchtem Boden, an Pfählen erzogene. Die Etrusker jedoch setzten auf Quantität.

Wichtigster Handelsplatz der Lombardei ist Mailand. Die Nähe zu einem so wichtigen Markt spornte die Winzer des Mittelalters nach den Verheerungen so mancher Invasion immer wieder dazu an, ihre Weingärten aufs Neue zu bestellen. Im Mailand des 14. Jahrhunderts trank man rund 30000 Hektoliter Wein im Jahr. Nach mehreren erfolgreichen Jahrhunderten schlugen im 19. Jahrhundert echter und falscher Mehltau sowie die Reblaus zu, wovon sich viele Gebiete nie mehr erholten. In den besten Regionen fand der Weinbau jedoch immer einen Weg, um zu überleben.

Weine und Weinbaugebiete

Die Lombardei ist mit einer Jahresproduktion von etwa 1,5 Millionen Hektoliter eine der wichtigsten Weinbauregionen Italiens. In manchen Gebieten leben die Traditionen der einstigen Invasoren weiter. Die Region Oltrepò Pavese etwa – bekannt für ihre Schaumweine, aber auch für einige stille Rote und Weiße – wurde weitgehend von Savoyen beherrscht; sie ähnelt Monferrato und Asti. Die Traditionen des Veltlin mit seinen Chiavennasca-Trauben

(Nebbiolo) findet man auch im Nordpiemont. Weine aus der Gegend von Brescia und Bergamo haben Ähnlichkeit mit denen aus Verona und Trento.

Eine Region hebt sich von den anderen ab: das für Spumante berühmte Franciacorta, das sich durch modernen Unternehmergeist auszeichnet und 1995 die DOCG erhielt. Auf dem aufsteigenden Ast ist auch die DOC Garda Classico am Westufer des Gardasees. Das Umland von Mantua Lambrusco Mantovano und Garda Colli Mantovani hat eine eigene DOC. Lebhafte Rotweine werden aus Rondinella, Merlot und Cabernet, Weiße aus Trebbiano Toscano, Garganega und anderen lokalen Sorten gekeltert. Außerdem gibt es eine breite Palette reinsortiger Weine.

Das Gebiet von Lugana mag zwar mit dem «edleren» Trebbiano groß geworden sein, Anerkennung brachten ihm jedoch seine *vini da tavola* aus internationalen Sorten. Aus Valcalepio im Bergamasker Alpenvorland kommen guter Cabernet, Merlot, Pinot und Chardonnay. Zudem mehren sich die Anzeichen für das Comeback eines erlesenen Passito, des Moscato di Scanzo.

Die Weintraditionen des Gebiets von Brescia erweisen sich oft als den Gegebenheiten kleiner DOCs angepasste «Importe». Bei den Weißweinen sind das etwa Capriano del Colle Trebbiano oder San Martino della Battaglia (aus Tocai Friulano), bei den Roten Botticino, Capriano del Colle Rosso sowie Cellatica aus einer Cuvée von Barbera, Schiava Gentile und Marzemino, bei Botticino und Capriano mit Sangiovese (statt Schiava) versetzt, bei Cellatica mit Incrocio Terzi.

Lombardo-piemontesische Barberas, Vernatsch- und Marzemino-Weine aus dem Trentin sowie Sangiovese della Romagna sind meistens rustikale, wenig sortentypische Rotweine mit mittelstarkem Körper. Der einzige Mailänder DOC-Wein unter ihnen ist der San Colombano, ein traditioneller Rotwein aus Croatina, Barbera und Uva Rara.

Boden, Klima und Anbaumethoden

In der Lombardei sind Berge, Hügel und Ebenen bunt zusammengewürfelt; der Weinbau konzentriert sich auf die höher gelegenen Gebiete von Oltrepò Pavese, Franciacorta und des Veltlin. An den Ufern des Gardasees ist Wein seit Tausenden Jahren heimisch.

Die Lombardei liegt inmitten des Alpenbogens im Einflussbereich mannigfacher Mikroklimate. In den alpinen Gebieten wie etwa im Veltlin erklimmen die Reben auf Terrassen Höhen von über 600 Metern. Aber in dem Maß, wie sich die Landschaft wandelt – über das hügelige Alpenvorland bis zu den Tälern der großen italienischen Seen –,

Oben: Die steilen Terrassen beim Santuario della Sassella zählen zu den nördlichsten Nebbiolo-Lagen Italiens.

Unten: Erstklassiger Reis – schon immer ebenso bedeutsam wie der Wein.

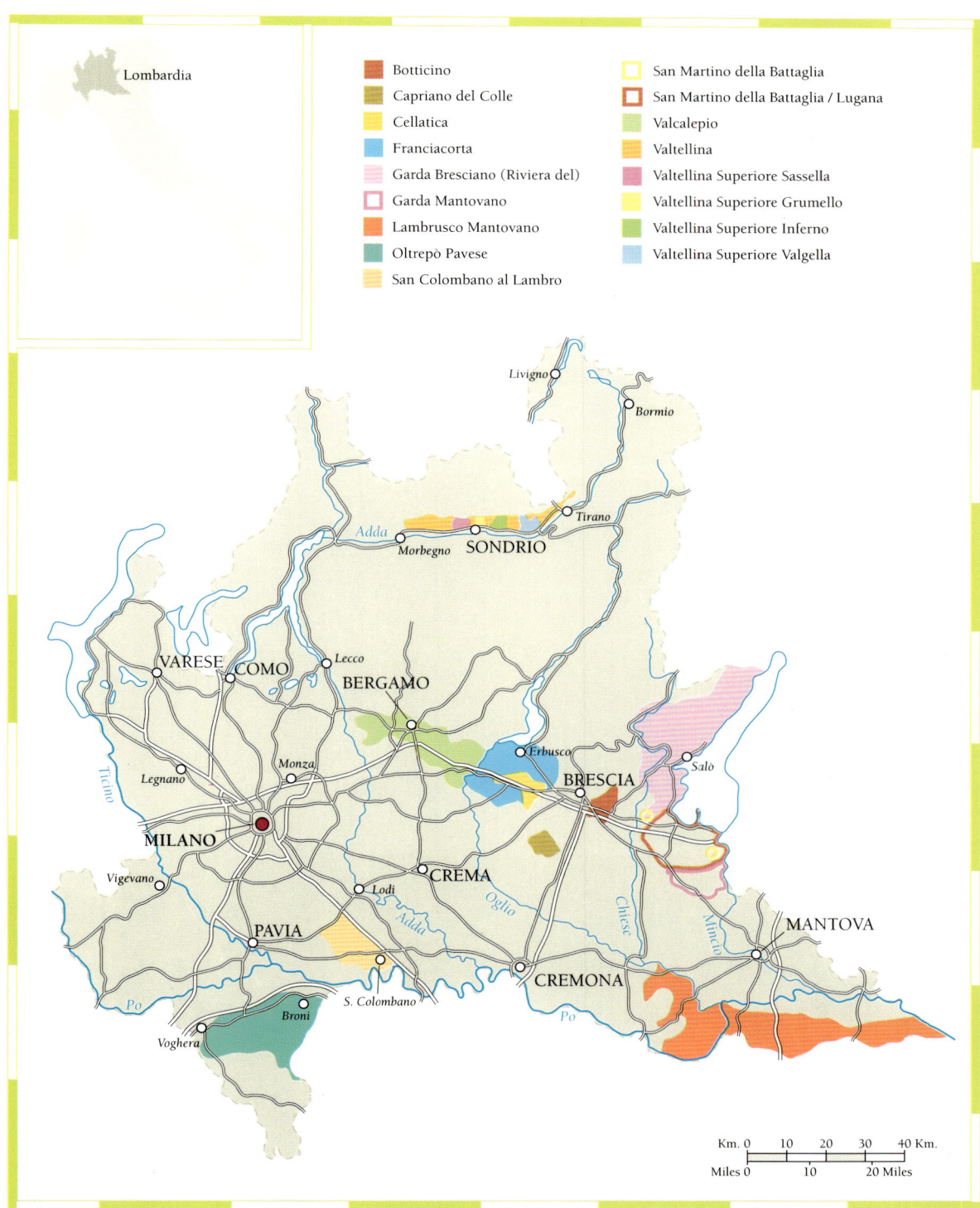

Lombardia

Botticino
Capriano del Colle
Cellatica
Franciacorta
Garda Bresciano (Riviera del)
Garda Mantovano
Lambrusco Mantovano
Oltrepò Pavese
San Colombano al Lambro

San Martino della Battaglia
San Martino della Battaglia / Lugana
Valcalepio
Valtellina
Valtellina Superiore Sassella
Valtellina Superiore Grumello
Valtellina Superiore Inferno
Valtellina Superiore Valgella

Livigno
Bormio
Tirano
Adda
Morbegno
SONDRIO

VARESE
COMO
Lecco
BERGAMO
Monza
Erbusco
Salò
Legnano
BRESCIA
MILANO
Ticino

Vigevano
Lodi
CREMA
Oglio
Chiese
Mincio
MANTOVA
PAVIA
Adda
CREMONA
Po
S. Colombano
Broni
Voghera
Po

Km. 0   10   20   30   40 Km.
Miles 0   10   20 Miles

werden auch die klimatischen Bedingungen gemäßigter; das Schwemmland des Po schließlich weist Kontinentalklima mit starken Temperaturunterschieden zwischen Winter und Sommer auf.

Im Oltrepò wird der Wein an Spalieren oder nach dem ein- oder mehrfachen Guyot-System erzogen, Winzer in Brescia und Bergamo hingegen bevorzugen die Trentiner Pergola und die Sylvoz-Methode. In Franciacorta liegt die Mindestpflanzdichte bei 3300 Stöcken, der Maximalertrag bei 10000 Kilogramm pro Hektar. In jüngster Zeit werden die Weinberge dichter bestockt; sie beruhen auf dem Guyot-System, wie etwa die Terrassen des Veltlins.

Oltrepò Pavese

Oltrepò Pavese ist das vielleicht traditionsreichste Weinbaugebiet der Lombardei. Hier herrschte mehrere Jahrhunderte lang das Haus Savoyen, dadurch entstand eine enge Beziehung zwischen der Weinerzeugung im Pavese einerseits und in Monferrato, Colli Tortonesi und Astigiano andererseits. Noch heute erzeugen alle diese Gebiete mehr oder weniger denselben Wein aus denselben Rebsorten. Diese fortdauernde Verbindung zeigt sich auch in der Perlweintradition. Weinerzeugung ist in diesem großen Gebiet, das bis zu den Colli Piacentini und ein Stück weit in die Emilia hineinreicht, weit verbreitet.

Die DOC Oltrepò Pavese umfasst zwanzig Weine sowohl aus traditioneller als auch aus innovativer Produktion. Zu ersterer Kategorie gehören Rosso, Rosso Riserva, Rosato, Buttafuoco, Sangue di Giuda («Judasblut», ein traditioneller Verschnitt aus Barbera, Bonarda – hier Croatina genannt – und Uva Rara) sowie Barbera und Bonarda. Zu den traditionellen Weißweinen zählen Moscato und Malvasia – fast ausschließlich als süße Perlweine – sowie der seltenere Cortese.

In die zweite Gruppe fallen Spumanti und Weine aus nicht einheimischen Trauben: bei den Roten Cabernet Sauvignon und Pinot Nero, oft in kleinen Fässern ausgebaut, bei den Weißen Chardonnay, Sauvignon, Pinot Noir, Welschriesling und Riesling. Schließlich ist da der Spumante, der entweder nach dem traditionellen Verfahren erzeugt oder – nach einer in Italien entwickelten Methode – im Tank vergoren wird. Grundwein ist weiß ausgebauter Pinot Noir, gegebenenfalls mit Zusätzen von bis zu 30 Prozent Pinot Bianco, Pinot Grigio oder Chardonnay. Diese Fülle ganz unterschiedlicher Rebsorten fordert verschiedene Interpretationen geradezu heraus. So passt ein Bonarda aus dem Oltrepò Pavese als roter Schaumwein gut zur Varzi-Salami. Er kann aber auch in kleinen Fässern zu einem imposanten Rotwein reifen, einem idealen Begleiter eines Kalbsrücken Orlow.

Innovation und Erfindungsreichtum gehören in der Lombardei zum Alltag; das Oltrepò hat jedoch immer noch den Ruf eines Tanklagers voll annehmbarer Weine, wo man Qualität geringer schätzt als die Menge des Ertrags. Es sind die großen piemontesischen Kellereien, die diese Quelle anzapfen und das Stammland des italienischen Pinot Nero fest in der Hand haben. Den Statistiken zufolge sind hier mehr Hektar mit dieser Rebsorte bestockt als in irgendeiner anderen Region Italiens.

Pinot Nero wird allerdings vorrangig als Grundwein für Spumante und nicht so sehr als Rotwein internationalen Stils ausgebaut. Dass hier die Qualität der Quantität geopfert wird, liegt sicher nicht an der Region, die mit ihren kühlen, sonnenbeschienenen Südhängen und ihren mit Wasser wohl versorgten, ton- und kalkmergelreichen Böden ideale Bedingungen bietet. Neu bestockte Weinberge, in denen die Reben dichter erzogen und mit roten Qualitätsklonen veredelt werden, liefern eleganten, reinsortigen Pinot Nero, der gut in neuem Holz reift. Aber diese Entwicklung steht erst am Anfang.

Wie in anderen Anbaugebieten Italiens entstand auch im Oltrepò Pavese ein *consorzio* zur Förderung und Qualitätskontrolle des hiesigen Weins.

Rechts: Weinberg mit Blick auf Santa Maria della Versa, einen der wichtigsten Weinbauorte der DOC Oltrepò Pavese.

Wichtige Erzeuger

Frecciarossa, Casteggio (PV) Weinberge und Kellerei dieses historischen Betriebs wurden kürzlich komplett erneuert. Das Ergebnis: ausgezeichneter Pinot Nero, Riesling mit feinem Bukett, guter Oltrepò Pavese Rosso.

Le Fracce, Casteggio (PV) Die Weine von Le Fracce gehören zu den attraktivsten der Region: intensiv-fruchtiger Pinot Grigio, Oltrepò Pavese Rosso Bohemi und interessanter Riesling – auch dieser Wein hat in der Gegend seine zweite Heimat gefunden.

Casa Re, Montecalvo Versiggia (PV) Das Familienweingut der Casatis in den besten Lagen des Valle Versa bietet mit Chardonnay und Welschriesling aus der Lage Il Fossone wahrhaft außergewöhnliche Weine. Dazu gute Rotweine und einen viel versprechenden Brut nach traditionellem Verfahren.

Vercesi del Castellazzo, Montù Beccaria (PV) Die Brüder Vercesi machen einige der spannendsten Weine der Gegend, vor allem Rote. Der Ehrenplatz gebührt dem Pinot Nero Luogo dei Monti, dem man das Potenzial seiner großartigen Lage anmerkt.

Ca' di Frara, Mornico Losana (PV) Die Vielfalt der Rebsorten des Oltrepò erweist sich an dem bemerkenswerten Pinot Grigio Vendemmia Tardiva dieses jungen Weinguts. Vorzüglich auch sein Chardonnay und Riesling Renano.

Anteo, Rocca de' Giorgi (PV) Stolz des Weinguts sind seine großen Pinot-Nero-Lagen, die exzellenten traditionell erzeugten Spumante und zwei Spielarten von in neuem Holz ausgebautem Pinot Nero Ca' dell'Oca ergeben: gut der rote, noch besser der weiße.

La Versa, Santa Maria della Versa (PV) 1905 als Genossenschaft gegründet, heute mit rund hundert Mitgliedern und gut 1300 Hektar Rebfläche wichtigster Weinbetrieb des Oltrepò. Exzellenter Spumante nach traditionellem Verfahren, herausragender Jahrgangs-Extra-Brut. Auch sonst sehr guter Wein.

Monsupello, Torricella Verzate (PV) Eine der interessantesten lombardischen Kellereien. Die Lagen von Carlo Boatti und Sohn Pierangelo zählen zu den besten im Oltrepò; die Kellerei wird durchgehend von einem Agronomen betreut.

Je nach Bodentyp und Mikroklima werden ausgewählte Klone traditioneller und innovativer Sorten angepflanzt und ergeben hervorragende, traditionell erzeugte Spumanti wie Pinot Nero Nature sowie eine breite Palette von Weinen: vom bestechenden Oltrepò Pavese Rosso Great Ruby Vivace – einer lebhaften traditionellen Bonarda-Barbera-Cuvée – bis zum hervorragenden Riesling, einem der Besten Italiens. Pinot Nero und Chardonnay Senso werden in bester neuer Eiche ausgebaut und sind köstlich. Der frische, strukturierte Sauvignon di Monsupello hat hat ein dichtes Bukett; der elegante La Cuenta Passito Giallo besteht aus nicht weniger als sieben weißen Rebsorten.

Il Bosco, Zenevredo (PV) Diese Kellerei gehört zum Zonin-Imperium, dem überragenden Erzeuger «privater» Weine von Pavese, mit über 125 Hektar Rebflächen. Elegante Spumanti in Flaschengärung und Stillweine. Besonders gut ist der Barbera Teodote.

Im Oltrepò Pavese wird neben einer Vielzahl von Rebsorten – unter anderem Barbera, Croatina, Welschriesling und Moscato – mehr Pinot Nero angebaut als sonstwo in Italien.

Veltlin

Der Wein aus den Bergen des Veltlins ähnelt dem Rotwein des Aostatals. Hier wird eine einzige Rebsorte angepflanzt: Chiavennasca, der hiesige Name für Nebbiolo. Unwirtliches Klima und fast senkrecht abfallende, steinige Weinberge erschweren den Anbau in dem 40 Kilometer langen, zwischen 400 und 1000 Meter hoch gelegenen Streifen, der dieses Gebiet ausmacht, entlang der Sonnenhänge des Adda-Tals zwischen Ardenno und Tirano in der Provinz Sondrio, unweit der Schweizer Grenze und etwa 100 Kilometer von Mailand entfernt.

In harter Arbeit entstanden über die Jahrhunderte terrassierte Weinberge zwischen Wäldern und Kirchen, die am nackten Fels kleben. Mechanisierung ist unmöglich, jede Arbeit muss händisch verrichtet werden. Selbst die immer wieder zur Anhäufelung der Stöcke benötigte Erde schleppen die Arbeiter in Schulterkörben zu den Terrassen. In steileren Lagen werden die gelesenen Trauben mit kleinen Materialseilbahnen ins Tal befördert.

Die Rebstöcke werden auf den mit Wasser wohl versorgten, an Kieselerde reichen Böden in einer Höhe von 800 bis 1000 Metern angepflanzt. Die Temperaturschwankungen zwischen Tag und Nacht und mildere Luftströme aus der Umgebung des Comersees verleihen den Trauben eine duftige Eleganz. In dieser Region werden überaus charaktervolle, körperreiche und außergewöhnlich langlebige Rotweine erzeugt.

Das Veltlin (italienisch «Valtellina») besteht aus zwei Zonen: Valtellina und Valtellina Superiore. Beide sind seit längerer Zeit DOCGs, die Erzeuger können außerdem das Teilgebiet als zusätzliche Denomination angeben. Aus dieser Region stammen Grumello, Inferno, Sassella, Valgella und jeweils Riserva. Die Trauben müssen von Rebflächen mit einem Hektarertrag von nicht mehr als 8000 Kilogramm stammen, der Wein muss einen Alkoholgehalt von wenigstens 12 Prozent aufweisen. Er reift mindestens zwei Jahre lang, die Riserva drei Jahre. Die Hauptsorte ist die Chiavennasca; der Zusatz von maximal zehn Prozent anderer roter Rebsorten ist zulässig.

Die Spezialität des Gebiets ist der herausragende Sforzato oder Sfursat, ein körperreicher Roter mit über 14 Prozent Alkohol aus mehrere Monate getrockneten Chiavennasca-Trauben, extrem langlebig und ideal zu so manchem großen Käse. In jüngster Zeit haben höhere Pflanzdichte bei neu angelegten Weingärten sowie der Ausbau in kleinen Fässern oder Barriques aus neuem Holz diesem großartigen Rotwein noch mehr Tiefe und Komplexität verliehen. Er befindet sich eindeutig im Aufwind.

Wichtige Erzeuger

Nino Negri, Chiuro (SO) Eines der historischen Weingüter des Veltlins; es gehört seit einigen Jahren zum größten weinerzeugenden Unternehmen Italiens, Gruppo Italiano Vini. Am Dirigentenpult steht der erfahrene Önologe und Präsident des Veltliner Weinkonsortiums Casimiro Maule.

Sein Repertoire umfasst alle DOC-Weine von Inferno bis Valtellina Superiore Fracia. Glanzstück ist der Sfursat 5 Stelle, einer der besten italienischen Roten der letzten Jahre, tief violettrot und mit elegantem Bukett, fruchtig und balsamisch, anfangs mit harmonischer Eichennote und einer Spur Wacholder; warm, fruchtig und alkoholstark im Geschmack, mit einer genau richtigen Spur von neuem Holz – ein Juwel. Höchst beachtenswert auch der Sauvignon Ca' Brione, einer der ganz wenigen Weißweine der Region.

Rainoldi, Chiuro (SO) Giuseppe Rainoldis Weine gehören seit längerem zu den Besten des Veltlins. Vor allem sein Sfursat erntete viel Beifall. Giuseppe versteht sich meisterlich aufs Trocknen der Trauben; das zeigt sich meisterlich beim in französischer Eiche ausgebauten Sfursat Ca' Rizzieri: Der Wein ist konzentriert, mit intensivem Beerenaroma, elegant, harmonisch und lang anhaltend. Rainoldis Valtellina Superiore hat Klasse, ebenso der auch in neuem Holz gereifte Inferno Riserva und sein Valtellina Superiore Crespino.

Fay, Teglio (SO) Sandro Fay ist ein erfahrener Önologe; seine Weine sind der vollkommene Ausdruck des Nebbiolo in diesen Höhen. Hinreißend sein Sfursat, die Krönung jedoch ist der prachtvolle Valtellina Superiore Sassella aus dem gleichnamigen bekanntesten Anbaugebiet zwischen Castione Andevenno und Sondrio mit seinen besonders raffinierten und komplexen Weinen. Ebenfalls elegant ist der Sassella Il Glicine mit pfiffiger Eichennote, exzellent auch der Valgella Ca' Morei.

Conti Sertoli Salis, Tirano (SO) Das Emblem von Sertoli Salis ist eines der ältesten des Veltlins, die Weinfirma jedoch wurde vor nicht allzu langer Zeit gegründet. Die prächtige, im Zentrum von Tirano gelegene Villa aus dem 17. Jahrhundert wurde aufwendig restauriert; in der pittoresken alten Kellerei findet man heute die modernste Ausrüstung.

Claudio Introini erzeugt eine Reihe interessanter Weine, darunter den konzentrierten, harmonischen Sforzato Canua. Köstlich sind auch sein Valtellina Superiore Corte della Meridiana, die *vini da tavola* Saloncello (rot) sowie Torre della Sirena (weiß).

Triacca, Villa di Tirano (SO) Domenico Triacca ist ein gewissenhafter Forscher, hinter seinen Experimenten in Weinberg und Keller steht ein seltener Perfektionismus. Seine Lagen gehören zu den gepflegtesten des Tals, die Kellerei ist ultra-modern ausgestattet. Sein in kleinen Fässern aus neuer Eiche gereifter Valtellina Prestigio zählt zu den Besten der Region und wird wegen der Fülle seiner Beerennote und seiner ausgewogenen Eichentöne geschätzt.

Links: Die Arbeit in den steilen, terrassierten Weinbergen bei Sondrio in der DOC Valtellina (Veltlin) muss von Hand ausgeführt werden.

Oben: Diese Körbe werden noch heute bei der Traubenlese in den steilen Terrassen auf dem Rücken getragen.

Casimiro Maule, Kellermeister bei Nino Negri, überprüft die Entwicklung seiner Weine im Fass.

Franciacorta und Terre di Franciacorta

Die Franciacorta wurde 1277 erstmals als «Franza-curta» erwähnt, was wiederum von «corte franca» – freies Land – kommen dürfte. Frei war es – jedenfalls von Zöllen. Reich wurde dieses Gebiet mit seinen sanften Moränenhügeln seit undenklichen Zeiten durch Wein.

Die Böden bestehen hauptsächlich aus Schwemmland, vorherrschend steinige Böden auf sandigem Untergrund mit guter Wasserversorgung, ideal für den Weinbau. Im West- und Ostteil des Gebiets wird der Boden kreidig, die Hänge des Alto di Adro und des Monte Orfano sind hauptsächlich felsig. Der Iseosee wirkt hier als Wärmespeicher und mildert die Winter, so dass in dieser kühlen nördlichen Region sogar Oliven wachsen. Im Sommer hingegen liegt die Temperatur wegen der alpinen Kaltluft, die aus dem Val Camonica über den See strömt, einige Grad tiefer als in der Ebene.

Eine kürzlich vom lokalen Winzerverband in Zusammenarbeit mit der Universität Mailand durchgeführte Untersuchung der Böden und Mikroklimate der Region brachte eine wohl strukturierte Datenernte. Wer heute einen Weinberg anlegt, kann von dieser ausgehend die Rebsorte und Erziehungsform auswählen, die sich zur Erzeugung hochqualitativer Weine am besten eignen.

Wenn es irgendetwas gibt, mit dem es in diesem aufstrebenden Gebiet abwärts geht, dann ist es am ehesten der hier angebaute Wein. Die meisten Rebstöcke wurden vor längerer Zeit gesetzt; die damaligen Standards lagen niedriger als die heute in der Region vorherrschenden. Dennoch erzielten einige Erzeuger mit ihrer kompromisslosen Offenheit für weinbauliche Entwicklungen beachtliche Erfolge. Vor allem bei Spumante wurde ein beeindruckendes Niveau erreicht: Dass die Bezeichnung «Italiens kleine Champagne» kein Witz ist, zeigte sich in so mancher Blindverkostung, bei der die Franciacorta gegenüber den französischen Verwandten gut abschnitt.

Die Franciacorta wird in einer der allerersten Publikationen über die Produktionsmethode von Wein für die natürliche Flaschengärung und seine Auswirkungen auf den menschlichen Körper erwähnt. Verfasser des 1570 unter dem bezeichnenden Titel «Libellus de vino mordaci» erschienenen unschätzbaren Leitfadens der Schaumweinbereitung war Girolamo Conforto, ein Arzt aus Brescia. Bedauerlicherweise entsprach das Niveau der Weinerzeugung der Region bis vor ganz kurzer Zeit nicht annähernd der Genialität dieses Vorläufers von Dom Pérignon, obwohl die Franciacorta gerade für diese Art von Wein ein überaus geeigneter Boden ist.

Ganz links: Diese hoch erzogenen Reben gehören Cavallieri in Erbusco; er erzeugt gute Stillweine und Italiens beste Schaumweine.

Links: Das Rütteln – die Flaschen werden stückweise gedreht, damit sich der Bodensatz im Flaschenhals sammelt.

Paradoxerweise verdankt die Franciacorta ihren heutigen Erfolg der Tatsache, dass es hier keine große Weinbautradition gab. Frühere Errungenschaften fielen um die Jahrhundertwende der Reblaus zum Opfer; danach trug man der lokalen Nachfrage mit der Erzeugung gewöhnlichen Weins Rechnung. In dieser Hinsicht ist die Franciacorta mit Kalifornien vergleichbar – eine maßgeschneiderte Weinbauregion, erschlossen von Unternehmern ohne jeglichen Sinn für Tradition. So konnten die Weinerzeuger – die zumeist nicht aus der Landwirtschaft kamen – veraltete Methoden über Bord werfen und sowohl Erzeugung als auch Vermarktung dieser Weine nach ganz neuen Ideen und Gesichtspunkten gestalten.

Die Franciacorta erhielt 1967 eine DOC, die 1984 und 1992 modifiziert wurde, 1995 schließlich die DOCG. Ab dem Zeitpunkt war der bloße Name Franciacorta gleichbedeutend mit Spumante. Dieser wird aus Chardonnay und Pinot Bianco mit bis zu 15 Prozent Pinot Noir erzeugt, reift, von der Lese gerechnet, mindestens 25 Monate, davon zumindest 18 in der Flasche, auf der Hefe. Jahrgangs-Franciacorta – nur in den besten Jahren erzeugt – muss mindestens 37 Monate reifen, davon 30 auf der Hefe. Franciacorta wird in allen Dosagen hergestellt, von *brut nature* (oder *dosage zéro*, ohne Zuckerzusatz) über *extra brut*, *brut* und *sec* bis *demi-sec* – und nicht zu vergessen als Rosé (mit mindestens 15 Prozent Pinot Noir).

Ein Weinstil, der in diesem Gebiet noch größere Bedeutung hat, ist der Satèn: Diesen Namen, der auf bestimmte spezifische Merkmale eines Brut hinweist, ließen die Erzeuger des Consorzio Franciacorta patentieren. Satèn wird ausschließlich aus weißen Trauben gewonnen, hat im Vergleich zu traditionell hergestelltem Brut einen niedrigeren Kohlensäuredruck (maximal 4,5 Atmosphären statt 5 bis 6). An diesem Wein schätzt man vor allem die

Diese Manometer zeigen den Druck in den Spumante-Flaschen (hier im Keller von Bellavista) an.

Die Edelstahltanks der Kellerei Ca' del Bosco, einer weltberühmten italienischen Weinmarke.

sehr feinen Bläschen, den cremigen Schaum, die strohgrüne Farbe und das Bukett, das sich mit Hefenoten, Gewürzen und einem Anflug von reifem Obst ankündigt. Elegant am Gaumen, frisch und mit beachtlicher Sanftheit: Dieser erstaunlich ausgereifte Stil versinnbildlicht die Region in ihrer Gesamtheit.

Zu den beeindruckenden Weinen zählen außerdem die beiden vom Gesetz als Terre di Franciacorta bezeichneten: Bianco, aus Chardonnay und/oder Pinot Bianco, und Rosso, vorwiegend aus Cabernet Sauvignon mit Zusätzen von Cabernet Franc, Barbera, Nebbiolo, Merlot und anderen zugelassenen lokalen Sorten. Beide sind ausgezeichnet, vor allem der Bianco. Die Besseren sind dank längerer

Reifung – zum Teil in Eichen-Barriques – strukturierter und komplexer als die DOC-Weine von Standardqualität.

Genießer werden sich unter der IGT-Appellation Sebino über den neuen Fruttato freuen – einen weißen Passito (unterschiedliche Verschnitte aus Chardonnay, Trebbiano und Pinot Bianco) – und auch über reinsortige Weine: Pinot Nero, der in dieser Region in seinem Element ist, Merlot und die weißen Sorten Riesling und Pinot Grigio.

Franciacorta ist ein idealer Boden für internationale Sorten, und à la longue werden Nebbiolo und Barbera vermutlich Cabernet und Merlot weichen. Einige Erzeuger experimentieren mit unterschiedlichen Ergebnissen auch mit der Einbürgerung von Sauvignon Blanc.

Wichtige Erzeuger

Contadi Castaldi, Adro (BS) So wie Bellavista ist auch Contadi Castaldi im Besitz der Familie Moretti. Die Kellerei erzeugt guten Franciacorta und Terre di Franciacorta, fast nur aus zugekauften Trauben. Die hohe Qualität gewährleisten effiziente technische Kontrolle und modernste Ausrüstung.

Ricci Curbastro, Capriolo (BS) Diese Kellerei beeindruckt durch den geschliffenen, reizvollen Stil ihres Franciacorta, am deutlichsten beim Satèn und den fruchtigen, abgerundeten Stillweinen, besonders dem Sebino Pinot Nero.

Monte Rossa, Cazzago San Martino (BS) Einer der wichtigsten Betriebe des Gebiets; schöne Weingärten liefern seit langem bestes Material für eine Reihe renommierter Franciacortas und anderer Weine. Familie Rabotti erzeugt mehrere Arten davon, herausragend die Eleganz und Komplexität des Jahrgangs-Franciacorta Brut Cabochon: breit, gewinnend in seiner schäumenden Cremigkeit, voll, dicht, harmonisch und mit langem Abgang. Der Satèn di Monte Rossa zählt zu den Erfolgreichsten seiner Art, auch die übrige Produktion ist hervorragend.

Guido Berlucchi & C., Cortefranca (BS) Einer der klingendsten Namen des Spumante mit einer Jahresproduktion von fünf Millionen Flaschen. Hätte Franco Ziliani nicht 1964 diesen Betrieb gegründet, stünde der Franciacorta heute vielleicht nicht im Rampenlicht. Berlucchi erzeugt eine Reihe exzellenter Spumanti ohne DOC sowie einen Franciacorta namens Antica Cantina Fratta.

Bellavista, Erbusco (BS) Gehört zu den erstklassigen Erzeugern der Region. Die Cuvées kommen aus den eigenen Weinbergen in den besten Lagen Franciacortas. Besitzer Vittorio Moretti hat den Betrieb in die Hände des hervorragenden Önologen Mattia Vezzola gelegt. Neben renommierten Jahrgangs-Franciacortas wie Gran Cuvée Pas Operé und Riserva Vittorio Moretti – mit üppiger Hefenote und komplexem Vanille- und Gewürzbukett – hat Bellavista auch einige der besten Terre di Franciacorta, etwa Bianco del Convento dell'Annunciata aus idealer Lage am Südhang des Monte Orfano sowie Chardonnay Uccellanda. Beachtliche Rote sind Solesine im Bordeaux-Stil und der ausgezeichnete Pinot Nero Casotte.

Ca' del Bosco, Erbusco (BS) Dieser vor dreißig Jahren von Maurizio Zanella gegründete Betrieb erzeugt heute eine der berühmtesten italienischen Weinmarken. Die Kellerei, seit kurzem mit Santa Margherita aus dem Veneto als Joint Venture geführt, ist ein Musterbeispiel der neuesten natürlichen Kellereimethoden. In jahrelangen Forschungen, Reisen und Versuchen gewann Maurizio Zanella Einblick in die weltberühmten Weinregionen, und seine Spumanti gehören zu den Besten Italiens: Franciacorta Cuvée Annamaria Clementi, Vintage Dosage Zero und der Großvater aller Satèn. Ebenso hervorragend der Terre di Franciacorta Chardonnay von internationalem Niveau sowie strukturierte Rote wie Maurizio Zanella, ein Wein im Bordeaux-Stil von beachtlicher Wucht und Finesse.

Cavalleri, Erbusco (BS) Cavalleris Tradition reicht ins 15. Jahrhundert zurück, obwohl der heutige Betrieb erst 1967 entstand. Giovanni Cavalleri verwaltet über 30 Hektar Weinberge, einige in Eigenbesitz, andere in Pacht. Das Hauptgewicht liegt auf dem Chardonnay. Die Kellerei setzte auf beste Lagen, brachte als Erste den besten Terre di Franciacorta aus Einzellagen heraus – etwa die Weißen Rampaneto und Seradina oder den roten Tajardino – und bietet auch Spitzen-Franciacortas wie den exzellenten Jahrgangswein Selezione an.

Ferghettina, Erbusco (BS) Kellermeister Roberto Gatti hat zwanzig Jahre Erfahrung und setzte dem kleinen Betrieb das erklärte Ziel, große Weine und exzellenten Franciacorta zu erzeugen – und sein Chardonnay Favento und sein Merlot sind in der Tat vorzüglich.

Gatti, Erbusco (BS) Mit ihren Frauen Sonia und Paola widmen sich die Schwäger Lorenzo Gatti und Enzo Balzarini dieser kleinen Kellerei – ihrem besten, duftigen und fruchtigen Franciacorta und dem beachtlichen Gatti Bianco und Rosso nach zu schließen, mit Erfolg.

Uberti, Erbusco (BS) Agostino und Eleonora Uberti erwiesen den kleineren Familienkellereien einen guten Dienst, als sie einigen der besten Weine der Region ihren Namen gaben. Ihre 14 Hektar Rebfläche liegen im Herzen von Erbusco, Franciacortas Hauptstädtchen. Mit Unterstützung des Önologen Cesare Ferrari erzeugen sie renommierte Weine wie Franciacorta Magnificentia und Comarì del Salem und besonders die Weißweine Maria dei Medici und Bianco dei Frati Priori. Auch die Rotweine sind exzellent.

Il Mosnel, Passirano (BS) Eines der interessantesten Weingüter der Region. Giulio und Lucia Barzanòs 35 Hektar Weinberge ergeben eine breite, akribisch genau verarbeitete Reihe von Weinen. Herausragend der Franciacorta Vintage Brut.

Nicht nur Schaumweine: Verkostung der nach Betriebsgründer Maurizio Zanella (li.) benannten Cabernet-Cuvée bei Ca' del Bosco.

Garda und Lugana

Derzeit läuft ein Verfahren zur DOC-Klassifizierung des Garda-Gebiets. Diese wunderschöne Ecke der Lombardei, die mit dem Fremdenverkehr leichtes Geld macht, versucht seit kurzem ihren Weinen neues Leben einzuhauchen. Die neue DOC Garda umfasst die lombardischen Provinzen Brescia und Mantua sowie Verona im Veneto. Für die Weine des Richtung Brescia gelegenen Ufers des Gardasees, die bisher unter die DOC Riviera del Garda Bresciano fielen, soll ein Classico-Gebiet entstehen.

Die hiesigen Weißweine aus Welsch- und Rheinriesling sind vollmundig mit einer frischen Fruchtnote. Chiaretto, ein weicher, duftiger Rosé, ist ein traditioneller Wein des Garda-Gebiets und wird aus Groppello, Sangiovese, Marzemino und Barbera gemacht. Der Rosso aus denselben Trauben zeichnet sich durch milde Säure und dezente Tannine aus. Dieser vorzügliche Tischwein hat etwas mehr Körper als der Chiaretto und sollte jung getrunken werden. Klonenwahl und Kellereitechniken haben den herkömmlichen Gropello, einen körper- und tanninreichen, traditionell hergestellten Roten, noch nicht zur Gänze gezähmt. Diese Rebsorte verspricht bei moderner Vinifizierung ein glänzendes Potenzial und ausgezeichnete Zukunftsaussichten. Die besten Reben der Region wachsen an den steilen Hängen des Valtenes zwischen Puegnago und Polpenazze.

Neben den einheimischen wurden hier so gut wie alle weißen und roten Rebsorten der drei Provinzen angepflanzt – das reicht bei den weißen von Garganega bis zu Pinot Bianco, von Riesling über Cortese bis zu Pinot Grigio; mit den roten Rebsorten verhält es sich ganz ähnlich: Das Spektrum reicht von Cabernet Sauvignon bis zu Pinot Nero, von Marzemino über Corvina bis zu Barbera. All diese Rebsorten wachsen seit langem in hervorragender Lage auf den Hängen am Seeufer.

Einer der fruchtigeren und gefälligeren italienischen Weißweine kommt vom Südufer des Sees. Lugana wird aus der Trebbiano-di-Lugana-Rebe gemacht und hat bereits einen fixen Platz auf dem Markt erobert. Er wird in einem kleinen Gebiet zwischen den Gemeinden Peschiera und Desenzano sowie in Teilen von Lonato, Pozzolengo und Sirmione in der Provinz Brescia erzeugt. Hier gedeiht der Trebbiano, und der daraus gekelterte Wein ist reich an Extrakt und Frucht, ausgewogen und zugleich körperreich mit zartem Säurespiel und frischem Geschmack.

Im Mittelalter war die Sorte einem Pietro Aretino oder Andrea Bacci durchaus geläufig; bekannt wurde sie erst in der Zwischenkriegszeit, als italienische Piloten in Wasserflugzeugen über dem See einen Geschwindigkeitsrekord nach dem anderen brachen und Journalisten, die darüber berichteten, in den örtlichen Trattorien Geschmack am weißen Trebbiano fanden. Neben einzelnen Erzeugern, die sich auf interessante Spumante-Versionen spezialisiert haben, bieten noch heute viele große Kellereien Trebbiano an. Das Gebiet besteht vorwiegend aus Moränenböden, auf denen auch viele andere weiße Rebsorten gut gedeihen. So wird in einer kleinen Enklave bei Lonato immer noch San Martino della Battaglia erzeugt; der große Erfolg dieses sortenreinen, trockenen oder süßen, gespriteten Tocai Friulano ließ bislang noch auf sich warten.

Der Gardasee (hier bei Gardone) ist nicht nur ein beliebtes Reiseziel, sondern auch die Heimat vieler Weine, etwa des beliebten Lugana.

Wichtige Erzeuger

Visconti, Desenzano del Garda (BS)
Diese Kellerei besteht seit Anfang des
Jahrhunderts. Noch heute macht sie aus
ausgewählten Trauben von Winzern der
Umgebung eine Reihe von Qualitätsweinen zu vernünftigen Preisen, etwa Lugana aus der Lage Santa Onorata, Selezione Ramoso und eleganten, nach traditionellem Verfahren hergestellten Brut.

Trevisani, Gavardo (BS) Giampietro
und Mauro Trevisani leiten dieses Weingut unweit des Gardasees. Ihre Reben
wachsen in 370 Meter Höhe in einem
sehr günstigen Mikroklima: Der Luft-
strom vom nahen See sorgt für milde
Winter und einen günstigen Verlauf zwischen Tages- und Nachttemperaturen.
Interessant der in Barriques ausgebaute
Cabernet Due Querce sowie der Chardonnay Balì und der Rosso del Benaco.

Costaripa, Moniga del Garda (BS) Vom
Weingut der Familie Vezzola kommt
eine Reihe interessanter Garda-Weine,
vom roten Groppello Le Castelline und
Marzemino Le Mazane über den weißen
Lugana bis zum duftigen Chiaretto del
Garda Rosamara. Diese Weine aus den
günstigsten Lagen – Ergebnis sorgfältiger Versuche – haben ein gutes Bukett
und dürften in Zukunft vielleicht noch
konzentrierter und wuchtiger ausfallen.

Cà dei Frati, Sirmione (BS) Seit Jahren
bewerben die Brüder Dal Cero uner-
müdlich Lugana und seine Weine in Italien und im Ausland. In ihren Händen
wurde der traditionelle, fruchtige und
dabei noch preisgünstige Wein zum Ver-
kaufsschlager. Ihre Cuvée dei Frati Brut,
ein überzeugender Spumante mit Bukett und Körper, nimmt es mit Schaumweinen berühmterer Regionen auf. Der
bemerkenswert körperreiche und komplexe Cru Brolettino ist ein Paradebei-
spiel für Selektionen aus Einzellagen;
ihrem Trebbiano di Lugana werden Tre
Filer Chardonnay und edelfauler Sauvignon zugesetzt. Ihr jüngster Erfolg ist
Pratto, eine ungewöhnliche, in neuem

Holz ausgebaute Cuvée aus Chardonnay und Sauvignon Blanc, einer der interessantesten italienischen Weißweine
der letzten Jahre.

**Cascina La Pertica, Picedo di Polpe-
nazze del Garda (BS)** Ruggero Brunori
liegt die DOC-Klassifikation der Garda-
Weine sehr am Herzen. Er widmet
seinen einheimischen und internationalen Sorten größte Sorgfalt, in der Kellerei finden sich französische Fässer und
moderne Ausrüstung zur Erzeugung des

gesamten Sortiments. Besonders zu
empfehlen: Garda Rosso Le Sincette
und Garda Bresciano Groppello.

Comincioli, Puegnago del Garda (BS)
Giovanni Battista und Gianfranco Comincioli erzeugen eine ausgewählte
Reihe von Garda-Weinen. Ihr Spitzenwein ist seit Jahren der Chiaretto, einer
der Besten der örtlichen DOC-Aus-
wahl, wunderschön kirschrot und mit
intensiv fruchtigem Bukett. Auch ihr
Groppello ist hervorragend.

Alte Korbpresse bei Ca' dei Frati
in Sirmione. Die Besitzer, die
Brüder Dal Cero, haben sich um
Lugana und seine Weine verdient
gemacht; ihren Ruf verdanken
sie ihrem breit gefächerten,
spannenden Angebot.

Ligurien

Spektakulärer Blick auf Vernazza in den Cinque Terre im Osten Liguriens mit seinen steil zum Meer abfallenden terrassierten Weinbergen.

Die Hänge dieser kleinen Region fallen fast senkrecht zum Meer ab. Ligurien ist keine ideale Weinbaugegend, dennoch werden hier seit über 2500 Jahren Reben gepflanzt. Griechische Händler waren die Ersten – vielleicht auch die Etrusker. Zur Römerzeit kamen die berühmtesten Weine aus dem Gebiet des heutigen Cinque Terre im äußersten Osten der Region, die wichtigste Traube war die Animea. Die an die französische Côte d'Azur anschließende Riviera di Ponente tat sich erst im Spätmittelalter hervor, als die Republik Genua zur Seemacht aufstieg. Damals kamen Sorten wie Rossese und Pigato auf, Erstere fand bei Napoleons «Besuch» in der Region 1797 dessen Zustimmung. Noch heute bilden diese Sorten die Grundlage des ligurischen Weinbaus.

Ormeasco, die ligurische Spielart des Piemonteser Dolcetto, hat hier vermutlich ihre weit zurückreichenden Wurzeln. Die Herkunft des Vermentino ist unklar, vielleicht ist er iberischen oder griechischen Urspungs, möglicherweise stammt er aus Lunigiana. Sicher ist er die Haupttraube der Region, die in den Anbaugebieten Ost- und Westliguriens gut strukturierte Weißweine hervorbringt.

Weine und Weinbaugebiete

Weinbau ist in Ligurien eine heroische Angelegenheit: Mancherorts klammern sich die Reben an steile Hänge, die fast senkrecht ins Meer fallen und ausschließlich händisch bebaut werden können – der Einsatz von Maschinen ist unmöglich. Dennoch ist Weinbau für die Bewirtschaftung des erosions- und erdrutschgefährdeten Terrains unerlässlich. Der Jahresertrag liegt bei 260000 Hektoliter, davon etwas über sieben Prozent DOC-Weine.

Cinque Terre liegt zwischen La Spezia und Tigullio und ist berühmt für seine großartige Landschaft und für seinen gefeierten Weißwein aus Bosco, Albarola und Vermentino. Das Lesegut wird mit einer Einschienenbahn vom Weinberg zur nächsten Straße transportiert, wo es auf Lastwagen verladen und zur Kellerei gebracht wird. Die Weinpreise machen keinen Hehl aus der immensen Aufwendigkeit dieses Verfahrens.

Etwas einfacher gestaltet sich der Weinbau im Gebiet Colli di Luni, das sich bis in den Süden von Lunigiana am östlichen Rand Liguriens erstreckt. Aus dem sanft welligen Hügelland stammen Weine, die jenen an der toskanischen Küste ähneln: Der Colli di Luni Rosso besteht – wie viele seiner toskanischen «Kollegen» – aus Sangiovese und geringen Zusätzen lokaler Sorten. Colli di Luni Bianco aus Vermentino und Trebbiano Toscano gemahnt mit seinem mittelstarken Körper an die Weine von Montecarlo und

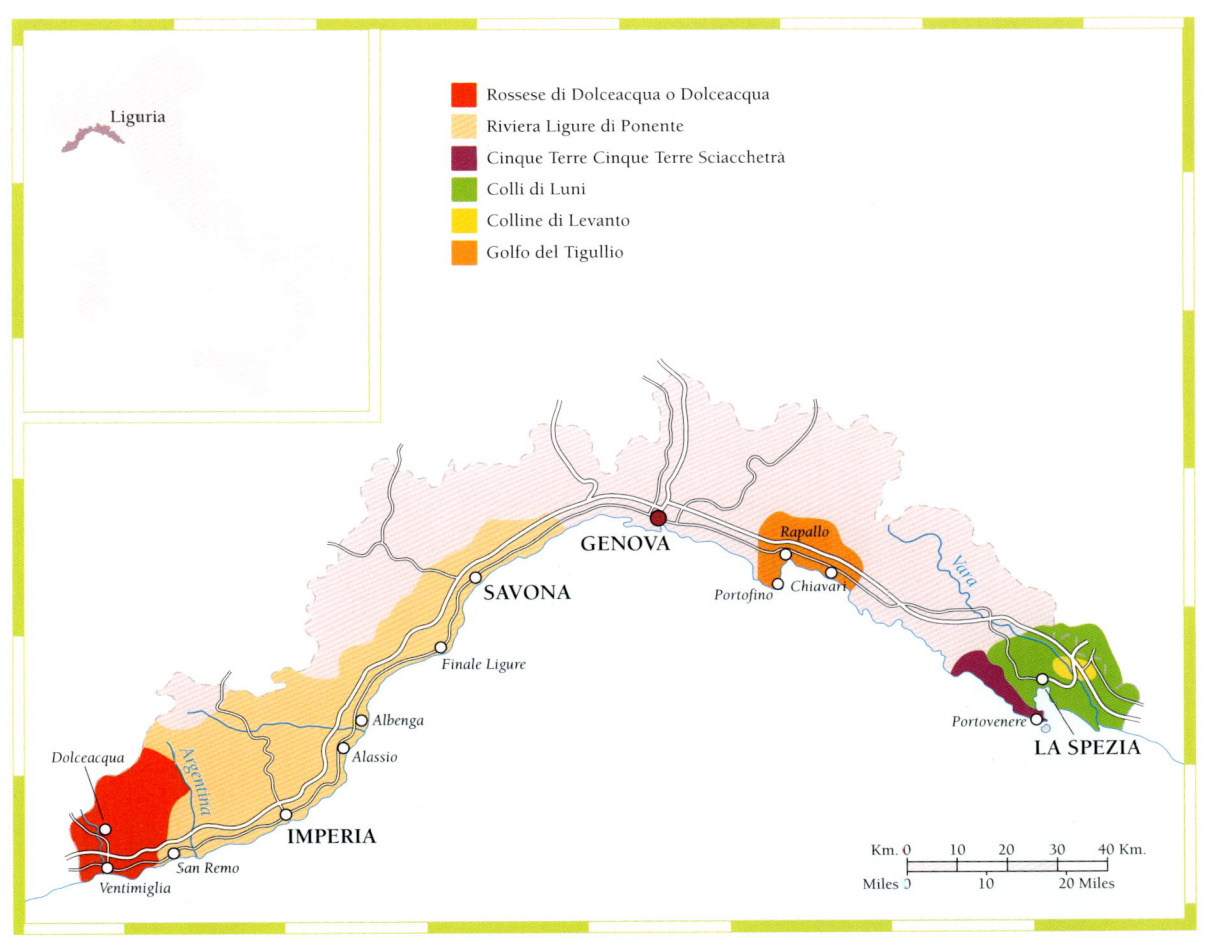

Gärtnereien neben dicht bepflanzten Weinbergen in den Cinque Terre – ein für Ligurien typisches Landschaftsbild.

Bolgheri ein paar Kilometer südlich. Colli di Luni Vermentino – der Urtyp des Weins aus diesem Anbaugebiet – passt mit seiner Struktur und Konzentration ausgezeichnet zu den Produkten der regionalen Küche, etwa den Testaroli (Vollkornspätzle mit Pesto).

Rund 200 Kilometer weiter westlich liegt die große DOC Riviera Ligure di Ponente, die sich als der Ursprung einiger der besten Weine Liguriens rühmen kann. An der Spitze der Weißen stehen Vermentino und Pigato, beide gut strukturiert und weich, ideal zu traditionellen ligurischen Gerichten wie Pasta mit Pesto und Cappon magro (Salat aus verschiedenen Gemüsen, Fischen und Krustentieren).

Zu den Rotweinen gehört Ormeasco, der aus Dolcetto-Trauben gewonnen wird und entfernte Ähnlichkeit mit seinen piemontesischen Verwandten hat. Es gibt auch eine Rosé-Version, Sciac-trà, nicht zu verwechseln mit dem Sciacchetrà delle Cinque Terre; außerdem Rossese aus den DOCs Riviera Ligure di Ponente und Dolceacqua (die Berühmtere der beiden), der im Hinterland von Ventimiglia an der alten Handelsstraße Via del Sale angebaut wird; ein faszinierender Wein, der ausgezeichnet mit Pilzgerichten und mit Geflügel harmoniert.

Boden, Klima und Anbaumethoden

Die gebirgige Lage ist für den ligurischen Weinbau der beherrschende Einflussfaktor. In den Weinbergen, die in Terrassenlagen auf zum Meer hin gelegenen Steilhängen und weiter im Landesinneren auf vor allem im Westen kaum weniger abschüssigen Hügeln angelegt sind, ist nur kompakte, dichte Erziehung möglich, hauptsächlich in Alberello- und Spalierform. Erstere findet sich häufiger an der Riviera Ligure di Ponente, in Dolceacqua und in leicht abgewandelter Form im Osten von Cinque Terre. In Colli di Luni pflegen die meisten Winzer ein ganz ähnlich auch in der benachbarten Nordtoskana verbreitetes System aus Spalier und Drahtrahmen nach Guyot.

Der Boden in Ligurien ist fast durchwegs karg und steinig, Wein und Oliven treten daher häufig zusammen auf. Die klimatischen Bedingungen sind einigermaßen konstant; es herrscht typisches Mittelmeerklima mit ziemlich heißen Sommern und recht milden Wintern. Ligurien unterscheidet sich aber von anderen Mittelmeerregionen durch seine im Vergleich zu anderen Regionen oft ergiebigeren herbstlichen Regenfälle und durch die permanent wehenden Westwinde.

Wichtige Erzeuger

Anfossi, Albenga (SV) Einer der besten Interpreten des Pigato della Riviera Ligure di Ponente: ein intensiver, milder Weißwein aus den westlichen Hügeln, noch besser aus der Lage Le Caminate. Der Vermentino von der Riviera Ligure di Ponente ist ebenfalls beachtlich.

Cascina Feipu dei Massaretti, Albenga (SV) Bice und Pippo Parodis Pigato della Riviera Ligure di Ponente sind duftig und haben zartes Salbei- und Zedernaroma sowie einen delikaten Geschmack. Beachtlich ist auch der himbeerduftige, kompakte, sehr konzentrierte Rossese della Riviera Ligure di Ponente.

La Vecchia Cantina, Albenga (SV) Aus den Trauben von Salea bei Albenga macht Umberto Calleris Kellerei einen der spektakulärsten Pigati della Riviera Ligure di Ponente: ausgeprägtes Bukett nach Moschus, reifen Pfirsichen und Salbei, im Geschmack voll und mild, wird nach vier, fünf Jahren noch besser.

Tenuta Giuncheo, Camporosso (IM) Zusammen mit dem bekannten Piemonteser Önologen Donato Lanati erzeugt Marco Romagnoli hervorragende Vermentinos: die barrique-gereifte Selektion Le Palme, einen Standard-Vermentino und den vorzüglichen Rossese di Dolceacqua Vigneto Pian del Vescovo.

Ottaviano Lambruschi, Castelnuovo Magra (SP) Einer der besten Vermentinos aus den Colli di Luni. Mehrere Versionen, vom gewöhnlichen Weißen bis zu Selektionen aus den klassischen Lagen Sarticola und Costa Marina; sie zeichnen sich durch vegetabilen Duft, eine schwach aromatische Nase und konzentrierten Geschmack aus.

Enoteca Bisson, Chiavari (GE) Das Angebot von Weinerzeuger und -händler Piero Lugano reicht vom raren Sciacchetrà delle Cinque Terre über Weiße aus der IGT-Zone Golfo del Tigullio bis Vermentino und Bianchetta Genovese.

Maria Donata Bianchi, Diano Castello (IM) Emanuele Trevias Vermentino gehört zu den Besten der letzten Jahre – allerdings ohne DOC-Status: Eretico («häretisch») widerspricht der Tradition und wird in Eichen-Barriques aus dem Allier ausgebaut; kraftvoller, milder Weißer mit typischem Vermentino-Bukett und der Struktur eines Condrieu.

Giobatta Mandino Cane, Dolceacqua (IM) Zweifelsohne der größte Interpret von Rossese di Dolceacqua mit zwei Stilen aus Superiore-Einzellagen: Der üblicherweise Bessere stammt aus dem Vigneto Morghe; der andere, aus dem Vigneto Arcagna, ist weniger konzentriert, trinkt sich aber leichter.

Terre Bianche, Dolceacqua (IM) Paolo Rondelli und Franco Laconi übernahmen die Kellerei nach dem Tod des Gründers, Claudio Rondelli. Ihre Weine gehören zu den Besten der Riviera di Ponente. Sie erzeugen zwei Arcana-Spielarten, eine weiße aus Pigato- und Vermentino-Trauben, eine rote aus Rossese und Cabernet Sauvignon. Rossese di Dolceacqua aus der Lage Bricco Arcagna ist zu Recht berühmt.

Tommaso e Angelo Lupi, Pieve di Teco (IM) Die vielleicht berühmteste Kellerei der Region. Die Brüder Lupi erzeugen eine breite Palette traumhafter Weine. Ormeasco Superiore Le Braje, Pigato Le Petraie und Vermentino Le Serre sind mit ihrer herausragenden Komplexität kleine Wunderwerke.

A Maccia, Ranzo (IM) Macchia («Fleck») verweist auf die Kleinheit dieses Weinguts, das im Jahr lediglich 17000 Flaschen erzeugt. Loredana Faraldis Pigato della Riviera Ligure di Ponente wird jedoch zu Recht regelmäßig zu den Besten gezählt.

Bruna, Ranzo (IM) Le Russeghine di Bruna ist ein typischer Vertreter des Pigato della Riviera Ligure di Ponente: ein Weißwein, der mit seinem reifen, harzigen Duft und seinem vollen, wei-

chen Geschmack deutlich auf der örtlichen Tradition beruht.

Coop. Agricola di Riomaggiore, Manarola, Corniglia, Vernazza e Monterosso, Riomaggiore (SP) Genossenschaft erfahrener Kleinwinzer. Der süße weiße Cinqueterre Sciacchetrà aus teilrosinierten (appassito) Trauben strotzt vor Duft und Geschmack; der einfache Cinqueterre, ein guter trockener Weißer, ist angenehm und fruchtig.

Walter De Batté, Riomaggiore (SP) Bester Interpret des seltenen und schwer herzustellenden Cinqueterre Sciacchetrà, bei dem De Batté Aprikosen- und Schokoladearomen kunstvoll vereint. Ebenfalls hervorragend sein einfacher Cinqueterre, ein trockener Weißer mit reifem Fruchtbukett und weichem, lang anhaltendem Geschmack.

Rodolfo Biamonti, San Biagio della Cima (IM) Rodolfo und Clelia Biamonti erzeugen ausgezeichneten, duftigen roten Rossese di Dolceacqua, fruchtig und leicht zu trinken.

Claudio Vio, Vendone (SV) Claudio Vio gilt an der Riviera Ligure di Ponente als Spezialist für Pigato- und Vermentino. Er besitzt zwar nicht mehr als fünf Hektar Rebfläche, ist jedoch ein sehr feinfühliger Weinerzeuger; seine Produkte sind sehr sortentypisch und geschmacksintensiv.

Junge Vermentino-Reben. Die Rebsorte wird in Ligurien mit zunehmendem Erfolg angebaut.

Der Nordosten

Der Nordostteil Italiens umfasst unter der historischen Bezeichnung Tre Venezie («drei Venetien») die Regionen Friaul-Julisch-Venetien, Veneto und Trentino-Südtirol. Sie verbindet neben geologischen und geografischen Ähnlichkeiten auch die jahrhundertelange gemeinsame Geschichte. Heute zählt das Gebiet zu den reichsten Italiens. Von hier ging auch das Aufsehen erregende Comeback der italienischen Weinerzeugung aus, das in neuen Weinen modernen Stils und in der Wiederbelebung alter Traditionen gipfelte. Es begann in den siebziger Jahren bei den Weißweinen – mit gekühlter Gärung, Selektion der Hefen und für damalige Verhältnisse ungewöhnlich dichter Bestockung neuer Weinberge unter dem Aspekt der Qualität. Damals begann man neben den traditionellen auch internationalen Rebsorten ihren Platz einzuräumen.

Als eine erfolgreiche PR-Kampagne die Verkaufszahlen des Pinot Grigio in Schwindel erregende Höhen trieb, wurde rasch deutlich, dass eine tief greifende und rasante Veränderung bevorstand. Der breite Zuspruch war der Startschuss zur Neuanpflanzung weißer Rebsorten, die erst kurz zuvor zu schwinden begonnen hatten.

Weinerzeugung und Weinstile

Vor der Reblauskatastrophe beschränkte sich der Weinbau weitgehend auf traditionelle, heimische Rotweine; danach wurde massiv neu bestockt. Die zu jener Zeit am leichtesten erhältlichen Pfropfreben, die nachweislich am besten wurzelten, kamen aus Frankreich. Folglich verbreiteten sich im Veneto zu Beginn des 20. Jahrhunderts Merlot, Cabernet Franc, Sauvignon, die Pinot-Familie sowie Hybridenweine von Direktträgern.

Dem Nordosten sind auch das sukzessive Entstehen von Rebschulen sowie die technischen Erneuerungen zu verdanken, die die Erzeugung von Weinen für den heutigen Geschmack ermöglichten. Ausgehend von der damals einzigen Weinbauschule im piemontesischen Alba entstand 1876 die heute noch angesehene Scuola Enologica di Conegliano Veneto. Heute gibt es hier zwei weitere: das Istituto Agrario Sperimentale di San Michele in Adige und das Versuchszentrum Laimburg in Südtirol.

Ebenfalls im Nordosten, speziell in Trentino-Südtirol, begannen die großen Genossenschaften neue Strategien der Weinerzeugung zu entwickeln. Mitte der siebziger Jahre verlegten sie ihren Schwerpunkt auf hoch qualitativen Wein.

Der Nordosten ist mit rund fünfzehn Prozent der gesamtitalienischen Produktion immer noch eine substanzielle Weinbauregion. Der Größe nach rangiert das Veneto hinter Sizilien und Apulien an dritter Stelle, im Bereich der DOC-Weinproduktion Italiens ist es mit fast elf Prozent jedoch Nummer eins. Trentino-Südtirol hat den höchsten DOC-Anteil an der Gesamtproduktion: in der Provinz Bozen über 85, in Trient über 70 Prozent. Friaul – in Fragen der Qualität weiterhin Spitzenreiter – erlebt heute einen Aufschwung seiner Rotweine, die ebenso wie die Weißen der Region einen sehr guten Eindruck machen.

Die Alpen halten die kalten Nordwinde von den sanften, meist sonnigen Hügeln der Tre Venezie ab, warme Luftströme von der Adria und den großen Flüssen Po, Etsch und Piave mildern auch die härtesten Winter.

Der kosmopolitische Charakter der Region an der Schnittstelle zwischen Norden, Osten und Süden Europas drückt sich auch in ihren Weinen aus: Typisch slawische wie deutsche Reben gedeihen neben einheimischen und aus Frankreich importierten.

Hier werden viele Sorten angebaut, und oft fallen mehrere unter eine einzige DOC, wie es vor allem in Südtirol und im Trentino der Fall ist. Diese beiden Provinzen mit ihren ganz unterschiedlichen geschichtlichen, kulturellen und sprachlichen Eigenheiten werden im folgenden Kapitel einzeln behandelt.

Weingärten in der DOC Bardolino am Ostufer des Gardasees. Der gleichnamige Wein besteht aus denselben Trauben wie Valpolicella, nämlich aus Corvina, Rondinella und Molinara.

Veneto

Aus Prosecco-Trauben werden sowohl Stillweine als auch die in und um Venedig so beliebten Schaumweine gemacht.

Lange vor der Gründung Roms erzeugten Veneter und Räter schon ausgezeichneten Wein, etwa den Retico, der aus dem Hügelland nördlich der Ebene von Padua stammt, ein konzentrierter, eleganter Passito, dessen Geschichte ausführlich dokumentiert ist und dessen Tradition heute noch im Recioto della Valpolicella und im Recioto di Soave weiterlebt.

Die Ausdifferenzierung der besten Rebsorten und Weinbauregionen erfolgte im Mittelalter. Damals entstanden zweierlei Stile: im Flachland eher schlichter Wein, in den Bergen qualitativ höherer, der in den Export ging. Im 14. und 15. Jahrhundert blühte der Weinhandel auf – und mit ihm ein Wust von Gesetzen und Regelungen. Die damaligen Weine unterschieden sich deutlich von den heute bekannten. Die meistangebauten Sorten waren die weißen Bianchetta Trevigiana, Verdiso und Vespaiolo und die roten Marzemino und Raboso. Den Frösten des Jahres 1709 widerstanden nur die resistentesten Stöcke, die übrigen Weinberge mussten völlig neu bepflanzt werden – mit heute noch gebräuchlichen Reben, denen sich dann die Postphylloxera-Sorten hinzugesellten. Seit damals zählen Garganega, Prosecco, Tocai, Verduzzo und Trebbiano di Soave zu den beliebtesten weißen Rebsorten; bei den roten sind das Corvina Veronese, Rondinella, Raboso, Negrara, Merlot und Cabernet.

Weine und Weinerzeugung

Das Veneto bringt jährlich rund sieben Millionen Hektoliter Wein hervor; über dreißig Prozent dieser riesigen Menge sind DOC-Weine. Die Crème stellen Valpolicella, Amarone und Recioto della Valpolicella dar, die ein paar Kilometer nördlich der gleichnamigen Stadt am Fuß der Monti Lessini erzeugt werden.

Der Soave ist im Südosten von Verona beheimatet. Dieser weltweit wohl berühmteste italienische Wein wird hauptsächlich aus der Garganega erzeugt. Aus dem historischen Gebiet stammt die Classico-Version, dazu gibt es den faszinierenden süßen Recioto di Soave und zwei Schaumweine: Soave und den ebenfalls süßen Recioto. Der rote Bardolino und der weiße Bianco di Custoza vom venetischen Ufer des Gardasees werden aus denselben Rebsorten erzeugt wie Valpolicella und Soave; sie sind leicht und angenehm zu trinken. Colli Euganei ist der einzige Qualitätswein eines kleinen Gebiets in der Provinz Padua; die vulkanischen Böden der markanten Hügel können anständige Weine hervorbringen, wie etwa den Fior d'Arancio, einen der besten italienischen Moscatos.

Vicenza erzeugt in aller Stille einige qualitativ hochwertige Sortenweine. Der Stolz seiner wohl bekanntesten DOC Gambellara sind der Classico, der Recioto – entweder süß, vergleichbar dem Recioto di Soave, oder *spumante* – sowie der Vin Santo.

Im Süden von Vicenza liegt die DOC Colli Berici, aus der eine Reihe beinahe durchwegs aus nichtheimischen Sorten erzeugter Weine stammt. Südlich davon liegt die junge DOC Bagnoli di Sopra; in ihren fünfzehn Gemeinden werden weiße und rote Cuvées sowie ein paar sortenreine Weine erzeugt, darunter Raboso.

Star des nördlich von Vicenza gelegenen Breganze ist die Vespaiolo-Traube, die fruchtige, angenehme Weißweine wie etwa Torcolato di Breganze ergibt, einen der besten Süßweine Italiens. Breganze Bianco besteht hauptsächlich aus Tocai, Pinot Bianco und Pinot Grigio.

An der Spitze eines beachtlichen Aufgebots von Rotweinen stehen der hervorragende Breganze Rosso (eigentlich ein Merlot) und eine Unzahl beeindruckender Cabernets und Pinot Neros. Der Ostteil der Region hat viele DOCs hervorgebracht, etwa Montello e Colli Asolani; vom rechten Piave-Ufer kommen reinsortige Weine, darunter auch Spumanti (rot, weiß und Prosecco). Am linken Ufer liegt das vom Prosecco dominierte Conegliano Valdobbiadene sowie die noch junge DOC Colli di Conegliano mit ihren Stillweinen. Weiter stromabwärts befinden sich die DOCs Piave und Lison-Pramaggiore, die den Schwerpunkt auf moderne, preiswerte Sortenweine gelegt haben, in Piave hauptsächlich Merlot und Cabernet, in Lison-Pramaggiore Tocai, Pinot Grigio und Pinot Bianco.

Boden, Klima und Anbaumethoden

Die intensivst bebauten Weinberge des Veneto ziehen sich am Fuß der Alpen vom Gardasee über die Colli Berici und Colli Euganei bis zum Conegliano Veneto. Die Böden sind fruchtbar, vulkanisch und kalkhaltig. Diese Hügel umgeben die fruchtbare Schwemmlandebene, das Feuchtgebiet des Po-Deltas und der Lagune von Venedig.

Das Küstenklima steht unter dem Einfluss der Adria, in der Ebene im Landesinneren herrschen heiße Sommer und strenge, nebelige Winter. Das Gebiet am Fuß der Alpen ist besonders durch Regen und Hagel gefährdet.

Seit der Reblauskatastrophe sind vor allem französische Sorten so verbreitet, dass Prosecco und Raboso heute die einzigen einheimischen Sorten des Ostens darstellen. Qualitätswein findet man in diesem Teil Italiens in den nördlichen Bergregionen und im zentralen Hügelland.

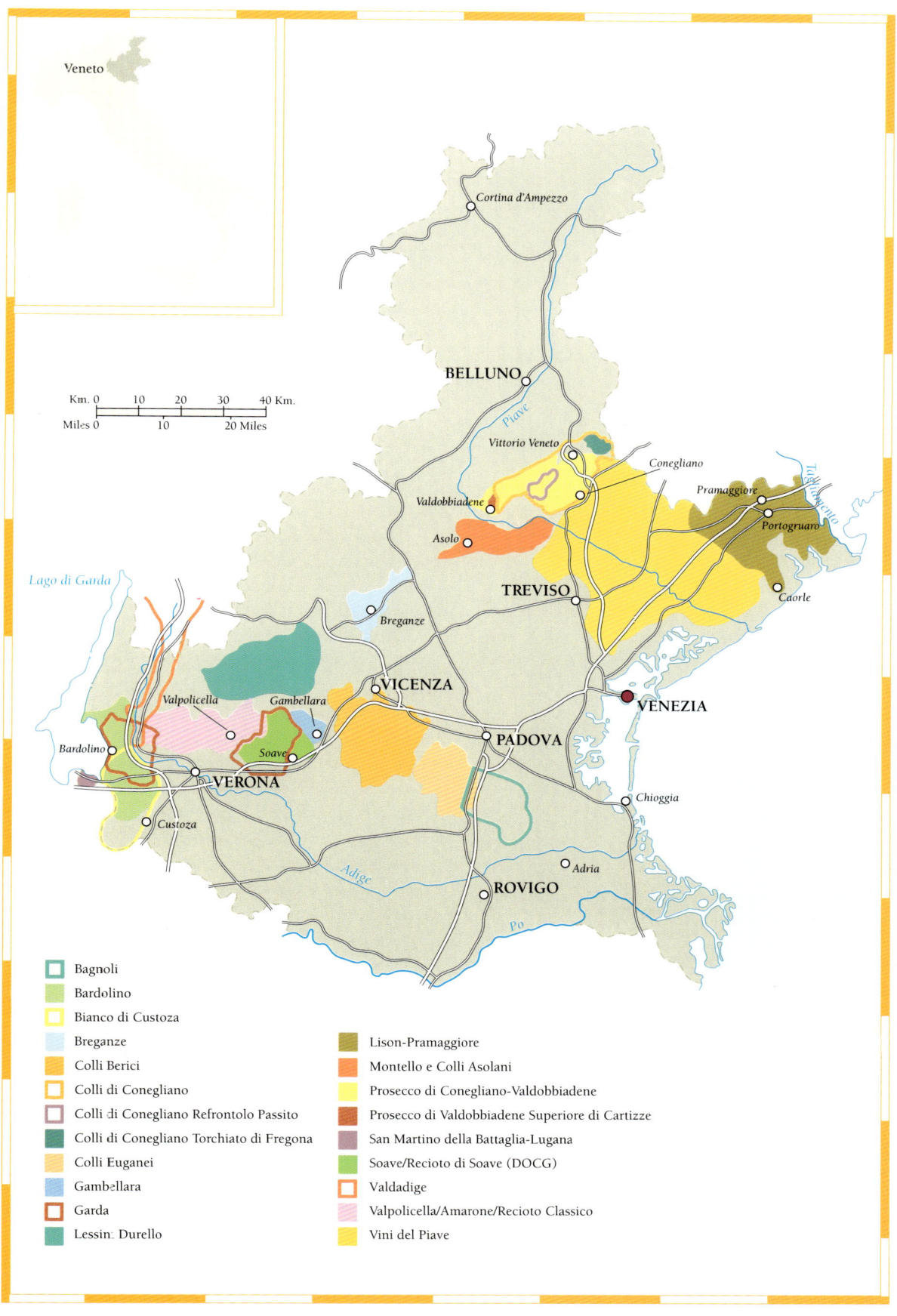

Veneto

Km. 0   10   20   30   40 Km.
Miles 0   10   20 Miles

Cortina d'Ampezzo

BELLUNO

Vittorio Veneto
Conegliano
Pramaggiore
Portogruaro
Valdobbiadene
Asolo
Caorle

TREVISO

Breganze

Lago di Garda

VICENZA

Valpolicella   Gambellara
Soave
Bardolino

VENEZIA

PADOVA

Chioggia

Verona

Custoza

Adige

Adria

ROVIGO

Po

Bagnoli
Bardolino
Bianco di Custoza
Breganze
Colli Berici
Colli di Conegliano
Colli di Conegliano Refrontolo Passito
Colli di Conegliano Torchiato di Fregona
Colli Euganei
Gambellara
Garda
Lessini Durello

Lison-Pramaggiore
Montello e Colli Asolani
Prosecco di Conegliano-Valdobbiadene
Prosecco di Valdobbiadene Superiore di Cartizze
San Martino della Battaglia-Lugana
Soave/Recioto di Soave (DOCG)
Valdadige
Valpolicella/Amarone/Recioto Classico
Vini del Piave

Verona, Valpolicella, Soave, Gambellara und Vicenzas Weine

Das Aushängeschild des Veroneser Weins ist der nach der gleichnamigen Stadt benannte trockene, fruchtige Soave. Erzeugt wird er aus Garganega und wahlweise Trebbiano, Chardonnay oder Pinot Bianco aus den Hügeln im Südosten Veronas. Den leicht trinkbaren Wein gibt es als Classico (aus dem ältesten Anbaugebiet), als Superiore (mindestens 11,5 Prozent Alkohol) und als Passito unter dem vom venezianischen *rece* – «Ohren» – abgeleiteten Namen Recioto di Soave: Nur die äußeren Beeren – die «Ohren» – jeder Traube werden dafür verwendet und auf Matten getrocknet. Dieser Prozess heißt «appassimento».

Der Soave befindet sich heute in einem Dilemma, das er mit anderen italienischen Weinen teilt: Wie lässt sich echte Qualität von nichts sagenden Massenweinen abheben? Einige wenige Erzeuger hatten mit selektiver Abfüllung Erfolg, aber es bleibt noch viel Unkraut auszureißen.

Nördlich von Verona entsteht hauptsächlich aus Corvina, Molinara und Rondinella der berühmteste Rotwein des Veneto: Valpolicella. Aus den klassischen Stammgebieten Fumane, Marano, Negrar und Sant'Ambrogio kommen beachtliche rubinrote Ergebnisse, die allen Ansprüchen gerecht werden, aber die DOC Valpolicella umfasst ein ziemlich großes Gebiet, und die Bandbreite der Weine mit DOC-Status ist recht uneinheitlich.

Für Valpolicella gelten hinsichtlich der Unterscheidung in Classico und Superiore dieselben Bestimmungen wie für Soave – und die beiden Weine leiden auch unter denselben Imageproblemen. Einigen der kreativeren Erzeuger ist durch die Modernisierung ihrer Kellereien und durch die Entscheidung für höherwertiges Lesegut ein Qualitätssprung gelungen. Auch der Versuchung, die Unkosten auf die Konsumenten abzuwälzen, wurde weitgehend widerstanden. Aber die Unterscheidung zwischen gutem, preiswertem Wein und lieblosem Billigfusel bleibt für die Konsumenten weiterhin ein Ratespiel.

Die großen Rotweine des Veneto

Der König der großen Rotweine des Veneto ist Amarone della Valpolicella. Für ihn werden dieselben Rebsorten verwendet wie für Valpolicella, sie trocknen jedoch zugedeckt auf Matten bis Ende März. Amarone ist ein sehr kräftiger Wein, der eine Alkoholstärke von 15 bis 16 Prozent erreichen kann. Üblicherweise wird er zu Lamm- und Rinderbraten, Wild und reifem Käse serviert. Der in derselben Region aus denselben Rebsorten gewonnene Recioto oder Recioto Classico della Valpolicella hingegen ist ein süßer, manchmal schäumender Wein, der nach denselben Methoden ausgebaut wird wie Recioto di Soave.

Um nach traditionellen Vinifizierungsmethoden hergestellten Ripasso zu erhalten, wird Valpolicella auf aus Amarone gewonnener Hefe einer zweiten Gärung unterzogen, wodurch der gleiche Effekt erzielt wird wie durch Aufspriten. Einige Erzeuger kommen auf bessere Ergebnisse, indem sie dem Wein getrocknete Trauben hinzufügen – die gleichen, die auch für Amarone verwendet werden.

Weine vom Gardasee

Ein paar Kilometer weiter westlich liegt der Gardasee, der größte See Italiens. Die Weinberge an den Hängen rund

Hoch erzogene Corvina-Reben – eine der drei in Valpolicella und Bardolino angebauten Rebsorten. Die gelesenen Trauben warten in Holzkisten auf den Transport in die Kellerei.

um den See sind mit denselben Reben bestockt, aus denen man Valpolicella macht. Hier entsteht der köstlich leichte und angenehm trinkbare Bardolino, ein Rotwein mit delikatem Fruchtaroma und weichem, ausgeglichenem Geschmack. Der vor ein paar Jahren mit der DOC ausgezeichnete Bardolino Novello wird – ebenso wie der Beaujolais Primeur – mittels Kohlensäuremaischung (*macération carbonique*) vinifiziert.

Bianco di Custoza stammt von den Hängen am Südufer des Gardasees, wo Trebbiano, Garganega, Tocai, Cortese, Riesling, Pinot Bianco, Chardonnay und Malvasia Toscana angebaut werden. Dieser klassische Wein wird zum Essen oder als Aperitif serviert und erfreut sich bei Kritikern und Konsumenten wachsender Beliebtheit.

Die an das Soave-Gebiet angrenzende DOC Gambellara ist weniger für ihre Weine als wegen der dort ansässigen Kellerei Zonin bekannt, einer der größten Italiens. Gambellara ist ein intensiv fruchtiger und komplexer Weißwein aus der Garganega-Traube und ergibt einen interessanten, vollreifen Recioto sowie einen Vin Santo mit langem Abgang. Aus Lessini kommen ein weißer Stillwein und ein Spumante aus der Durello-Traube.

Verona war immer schon ein wichtiger Markt für die Weine des Veneto, vor allem für Soave und Valpolicella aus den nahen Monti Lessini.

Lese der Corvina-Trauben für Valpolicella. Die reifsten Beeren (meist von der Außenseite der Trauben) werden traditionellerweise für Recioto und Amarone ausgelesen.

In der Nähe von Gambellara liegen die Colli Berici; dort entsteht eine breite Palette von Weißweinen (Garganega, Tocai, Sauvignon, Pinot Bianco und Chardonnay) und Rotweinen (Merlot, Cabernet und der seltene Tocai Rosso, der als enger Verwandter des sardischen Cannonau und des französischen Grenache gilt). Vor allem die Weine aus höheren Lagen sind lieblich und wohl strukturiert. Sehr ähnlich ist das Mikroklima in den Colli Euganei, die Sortenvielfalt ist jedoch größer. Die Spitzenweine gedeihen auch hier etwas höher. Aus der Region stammt zudem der köstliche Fior d'Arancio – duftig, aromatisch und süß.

Breganze

Mit den hoch gelegenen Ebenen von Breganze verbindet man vor allem fruchtige Weine. Den Bemühungen der angesehenen Kellerei Maculan ist die Erschließung des breiten Potenzials dieser Region zu verdanken. Die Ebene ist ein idealer Boden für große Weißweine – von Chardonnay bis Sauvignon – und Rotweine wie Cabernet oder Pinot Nero; aber auch Marzemino gedeiht hier. Wer je Maculans fantastischen Torcolato di Breganze oder seinen seltenen, begehrten Acininobili gekostet hat, wird ein Loblied auf die Schätze dieser Region singen.

Wichtige Erzeuger

Vignalta, Arquà Petrarca (PD) Der kleine Musterbetrieb mit einigen der besten Lagen der Colli Euganei zählt dank Franco Zanovello mit Colli Euganei Gemola aus Merlot und Cabernet Franc auch zu den besten Erzeugern.

Fratelli Zeni, Bardolino (VR) Dieses große Unternehmen erzeugt die komplette Palette der Weine aus Valpolicella und Garda, von Bardolino bis Valpolicella. Alle sind solide gearbeitet und manche unter ihnen herausragend, etwa der Amarone Classico.

Maculan, Breganze (VI) Maculan gelingt die Umsetzung des großen Potenzials der hiesigen Lagen in ihren großen Weinen. Torcolato und der teure Acininobili zählen zu den größten Süßweinen Italiens, aber der Cabernet Sauvignon Ferrata ist ein ebenso edles Gewächs.

Allegrini, Fumane (VR) Diese Kellerei stand Pate beim Comeback des Valpolicella und zählt heute zu den Großen der italienischen Weinerzeugung. Gegründet wurde sie vor dreißig Jahren von Giovanni Allegrini, dem Vater der heutigen Besitzer, der Geschwister Walter, Franco und Marilisa. Ihren Erfolg verdankt sie der großartigen Lage ihrer sorgsam gehegten Weinberge, den niederen Hektarerträgen und der perfekt ausgestatteten Kellerei, in der jede nur mögliche Erneuerung umgesetzt wird. Das scheint heutzutage fast unerlässlich, aber zu einer Zeit, als Valpolicella grundsätzlich im Tank verkauft wurde, galt diese Vorgehensweise als Vision. Neben gutem Amarone und vorzüglichem Recioto della Valpolicella erzeugen die Allegrinis einen ungemein tiefen Valpolicella Superiore aus der Lage La Grola. Ihr innovativer roter La Poja, ein reinsortiger Corvina Veronese, ist ein exzellenter Spitzenwein.

Zonin, Gambellara (VI) Ein echter Familienbetrieb und zugleich Italiens größter privater Weinproduzent mit

vielen Ablegern in Italien und in den USA. Die Hauptkellerei in Gambellara erzeugt eine ganze Reihe großartiger Gambellara-DOC-Weine – vom Classico bis zum Recioto Spumante – sowie Soave, Amarone und andere Still- und Schaumweine.

Dal Forno, Illasi (VR) Romano dal Forno, einer der Großen des Valpolicella, macht es sich zur Aufgabe, das unergründete Potenzial von Land und Reben bekannt zu machen. Er widmet seine Zeit der Kellerei und dem Weingarten, den er mit traditionellen Rebsorten neu

In diesen Kellern von Masi werden die Trauben für Recioto und Amarone langsam getrocknet. Das Wasser in den Trauben verdunstet, zurück bleibt aromatischer, konzentrierter Saft.

von Weltklasseweinen. Sein Recioto di Soave I Capitelli gilt einstimmig als einer der besten italienischen Süßweine.

Ca' Rugate, Monteforte d'Alpone (VR) Diesem Schatzkästchen im Besitz der Familie Tessari entstammt eine Palette sehr eleganter und komplexer Soaves. Die Lagenweine Monte Alto und Monte Fiorentine zählen zu den Besten.

Gini, Monteforte d'Alpone (VR) Das enorme Potenzial von Garganega und Trebbiano kommt beim Soave Classico Superiore Contrada Salvarenza Vecchie Vigne voll zur Geltung – vollmundig, ungemein konzentriert, sehr ausgewogen und komplex. Er ist das Werk von Sandro und Claudio Gini, ebenso wie andere bezaubernde Weine, vom Recioto di Soave bis zum Soave Classico Superiore La Froscà.

La Cappuccina, Monteforte d'Alpone (VR) Die Familie Tessari erzeugt innovative regionale Weine, wie etwa Sauvignon oder den wirklich außergewöhnlichen Cabernet Franc Campo Buri sowie ausgezeichneten Soave aus den Lagen Fontégo und San Brizio.

Umberto Portinari, Monteforte d'Alpone (VR) Umberto Portinaris sorgfältigen Versuchen sind einige der besten Soaves der letzten Jahre zu verdanken. Sein Soave Vigna Albare Doppia Maturazione Ragionata (dieser lange Name weist darauf hin, dass ein Teil der Trauben getrocknet wurde) ist ein faszinierender Wein von bestechender Fülle und Komplexität.

Cav GB Bertani, Negrar (VR) Bertani zählt zu den historischen Namen des Veneto und zu den wenigen Kellereien der Welt, die tausende Flaschen lange zurückliegender Jahrgänge in perfekter Trinkbarkeit lagert. Die faszinierende Kollektion reicht vom legendären 1928er Acinatico bis zum jüngsten Amarone. Auch die innovativen Weine wie der Cabernet Sauvignon Villa Novare sind eine Klasse für sich.

Romano dal Forno – hier mit seinen drei Söhnen im Keller seines Weinguts in Illasi – erzeugt sehr großen Wein in sehr kleinen Mengen; sein Amarone Vigneto di Monte Lodoletta ist vorbildlich.

bepflanzt hat – mit erstaunlichem Erfolg: Im Amarone Vigneto di Monte Lodoletta – selbst in schwächeren Jahren einer der besten Roten Italiens – zeigt sich der Lohn für dal Fornos vorbildliche Bewirtschaftung.

Santi, Illasi (VR) Als Herzstück von Italiens größtem Weinerzeuger Gruppo Italiano Vini erzeugt dieses Riesenunternehmen Millionen von Flaschen von einem Dutzend Betrieben aus den allerbesten Anbaugebieten des Landes und weist ein hochqualitatives Angebot auf. Neben vielen anderen hervorragenden

Weinen umfasst Santis Palette einen exzellenten Soave Classico und einen ausgezeichneten Amarone.

Corte Sant'Alda, Mezzane di Sotto (VR) Kleiner Betrieb der Familie Camerani; erzeugt Valpolicella und Amarone vom Feinsten.

Anselmi, Monteforte d'Alpone (VR) Der experimentierfreudige Roberto Anselmi war wesentlich an der Renaissance des Soave beteiligt. Nur das beste Material aus seinen sorgsam betreuten Einzellagen keltert er zu einer Reihe

Cantina Sociale Valpolicella, Negrar (VR) Auch an diesem Großbetrieb ging das Neue nicht spurlos vorüber. Er erzeugt heute exzellente Weine aus einigen der besten Lagen der Region, wie etwa den Amarone della Valpolicella Classico Vigneti di Jago Selezione.

Le Ragose, Negrar (VR) Im Herzen des traditionellen Valpolicella-Gebiets erzeugt Le Ragose bedeutende Weine, ob Amarone, Valpolicella oder den neuen Cabernet. In guten Jahren hat der Amarone unverwechselbaren Charakter.

Quintarelli, Negrar (VR) Streiten lässt sich bei diesem großen Valpolicella-Erzeuger nur über die geringen Mengen und die extrem hohen Preise. Sein Amarone Riserva hat die Vielschichtigkeit und Tiefe der weltbesten Weine; attraktiv und stilvoll auch Cabernet Alzero und Valpolicella Superiore.

Zenato, Peschiera del Garda (VR) Der Weinhändler Sergio Zenato hat ein untrügliches Gespür für die besten Trauben, die er für die breite Palette seiner Weine ankauft; herausragend hohes Niveau hat sein Amarone Riserva.

Masi, San Ambrogio di Valpolicella (VR) Historischer Veroneser Betrieb, Besitzer so hervorragender Lagen wie Campolongo di Torbe und Serego Alighieri; stand bei der Renaissance des Valpolicella in vorderster Front und widmete Weinberg, Reben und Kellereimethoden unschätzbare Forschungsarbeit. Amarone und Valpolicella sind eindrucksvolle Weine von Weltklasse.

Inama, San Bonifacio (VR) Hinter einigen der interessantesten Weißweine, die in den letzten Jahren aus dem Veneto kamen, steht Stefano Inama. Der Soave und Sauvignon rechtfertigen Inamas fundierte Befassung mit Weinbergund vor allem Kellereitechniken: Lange Reifung, Maischegärung und Ausbau in neuer Eiche verleihen den Weinen besonderen Charakter. Unter den kräftigeren Weinen sind Soave Classico

Superiore Du Lot und Sauvignon Vulcaia Fumé besonders zu empfehlen.

Stefano Accordini, San Pietro in Cariano (VR) Die hervorragenden Valpolicellas und Amarones stammen aus Stefano und Tiziano Accordinis eigenen Lagen. Besonders attraktiv die Acinatico-Selektionen Amarone und Recioto; der Amarone Classico del Vigneto Il Fornetto fällt zeitweise sensationell aus.

Angelo Nicolis e Figli, San Pietro in Cariano (VR) Der Ausdruck dieser großen Lage ist das Ergebnis von Beppe Nicolis harter Arbeit an exzellenten Sorten. Großartig seine Amarones, allen voran der Ambrosan, der in der Region seinesgleichen sucht.

Fratelli Speri, San Pietro in Cariano (VR) Der vollmundige Amarone della Valpolicella Classico del Vigneto Monte Sant'Urbano setzt der Weinerzeugung im Valpolicella-Gebiet Maßstäbe. Er ist ein äußerst gut gearbeiteter Wein – wie übrigens alles aus dem Hause Speri; außergewöhnlich konzentriert, raffiniert und komplex.

Fratelli Tedeschi, San Pietro in Cariano (VR) Lange Weinbautradition und einige der besten Lagen der Region sind Tedeschis Startvorteile. Valpolicella und Amarone – vor allem aus Einzellagen – bestechen durch seltene Eleganz. Am bemerkenswertesten der Amarone Classico Capitel Monte Olmi, Capitel della Fabriseria und Recioto della Valpolicella Capitel Monte Fontana.

Leonildo Pieropan, Soave (VR) Pieropans Weine sorgten im Soave-Gebiet für eine Revolution. Zu einer Zeit, als Soave noch als sehr anspruchslos galt, schuf Leonildo Weine, die auch nach zwanzig Jahren im Keller noch trinkbar waren. Seine Lagerweine – etwa Soave Vigneto La Rocca und Soave Vigneto Calvarino – sind außergewöhnlich, sein Recioto di Soave Le Colombare und der Passito della Rocca gehören zu den besten Süßweinen Italiens.

Bolla, Verona Großer Veroneser Traditionsbetrieb; Millionen Flaschen von teils beachtlicher Qualität, weitere Steigerungen zeichnen sich ab. Exzellenter Amarone Riserva, herausragender Valpolicella Superiore Le Pojane.

Fratelli Pasqua, Verona Mit seinen traditionellen und innovativen Stilen einer der bedeutendsten Betriebe; unbedingt probieren: Soave Classico Sagramoso und Amarone Vigneti di Casterna.

Diese Trauben für Bardolino kommen direkt aus dem Weingarten und werden mittels Förderschnecke möglichst rasch in die Presse transportiert, damit der kostbare Saft nicht zu oxidieren beginnt.

Veneto Orientale

Die Piave teilt das obere Treviso in zwei Gebiete: Südlich des Flusses sind Montello und die Colli Asolani zu einer DOC zusammengefasst, nördlich davon liegt Conegliano Valdobbiadene. Gemeinsamer Nenner dieser beiden Weinbauregionen ist der Prosecco, wenngleich man sich in Montello in letzter Zeit auf die Erzeugung körperreicher Rotweine spezialisiert zu haben scheint – insbesondere Merlot und Cabernet, die auf dem lehmhaltigen, steinigen Boden gut gedeihen. Die erst vor kurzer Zeit eingerichtete DOC Colli di Conegliano hat einen Bianco (aus Incrocio Manzoni, Riesling und anderen Rebsorten) und einen Rosso (aus Cabernet, Merlot, Marzemino und Incrocio Manzoni) vorzuweisen.

Empfehlenswert sind weiter zwei süße Weine, der aus Marzemino-Trauben gekelterte Refrontolo Passito sowie der weiße Torchiato di Fregona aus Prosecco, Verdiso und Boschera.

In den verschiedenen DOCs findet man drei Grundtypen von Prosecco: den kaum bekannten, leichten weißen Stillwein, dann den Perlwein, dessen Flasche zumeist mit einem Kronen- oder einem Champagnerkorken verschlossen wird, und schließlich den Prosecco spumante, bei dem nach der italienischen Methode die zweite Gärung in druckfesten Edelstahltanks erfolgt und der als der beste Wein der beiden DOC-Gebiete gilt. Zur DOC Prosecco di Valdobbiadene gehört auch das Teilgebiet Cartizze, in dem der Prosecco di Valdobbiadene Superiore di Cartizze – oder schlicht Cartizze – erzeugt wird, ein manchmal trockener, manchmal süßlicher, sehr duftiger Schaumwein, für den man dreimal so viel bezahlt wie für Prosecco. Der Extra Dry – der verbreitetste Prosecco – ist süßer als ein den EU-Bestimmungen entsprechender Brut, der Dry ist noch süßer; dieser Umstand macht ihn zu einem hervorragenden prickelnden Dessertwein.

Treviso und Piave

Das hügelige Weinbaugebiet Treviso erstreckt sich bis hinunter in die reichlich mit Wasser versorgten Ebenen im Ostteil der Region an der Küste bei Venedig, wo sich ein völlig veränderter Anblick bietet: Fährt man auf der Autobahn Venedig–Triest am Weinbaugebiet Portogruaro entlang, so überblickt man die nach dem Pergelsystem erzogenen Rebflächen von Lison-Pramaggiore. Mit dieser DOC verbindet man drei Weine: Der weiße Tocai macht keinen Hehl aus seinen guten Verbindungen zum angrenzenden Friaul, und die DOC umfasst auch tatsächlich Rebflächen von beiden Anbaugebieten. Ebenfalls nicht zu verachten sind der Merlot und der Cabernet, die sich auf diesen äußerst dünnen und steinigen Böden mit unnachahmlicher Raffinesse entfalten können – die Gegend erinnert in der Tat an die Ebene des Haut-Médoc im Bordeaux-Gebiet.

Weiter nördlich befindet sich die sehr umfangreiche DOC Piave, sie umfasst Teile der Provinzen Venedig und Treviso. Aus ihr stammt eine ungeheuer breite Palette von Weinen, nahezu alle aus internationalen Sorten: Pinot Bianco, Pinot Grigio, Pinot Nero, Chardonnay, Merlot und Cabernet – aber auch ein paar eher «handgestrickte» Weine, die die Reblauskatastrophe überstanden haben und unter denen der weiße Verduzzo sowie der für seine fulminante Stärke berühmte rote Raboso wohl die ältesten der ganzen Region sind.

In Treviso im hügeligen Hinterland von Venedig stammen zahllose Rebsorten aus kleinen Weingärten in Familienbesitz.

Wichtige Erzeuger

Carpené Malvolti, Conegliano (TV)
Antonio Carpené, Altvater des Spumante, gründete 1868 den Betrieb, der heute mit 3,5 Millionen Flaschen jährlich zu den besten Spumante-Erzeugern zählt. Der traditionell hergestellte Talento und der exzellente Prosecco di Conegliano sind die Besten.

Zardetto, Conegliano (TV) Pino und Fabio Zardetto glauben an sortentypische Weine wie ihren Prosecco dei Colli di Conegliano. Die Spielarten Prosecco Brut, Zeroventi Dry und Colli di Conegliano Bianco sind hervorragend.

Santa Margherita, Fossalta di Portogruaro (VE) Eine der wichtigsten italienischen Kellereien, verantwortlich für den Siegeszug des Pinot Grigio. Sortenreine Weine aus dem Veneto – von Müller-Thurgau über Chardonnay bis Malbec. Exportiert von ihrem Sitz in Lison-Pramaggiore aus in die ganze Welt.

Einst kam die Gärung des Prosecco im kalten Winter zum Stillstand, die erneute Gärung im Frühjahr brachte den Wein zum Schäumen.

Serafini & Vidotto, Nervesa della Battaglia (TV) Francesco Serafini und Antonello Vidotto holen mit Feuereifer alles aus der bislang kaum bekannten Lage Montello heraus. Sensationell ihr Rosso dell'Abazia, eine wuchtige, komplexe Cuvée aus Cabernet Sauvignon, Cabernet Franc und Merlot.

Ornella Molon Traverso, Salgareda (TV) Ornella Molon und ihr Mann Giancarlo Traverso erzeugen interessante Weine aus dem Gebiet Piave. Herausragend sind der exzellente Piave Merlot, ein Piave Cabernet aus der «Ornella»-Serie sowie gute Weiße, etwa der Traminer.

Desiderio Bisol & Figli, Valdobbiadene (TV) Die Brüder Bisol zählen zu den besten Spumante-Herstellern Italiens. 25 Hektar Grundbesitz, weitere 13 in Pacht, aufgeteilt auf die besten Lagen Santo Stéfanos – etwa Fol und Cartizze – und den Ort Rolle. Neben Prosecco wachsen hier Incrocio Manzoni, Pinot Nero und Bianco, Chardonnay, Sauvignon und Verdiso. Herausragend: Cartizze und Prosecco aus den Lagen Fol, Garnei, Colmei und Salis, lagenspezifische starke Persönlichkeiten. Traditionell erzeugter Talento in mehreren Versionen; die Crème ist der nach Gründer Eliseo Bisol benannte Jahrgangswein.

Canevel, Valdobbiadene (TV) Erzeugt aus zwölf Hektar eigenen und sechzig Hektar gepachteten Reben ausgezeichnete Spumanti italienischer Machart, allen voran der sanfte, fruchtige Prosecco Extra Dry.

Cantina Produttori di Valdobbiadene, Valdobbiadene (TV) Große Genossenschaft mit 750 Mitgliedern und über 600 Hektar Reben. Verkauft jährlich zwei Millionen Flaschen mit dem Etikett Val d'Oca in hervorragender Qualität.

Ruggeri & C, Valdobbiadene (TV) Dank sorgfältiger Auswahl der meist zugekauften Trauben und moderner Kellertechnik ist der Prosecco dieses Betriebs von höchster Qualität. Der Extra Dry Selezione Oro, von dem jährlich rund 600 000 Flaschen abgefüllt werden, ist eine Sensation.

Adami, Vidor (TV) Diese Kellerei hat lediglich 2,5 Hektar Rebflächen und eine Jahresproduktion von etwa 300 000 Flaschen, aber die Brüder Adami sind scharfsinnige «Leser» der Weine des Treviso, und ihr Prosecco di Valdobbiadene Vigneto Giardino Dry zählt heute bereits zu den Klassikern.

Das wunderschöne hügelige venezianische Hinterland ist reich an Kunst, Architektur und Geschichte. Touristen lassen es jedoch auf dem Weg nach Venedig oft links liegen.

Trentino

Noch heute künden Funde von einer bis ins 6. vorchristliche Jahrhundert zurückreichenden trentinischen Weinkultur: ein bacchusgeschmückter Kupfereimer und eine Situla, die man Mitte des 19. Jahrhunderts in Val di Cembra entdeckte. Im Mittelalter hielten Augustinermönche des Klosters San Michele im Etschtal in ihren Ordensbüchern Weinbaumethoden, Jahrgänge, Produktionsunterbrechungen und selbst Weinpreise fest. Mitte des 16. Jahrhunderts erstellte der Geschichtsschreiber des Trienter Konzils, Michelangelo Mariani, ein wertvolles Verzeichnis der Weine und Rebsorten der Region.

Aber erst mit der Einverleibung dieser Region durch Österreich-Ungarn im 19. Jahrhundert wurde der Weinbau der bestimmende Mittelpunkt des Lebens im Trentino. 1874 übernahm das Istituto Agrario di San Michele all'Adige vom altehrwürdigen Augustinerstift die Koordination des Weinbaus in der Region sowie die Ausbildung von Önologen und Agronomen. Das Istituto zählt zu den besten Weinbauschulen Italiens und bildet jedes Jahr Dutzende Spezialisten aus. Im ganzen Land wirken heute die Absolventen aus San Michele all'Adige, manche bleiben auch der örtlichen Weinerzeugung treu. Das Institut

Im Trentino reifen die Trauben an steilen Hängen und in alpinem Klima. Die örtlichen Erzeuger verarbeiten sie zu raffinierten Weinen.

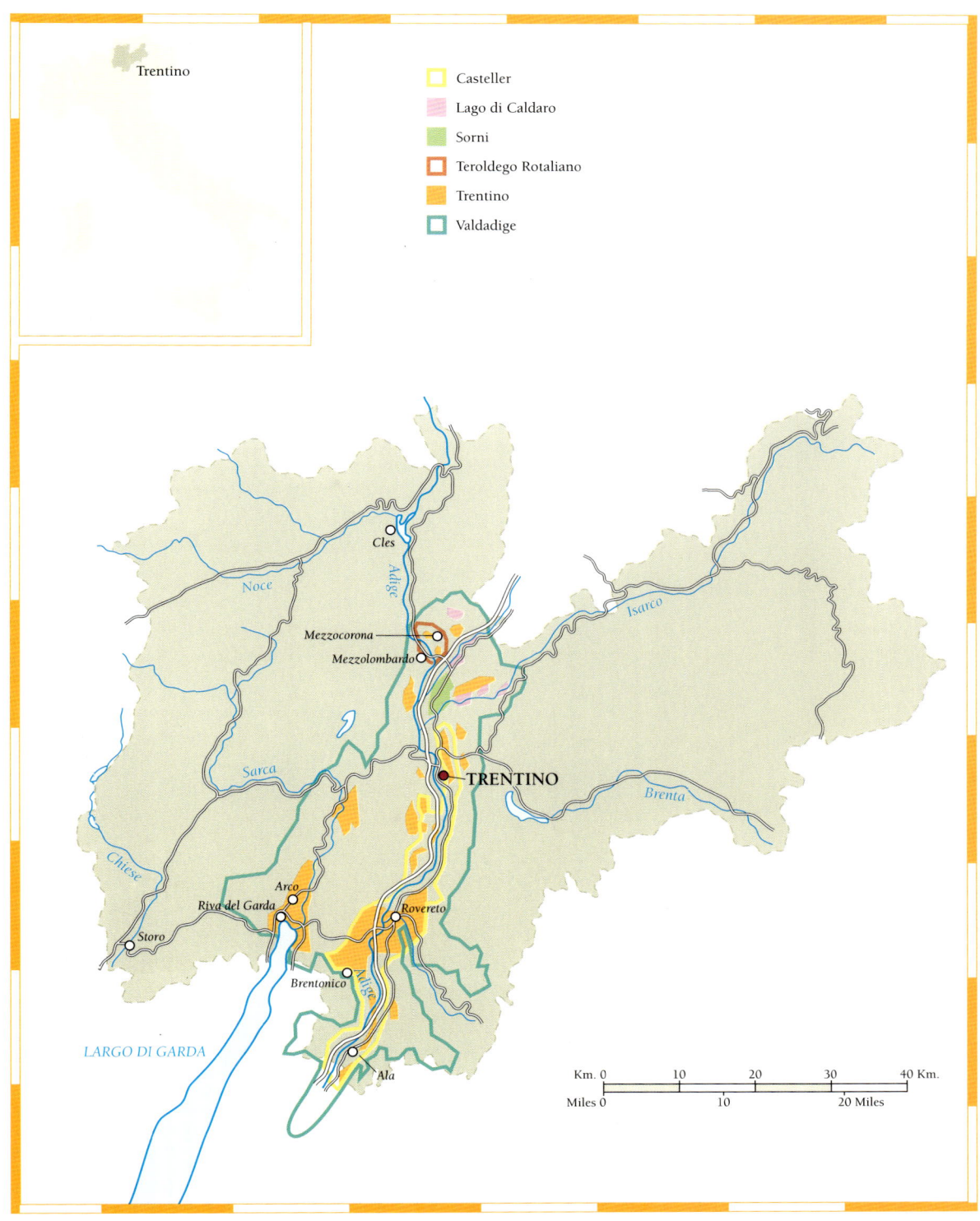

Trentino

Casteller
Lago di Caldaro
Sorni
Teroldego Rotaliano
Trentino
Valdadige

Cles

Noce

Adige

Isarco

Mezzocorona
Mezzolombardo

Sarca

TRENTINO

Brenta

Chiese

Arco
Riva del Garda
Storo
Rovereto

Brentonico
Adige

LARGO DI GARDA

Ala

Km. 0   10   20   30   40 Km.
Miles 0   10   20 Miles

Die Weißweine des Trentino sind zwar nicht so gefragt wie die Roten, aber Mauro Lunelli von Ferrari – hier vor der Villa Gentilotti – steht zu seinem Chardonnay.

Avio und Mezzolombardo das enge Flusstal entlang. Die Reben werden hier auf steil abfallenden Terrassen nach dem Trentiner Pergelsystem erzogen.

Einst war hier die Nosiola vorherrschend; diese weiße Rebsorte wurde jedoch zu Beginn des 20. Jahrhunderts von der Reblaus entdeckt und ist heute selten geworden. Die verbreitetste weiße Sorte ist mittlerweile Chardonnay; aus ihm wird Trentino Chardonnay oder Grundwein für DOC-Schaumweine in klassischer Flaschengärung – Trento Classico – gewonnen. Sie gehören zu den besten Schaumweinen Italiens und werden von bekannten Unternehmen wie Ferrari, Càvit oder MezzaCorona vermarktet.

Die übrigen Weißen, die fast zur Gänze aus der DOC Trentino stammen und über 60 Prozent der Gesamtproduktion von rund 700 000 Hektoliter ausmachen, sind größtenteils internationale Sorten wie Müller-Thurgau, Pinot Grigio oder Sauvignon Blanc. Traditionellere Weine wie Nosiola und Sorni haben sowohl als Rosso wie auch als Bianco überlebt. All diese Weine werden von Absolventen des Istituto in ausgezeichneter Qualität erzeugt.

Das Gros der Weinerzeugung im Trentino befindet sich heute in der Hand großer, moderner Genossenschaftskellereien wie Càvit, die solide, aber etwas schlichte Weine liefern. Ausnahmen wie der rote, außerhalb der DOC Trentino aus Teroldego-Trauben erzeugte DOC Teroldego Rotaliano bestätigen die Regel. Dieser bemerkenswert ausgewogene Wein mit seinem würzigen Duft ist der Beste der Region. Der rote Casteller – auch mit eigener DOC – wird aus Großvernatsch, Lambrusco und bis zu 20 Prozent Merlot, Lagrein und Teroldego erzeugt.

Boden, Klima und Anbaumethoden

Je nach Höhenlage, Besonnung der Weinberge und Ausrichtung der Täler gibt es eine Unzahl von – günstigen oder weniger günstigen – Mikroklimaten. Im südlichen Trentino am Nordufer des Gardasees herrscht Mittelmeerklima, die Bedingungen im hügeligen Mezzolombardo und Mezzocorona im Norden ähneln jenen an der Mosel. Hier gelangt selbst eine frühreife Sorte wie Chardonnay unter Umständen schwer zur Reife.

Einheitlicher präsentieren sich die Böden: Die Reben wachsen vornehmlich im Etschtal mit seinen stellenweise von Kalk durchbrochenen Sand- und Kiesböden. Fast überall findet man die Trentiner Pergola, in neu bestockten Weinbergen setzt sich jedoch immer mehr das Guyot-System durch – vor allem dort, wo es den Winzern um Wein von besonderer Qualität geht.

trug dazu bei, die durchschnittliche Qualität der Trentiner Weine auf das Niveau der Landesbesten anzuheben. Zugleich wurde die Entstehung der vielen einflussreichen regionalen Genossenschaftskellereien gefördert.

Weine und Weinbaugebiete

In weinbaulicher Hinsicht sind Trentino und Südtirol völlig verschieden. Trient ist spürbar vom benachbarten Veneto beeinflusst, der Großteil der Rebflächen liegt im Etschtal – mit Ausnahme des Anbaugebiets Isera, wo der duftige, mittelkräftige rote Marzemino beheimatet ist. Die übrigen Weinberge des Trentino ziehen sich zwischen

Wichtige Erzeuger

Tenuta San Leonardo, Avio (TN) Carlo Guerrieri Gonzaga ist vermutlich der beste Trentiner Interpret des Cabernet Sauvignon. Sein San Leonardo ist ein Gedicht – die besten Jahrgänge von raffinierter Eleganz und weicher Harmonie wie kaum ein anderer Trentiner Roter. Beeindruckend auch ein duftiger Merlot.

Maso Cantanghel, Civezzano (TN) Die moderne Kellerei des Weinbautalents Piero Zabini bietet sehr innovative, in kleinen Eichenfässern ausgebaute Weine. Erlesen sind Trentino Cabernet Rosso di Pila, Trentino Merlot Tajapreda und Trentino Pinot Nero Piero Zabini.

Pojer & Sandri, Faedo (TN) Seit zwanzig Jahren erzeugen Fiorentina Sandri und Mario Pojer exquisite Weine: Weiße wie den aromatischen, blumigen Traminer und den barriquegereiften Chardonnay Bianco Faye, aufstrebende Rote wie einen der besten Pinot Neros Italiens und den atemberaubenden Rosso Faye aus Cabernet, Merlot und Lagrein; dunkelrot mit einem Duft nach orientalischen Gewürzen und Marmelade, harmonisch und seidig im Geschmack.

Cantina d'Isera, Isera (TN) Kleine Genossenschaft mit technisch einwandfreien, preisgünstigen Weinen. Ihr duftiger roter Trentino Marzemino Etichetta Verde ist einer der Besten seiner Art.

De Tarczal, Isera (TN) Der berühmteste Marzemino: intensives Fruchtaroma, leicht und gut trinkbar.

Pravis, Lasino (TN) Vielleicht etwas schlichte, aber solide, persönliche und preiswerte Weine. Fruchtiger, sauberer weißer Trentino Nosiola Le Frate.

Cesconi, Lavis (TN) Die erfolgreiche kleine Kellerei von Paolo Cesconi und seinen Söhnen erzeugt technisch gelungene, innovative Weine, vor allem weiße. Exzellenter Sauvignon, Chardonnay und Pinot Bianco DOC.

La Vis, Lavis (TN) Vielleicht die beste Trentiner Großgenossenschaft. Sehr gut gemachte, moderne und innovative Weine. Am interessantesten ist der rote Ritratto aus Teroldego und Lagrein: intensives, komplexes Bukett von schwarzen Johannisbeeren und schwarzen Wildkirschen. Ebenfalls bemerkenswert: Trentino Cabernet Sauvignon Ritratti und Trentino Chardonnay.

MezzaCorona, Mezzocorona (TN) Große, renommierte Genossenschaft mit sehr modernen Schaumweinen, wohl bald größter Erzeuger von Trento Classico. Höhepunkt: Rotari Brut, ein Trento Classico von höchster Qualität.

Foradori, Mezzolombardo (TN) Seit Jahren erzeugt Elisabetta Foradori außergewöhnliche, elegante Rotweine, modern und innovativ, mit prächtiger Struktur. Teroldego Rotaliano Vigneto Sgarzon und Vigneto Morei sind die Besten ihrer Klasse, herausragend Granato, ebenfalls ein Teroldego.

Castel Noarna, Nogaredo (TN) Marco Zanis Familie übernahm Mitte der siebziger Jahre den Besitz – samt mittelalterlicher Burg – von den Grafen Lodron. Dank mutiger Modernisierung verlässliche Weißweine: duftiger Nosiola, Sauvignon Leverini und Chardonnay Campo Grande. Rote mit Tiefe und Körper, in guten Jahren elegant und kompakt. Exquisit: der frische, saubere Schiava Scalzavacca und Cabernet Romeo mit samtigen Tanninen. Alle Weine sind DOC Trentino oder Valdadige.

Càvit, Trento Ein Konsortium von Genossenschaftskellereien, das Wein aus Trauben von 6000 Winzern abfüllt und vermarktet, fast die Hälfte der regionalen Produktion. Aus dem Weinmeer erheben sich Größen wie Trento Classico Graal, ein herausragender Schaumwein aus Chardonnay.

Cesarini Sforza, Trento Kauft alle Trauben bei örtlichen Winzern. Graf Lamberto erzeugt im Jahr rund 1,2 Millionen Flaschen Schaumwein: großartigen Brut Riserva dei Conti mit aristokratischem Schaum und festem, harmonischem Geschmack; Brut mit lebhafter Säure; Blanc de Blancs Chardonnay mit Klasse und ausgewogenen Aromen.

Spumante Ferrari, Trento Angesehene Firma, 1902 von Spumante-Pionier Giulio Ferrari gegründet. Heute im Besitz der Brüder Lunelli. Erzeugt unter fünf Etiketten drei Millionen Flaschen im Jahr; das Paradestück ist Giulio Ferrari Riserva del Fondatore, ein ungemein komplexer und eleganter Jahrgangs-Blanc-de-Blancs. Außerdem Spumanti aus Chardonnay und Pinot Nero; Trento Brut, Jahrgangs-Trento Perlé, Maximum Brut und Trento Rosé; alle hervorragend.

Concilio Vini, Volano (TN) Hier zählt ganz entschieden die Größe, denn diese bekannte Großkellerei floriert dank glänzender Weine unter vier Etiketten. Am beachtlichsten sind Trentino Cabernet Sauvignon Riserva und Trentino Merlot Novaline Riserva.

Carlo Guerrieri Gonzaga: Sein San Leonardo wird als einer der elegantesten Rotweine Norditaliens gerühmt.

Südtirol – Alto Adige

Schon in der Eisenzeit erzeugte man in Rätien, dem heutigen Südtirol (Alto Adige), Wein. Als die Region von den Römern erobert wurde, fanden sie einen florierenden Weinbau vor. Plinius d. Ä. vermerkt, dass zur Reifung und Lagerung von Wein nicht die in Rom üblichen Amphoren, sondern hölzerne, mit Metallreifen zusammengehaltene Gefäße dienten: die ersten Fässer.

Im Frühmittelalter brachte der Weinbau Wohlstand in die Region. Benediktiner- und Dominikanermönche versorgten die Klöster Süddeutschlands mit Südtiroler Wein. Um das Jahr 800 hatte Südtirol unglaubliche 10000 Hektar Rebflächen – rund doppelt so viel wie heute.

Heute ist die Region – nicht nur für die Italiener – eines der interessantesten Anbaugebiete Italiens. Die meisten Südtiroler Weine werden auf den nicht nur geografisch, sondern auch sprachlich sehr nahen österreichischen, deutschen und schweizerischen Märkten gehandelt.

Weinberge bei Kurtatsch in der DOC Kalterersee/Caldaro. Die hiesigen leichten Weine aus der roten Vernatsch/Schiava schmecken nach Trauben und Mandeln.

Aus Gründen der Wirtschaftlichkeit entstanden viele kleine und mittlere Kellereigenossenschaften; sie können ausgezeichnete Weine vorweisen. Daneben gibt es einige beachtenswerte Privatkellereien.

Weine und Weinerzeugung

Die ziemlich kleine DOC Südtirol/Alto Adige umfasst die Flusstäler von Etsch und Eisack; hier werden etwa 80 Prozent der jährlichen DOC-Gesamtproduktion der Region von rund 600000 Hektoliter erzeugt.

Dass die Amtssprachen Südtirols sowohl Deutsch wie Italienisch sind, schlägt sich auch in der zweisprachigen Etikettierung seiner Weine nieder. Neben dem italienischen oder französischen Namen der Rebsorte scheint auch der deutsche auf, zum Beispiel Weißburgunder/Pinot Bianco, Ruländer/Pinot Grigio, Blauburgunder/Pinot Nero, Gewürztraminer/Traminer Aromatico, Lagrein Dunkel/Lagrein Scuro. Neben dem italienischen Ausdruck *Cantina Cooperativa* oder *Cantina Produttori* steht die deutsche Bezeichnung «Kellereigenossenschaft», und auch die Ortsnamen sind in beiden Sprachen angegeben: Girlan/Cornaiano, Tramin/Termeno, Kaltern/Caldaro, Kurtatsch/Cortaccia.

Der meistverbreitete Weißwein ist Weißburgunder, ihm folgen Riesling, Sauvignon, Ruländer und Gewürztraminer. Führend bei den Roten ist der allgegenwärtige Vernatsch (Schiava), ein köstlicher, leichter Rotwein, der fast zwei Drittel der Südtiroler Produktion ausmacht. Die DOC-Weine Kalterersee (Lago di Caldaro) und der in der Umgebung der Provinzhauptstadt Bozen erzeugte St. Magdalener (Santa Maddalena) sind edle Tropfen aus Schiava und Zusätzen einiger weniger anderer Sorten.

Auch Lagrein wird in der Bozener Gegend, insbesondere bei Gries, angebaut. Der gleichnamige Rotwein ähnelt dem Trentiner Teroldego. Interessant sind die sehr dunklen Riservas, die zu den körperreichsten und kraftvollsten Weinen der Region zählen.

Auch internationale Rebsorten – allen voran Pinot Nero, Cabernet Sauvignon und Merlot – sorgen für bedeutende Rotweine. Das Klima in Südtirol ist kontinental und somit ideal für diese nördlicheren Rebsorten. Neben der DOC Südtirol/Alto Adige bestehen weitere eigenständige DOC-Anbaugebiete wie Terlan/Terlano, Eisacktal/Valle Isarco und Vinschgau/Val Venosta. Wenn der Wein aus einem dieser Gebiete kommt, so scheint neben der regionalen DOC zusätzlich noch das spezifische Herkunftsgebiet auf. Zu den berühmtesten Weinen Südtirols zählen

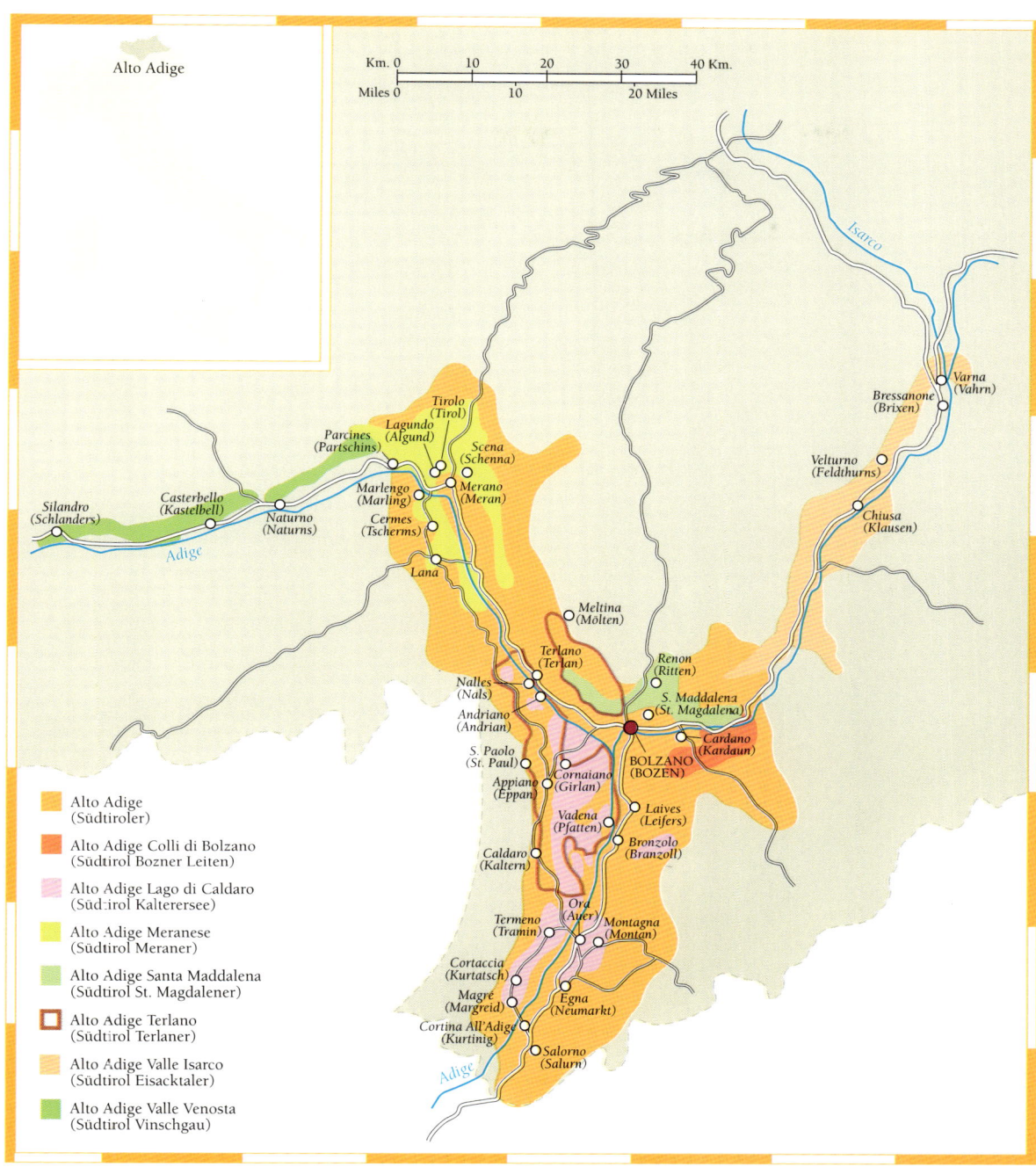

Alto Adige

Km. 0   10   20   30   40 Km.

Miles 0   10   20 Miles

Silandro
(Schlanders)

Casterbello
(Kastelbell)

Naturno
(Naturns)

Parcines
(Partschins)

Lagundo
(Algund)

Tirolo
(Tirol)

Scena
(Schenna)

Merano
(Meran)

Marlengo
(Marling)

Cermes
(Tscherms)

Lana

Adige

Meltina
(Mölten)

Terlano
(Terlan)

Nalles
(Nals)

Andriano
(Andrian)

S. Paolo
(St. Paul)

Appiano
(Eppan)

Cornaiano
(Girlan)

Caldaro
(Kaltern)

Vadena
(Pfatten)

BOLZANO
(BOZEN)

Cardano
(Kardaun)

S. Maddalena
(St. Magdalena)

Renon
(Ritten)

Laives
(Leifers)

Bronzolo
(Branzoll)

Ora
Auer

Termeno
(Tramin)

Montagna
(Montan)

Cortaccia
(Kurtatsch)

Magré
(Margreid)

Egna
(Neumarkt)

Cortina All'Adige
(Kurtinig)

Salorno
(Salurn)

Adige

Isarco

Varna
(Vahrn)

Bressanone
(Brixen)

Velturno
(Feldthurns)

Chiusa
(Klausen)

Alto Adige
(Südtiroler)

Alto Adige Colli di Bolzano
(Südtirol Bozner Leiten)

Alto Adige Lago di Caldaro
(Südtirol Kalterersee)

Alto Adige Meranese
(Südtirol Meraner)

Alto Adige Santa Maddalena
(Südtirol St. Magdalener)

Alto Adige Terlano
(Südtirol Terlaner)

Alto Adige Valle Isarco
(Südtirol Eisacktaler)

Alto Adige Valle Venosta
(Südtirol Vinschgau)

der Sylvaner und der Veltliner aus dem Eisacktal, der Weißburgunder aus dem Gebiet von Terlan sowie die großartigen Rieslinge aus dem Vinschgau.

Boden, Klima und Anbaumethoden

Über das gesamte obere Etschtal erstrecken sich die Weinberge. Die harten klimatischen Verhältnisse in den hoch gelegenen Alpenregionen weiter Teile Südtirols jedoch machen den Anbau von Reben in der übrigen Region fast unmöglich.

Der Anteil von Sand oder Kies im Boden ist zusammen mit der Besonnung ausschlaggebend dafür, für welche Rebsorte sich eine Lage eignet: Die meisten Weißen gedeihen prächtig auf den Kiesböden der kühleren Gebiete. Cabernet Sauvignon und Lagrein dagegen bevorzugen sandigere Böden in sonniger Lage.

Das meistverbreitete Erziehungssystem ist das Pergelsystem. Im Unterschied zum Trentino werden die Rebstöcke niedriger und in dichteren Reihen gehalten. Immer stärker setzt sich aber das klassische Guyot-System durch.

Herbstliche Weinberge oberhalb des Kalterersees. Südtirol ist in seinem Weinbau dem benachbarten Österreich sehr ähnlich.

Wichtige Erzeuger

Kellereigenossenschaft St. Michael-Eppan, Eppan/Appiano (BZ) Die Weine des kunstfertigen Kellermeisters Hans Terzer sind vor allem Weiße: Der ausgezeichnete, beinahe explosive Sauvignon St. Valentin mit seinem reichen, sortentypischen Bukett hat ungewöhnliche Ausgewogenheit und Energie. Beim barriquegereiften Chardonnay bleibt das Holz im Hintergrund; außerdem stilvoller Riesling Montiggl und exzellenter Weiß- und Grauburgunder.

Klosterkellerei Muri-Gries, Bozen/Bolzano Die Abtei Muri-Gries – eine ausgezeichnete Interpretin des heimischen Lagrein – bietet große Rotweine. Herausragend der Lagrein Riserva: dicht, wuchtig, leicht bitterer Nachgeschmack und intensiver Duft nach Heidelbeeren und schwarzen Johannisbeeren.

Kellereigenossenschaft Gries, Bozen Kellerei mit vorzüglichen Lagen und guten Anbaumethoden, verhalf dem Lagrein wieder zu Ehren. Beste Weine sind der in kleinen Holzfässern gereifte Lagrein Prestige und Lagrein Collection.

Kellereigenossenschaft St. Magdalena, Bozen Den Ruf der Kellerei begründete, wie zu erwarten, zunächst der rote St. Magdalener. Seit einigen Jahren wartet sie mit einem weiteren herausragenden Wein auf, einem Cabernet, der in dieser Region ohnedies schon ideale Bedingungen vorfindet – der Mumelterhof ist schlicht ein Traum. Die St. Magdalener (eine Basis-Version sowie die beiden Lagenweine Stieler und Huck am Bach) sind allesamt köstlich und angenehm zu trinken. Die barriquegereiften Lagreiner Taberhof und Perlhof sind ebenfalls vorzüglich.

Kellereigenossenschaft Kaltern, Kaltern/Caldaro (BZ) 1986 aus der Fusion dreier Kellereien hervorgegangen, gelang dieser Genossenschaft rasch der Aufstieg in Südtirol. Neben einer Reihe von Standard-Weinen werden erst-klassiger Cabernet Sauvignon Riserva, Cabernet Sauvignon Campaner Riserva, Gewürztraminer Campaner und Chardonnay Wadleith erzeugt.

Erste & Neue Kellereigenossenschaft, Kaltern (BZ) Bietet eine breite Palette Südtiroler Weine. Aus der wunderbaren Puntay-Linie kann besonders der Gewürztraminer punkten.

Kellereigenossenschaft Schreckbichl, Girlan/Cornaiano (BZ) Der Südtiroler «Weinprofessor» Luis Raifer leitet seit vielen Jahren die Kellerei, die als bester Genossenschaftsbetrieb der Region gilt. Großartig sind der Cabernet Sauvignon und Sauvignon vom Gut Lafoa, ebenfalls prächtig ist der rote Cornelius, eine Cuvée aus Cabernet und Merlot.

Kellereigenossenschaft Girlan, Girlan (BZ) Eine der traditionelleren Kellereien der Gegend. Bemerkenswerter Vernatsch aus der Lage Gschleier – unangefochtene Spitze in diesem Gebiet.

Kellereigenossenschaft Kurtatsch, Kurtatsch/Cortaccia (BZ) Die feinsten Gewächse dieser modernen, funktionalen Kellerei sind Cabernet Freienfeld und Merlot Brenntal, sehr moderne, in kleinen Fässern ausgebaute Weine von sagenhafter Eleganz.

Tiefenbrunner – Schlosskellerei Turmhof, Kurtatsch (BZ) Traditionsreiche Kellerei, spezialisierte sich jüngst auf raffinierte, aromatische Weißweine. Ihr Bester, «Feldmarschall», stammt hauptsächlich von Müller-Thurgau-Trauben, die in beinahe 1000 Meter Seehöhe angebaut werden.

Alois Lageder, Margreid/Magrè (BZ) Alois Lageder leitet das 1885 gegründete Familienweingut mit Umsicht und Leidenschaft. Die Trauben der führenden Weine kommen von den Gütern Löwengang, Römigberg und Lindenburg. Die Lagenweine sind durchwegs hervorragend, vom Terlaner Sauvignon Lehenhof bis zum Chardonnay und

Cabernet Löwengang sowie Pinot Bianco Haberlerhof. Lageder verhalf selbst unterschätzten Weinen wie dem Kalterersee zum Erfolg.

Franz Haas, Montan/Montagna (BZ)
Im 19. Jahrhundert gegründetes Weingut mit zehn Hektar Reben – Chardonnay, Weißburgunder, Riesling, Gewürztraminer, Lagrein und Blauburgunder. Der wunderbar harmonische Rosenmuskateller ist einer von Haas' erfolgreichsten Weinen, knapp gefolgt vom Gewürztraminer, der mehr durch aromatische Finesse und edlen Geschmack als durch konzentrierte Stärke besticht.

Schlosskellerei Schwanburg, Nals/Nalles (BZ) Traditionsreiche Kellerei im Besitz von Dieter Rudolph, dem Spross eines alten Adelsgeschlechts. Breite Palette an Weinen; Aushängeschild ist der Castel Schwanburg, ein milder, samtiger Cabernet Riserva, möglicherweise der einzige bedeutende Rotwein der Region mit Geschichte.

Falkenstein, Naturns/Naturno (BZ) Aufstrebende Kellerei, auf über 600 Meter Seehöhe im Vinschgau im Nordwesten der Region gelegen. Zwei exzellente Weißweine: Der Riesling kommt an seine deutschen Vorbilder und an Italiens Weißwein-Crème heran, auch dem faszinierenden Weißburgunder fehlt nicht mehr viel zur Spitze.

Kellereigenossenschaft Terlan, Terlan/Terlano (BZ) Wichtigstes Weingut in Terlan, vor allem für Weißweine mit großem Alterungspotenzial bekannt. Der hoch aromatische Weißburgunder wird zu Recht bejubelt, der intensive Lagrein und der stark aromatische Gewürztraminer passen gut ins Team.

Kellereigenossenschaft Tramin, Tramin/Termeno (BZ) Vielleicht die prominenteste Kellerei im Süden der Region – und das mit steigender Qualität. Der Gewürztraminer Nussbaumerhof und der Cabernet Terminum sind wahre Prachtexemplare.

Poderi Castel Ringberg & Kastelaz, Elena Walch, Tramin (BZ) Elena Walch sorgte in den letzten Jahren in deutschen und italienischen Weinzeitschriften für Schlagzeilen. Ihre Weine zählen zu den besten Südtirols – allen voran der großartige Gewürztraminer Kastelaz aus Trauben extrem steiler Lagen mit seinem eleganten, aromatischen Bukett. Der ausgezeichnete Cabernet Sauvignon Riserva geizt nicht mit seinen Reizen. Für einen so weit nördlich gewachsenen Wein hat er in guten Jahren eine ungewöhnliche Struktur.

Hofstätter, Tramin (BZ) Pinot Nero fügt sich nicht ohne weiteres in Italiens Sortenspiegel. Die Ausnahme von der Regel beweist Martin Foradori, der energische Besitzer der Kellerei, mit seinem Pinot Nero Sant'Urbano – dem Besten je aus italienischen Reben gekelterten (wozu wohl auch die «Aufrüstung» im Keller verhalf). Auch exzellenter Gewürztraminer Kolbenhof, einer der interessantesten der Region.

Laimburg, Pfatten, Auer/Vadena (BZ) Das landwirtschaftliche Versuchszentrum Laimburg bildet seit Jahrzehnten fachkundige Önologen aus. Die Schule hat auch eine hervorragende Kellerei, die neben vorzüglichen Weißen – herausragendem Gewürztraminer oder stilvollem Riesling – auch gefällige Rote erzeugt. Die Kalterersee-Auslese Ölleiterhof hat große Wucht und trinkt sich sehr leicht. Der Cabernet ist ein schönes und solides Erzeugnis.

Stiftskellerei Neustift, Vahrn/Varna (BZ) Seit 800 Jahren keltern die Augustiner Chorherren hier in Italiens nördlichstem Anbaugebiet Wein aus den rund um das Stift angebauten Rebsorten Sylvaner, Müller-Thurgau und Grüner Veltliner. Die Weine sind aromatisch und aristokratisch, wie etwa der Sylvaner, der im Eisacktal prächtig gedeiht. Aus weiter südlich gelegenen Weinbergen kommen die Trauben für den großartigen Sauvignon und den aromatischen Rosenmuskateller.

Alois Lageder produziert in seiner einflussreichen Südtiroler Kellerei DOC-Chardonnay und -Cabernet sowie eine Unmenge von Lagenweinen.

Friaul-Julisch-Venetien

Die ersten Weinbauern in Friaul waren die Eneter, ein altes italisches Volk, das vermutlich schon im 12. oder 13. Jahrhundert v. Chr. Wein anbaute. Jedenfalls konnten sich Veneter und Kelten, die sich im 6. Jahrhundert hier ansiedelten, bereits am Wein erfreuen. Die italienische Bezeichnung «Friuli» kommt vom römischen Namen des heutigen Cividale, Forum Julii. Raubzüge und Eroberungen prägten das Gebiet an der Schnittstelle zwischen Norden und Süden Europas, zwischen romanischer und slawischer Kultur. Seine Bewohner erzeugten in den Ebenen um Aquileia vorzüglichen Wein. Ihre Flucht vor den Hunnen auf die Laguneninseln im 5. Jahrhundert n. Chr. führte zur Gründung von Venedig.

Der antike Karstwein Pucinum – vermutlich der heutige Prosecco – war im ganzen römischen Imperium berühmt. Ob Goten, Byzantiner oder Lombarden – alle, die auf ihren Eroberungszügen durch Friaul kamen, priesen die exzellenten Weine dieser Region. Die Weinberge waren von Bäumen – meist Ulmen – durchsetzt, die nach etruskischer Manier den Reben als lebende Stützen dienten. Ausschließlich den Reben vorbehaltene Anbauflächen brachten erst die Mönche des Mittelalters auf. Der Mischanbau wurde nach und nach aufgegeben.

Ehe Friaul an Österreich-Ungarn fiel (dessen Teil es bis 1919 blieb), gehörte es zur Republik Venedig; hier wurde der Weinbau besonders gefördert. Die wechselvolle Geschichte prägt noch heute das önologische Erbe in Friaul.

Weine und Weinerzeugung

Friaul bringt im Jahr über eine Million Hektoliter Wein hervor. Es ist eine der renommiertesten Weinbauregionen Italiens und verdankt seinen guten Ruf vor allem seinen modernen Weißweinen.

Das bedeutendste Anbaugebiet zieht sich die slowenische Grenze entlang und umfasst die DOCs Collio Goriziano im Süden und Colli Orientali del Friuli in der Provinz Udine. Der Iudrio trennte einst das Königreich Italien von der österreichisch-ungarischen Monarchie und bildet heute die Grenze zwischen den beiden Gebieten, die starke Ähnlichkeiten aufweisen: vorwiegend Hügelland, in dem Kreidemergel mit Sandstein wechselt – beides sind sehr wasserdurchlässige Bodenarten.

In der Mitte der Region erstreckt sich die weite Schwemmlandebene von Grave mit ihren über die Jahrtausende von den Flüssen Isonzo und Tagliamento angespülten Ablagerungen. Hier schließt die DOC Friuli Grave an die im Veneto liegenden Anbaugebiete Piave und Lison-Pramaggiore an.

Die ebenen Böden zwischen Grave und dem Hügelland sind für rote Rebsorten besonders geeignet. Hier liegt das Anbaugebiet Isonzo, das seit seiner Erhebung zur DOC einen deutlichen Aufwärtstrend erlebt. Östlich davon erheben sich zwischen Görz und Triest die verkarsteten Hügel der winzigen DOC Carso. Im Süden liegen die Gebiete Friuli Aquileia, Friuli Latisana und die ganz junge DOC Friuli Annia.

Obwohl sich die acht friaulischen DOCs deutlich voneinander unterscheiden, trägt jede als «Präfix» die Region «Friuli» im Namen. Auf die Zusammengehörigkeit der einzelnen Gebiete wird großer Wert gelegt.

Boden, Klima und Anbaumethoden

Die Bergketten im Norden und Osten Friauls gehören zu den Karnischen und Julischen Alpen. Die Mitte der Region besteht aus hoch durchlässigem Alluvium; nördlich davon lagerten sich aus verwitterten Felsmassen entstandene Schotter und Kiesel ab, die typisch für die Böden von Grave del Friuli sind. Die wasserdurchlässigen Böden der

Weingärten bei San Floriano am Nordrand des Collio, gleich an der Grenze zu Slowenien.

Colli Orientali und des Collio bestehen aus Sandstein, Mergel, Lehm und Muschelkalk und bieten den Rebstöcken einen idealen Untergrund. Der Anbau in den niedrig gelegenen Gebieten Latisana, Annia, Aquileia und dem zu Friaul gehörenden Teil der DOC Lison-Pramaggiore erinnert an das Veneto. Die Böden sind nicht allzu dicht bepflanzt, dennoch sorgt die Sylvoz-Erziehung für ziemlich hohe Erträge. Die Pflanzdichte in den Colli Orientali ist hingegen recht hoch. Die Rebstöcke werden nach dem Guyot-System beziehungsweise nach der davon abgeleiteten Capuccina-Form erzogen und werfen dementsprechend niedrige Erträge ab.

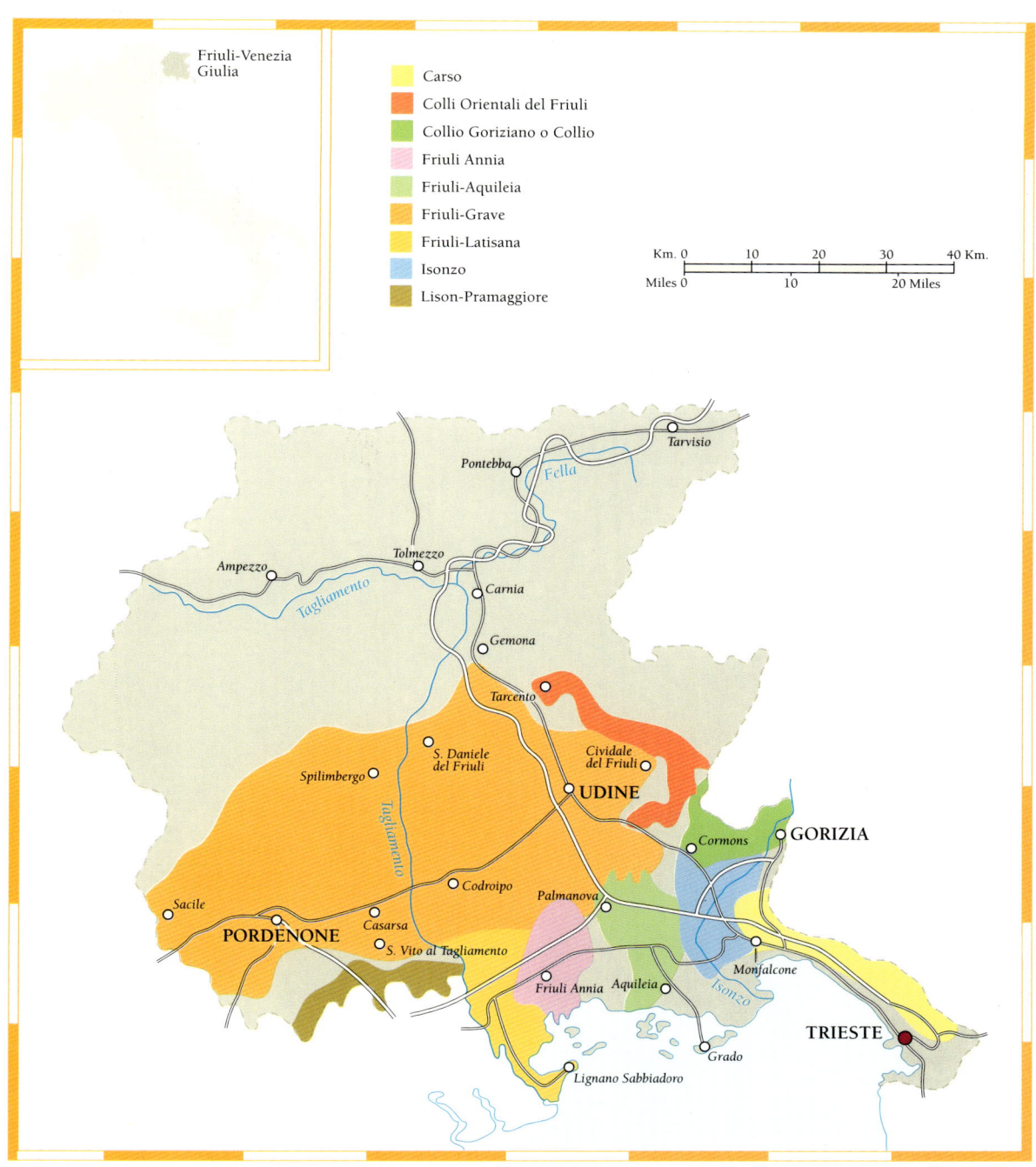

Friuli-Venezia Giulia

Carso
Colli Orientali del Friuli
Collio Goriziano o Collio
Friuli Annia
Friuli-Aquileia
Friuli-Grave
Friuli-Latisana
Isonzo
Lison-Pramaggiore

Km. 0   10   20   30   40 Km.
Miles 0   10   20 Miles

Collio Goriziano

Erzeugern wie Mario Schiopetto, Silvio Jermann, Marco Felluga, Josko Gravner und Vittorio Puiatti verdankt das Collio seinen Ruf als möglicherweise berühmteste Weißweinregion Italiens sowie als mutmaßliche Geburtsstätte des modernen italienischen Weißweins. Dieser erblickte Ende der sechziger Jahre das Licht der Welt, als die Gärung des Mosts ohne Kontakt mit den Schalen neue Weine erbrachte. Schon durch ihre strohgelbe Farbe hoben diese sich von dem Orangeton ab, der zur damaligen Zeit noch typisch für italienischen Weißwein war.

Weine und Weinbaugebiete

Das Gebiet an der Grenze zu Slowenien umfasst die Stadt Görz im Norden, Dolegna del Collio und die Ufer des Iudrio. Die Palette der Weine ist breit gefächert. Die körperreichen, kraftvollen Weißweine heben sich deutlich vom Gros der leichten weißen Aperitifweine ab. Das edelste Gewächs ist Tocai Friulano; besonders gelungene Exemplare kommen aus San Floriano, Capriva und Cormòns. Um Verwechslungen zwischen dem – nach der gleichnamigen Rebsorte benannten – Tocai von Friaul und Collio einerseits und dem weitgehend aus Furmint gekelterten Wein aus dem ungarischen Tokaj andererseits künftig zu vermeiden, entschied der Internationale Gerichtshof, dass Italien für seinen friaulischen Tocai bis zum Jahr 2007 einen anderen Namen finden muss.

Weitere wichtige Weißweine dieses Gebiets sind Pinot Bianco, Sauvignon Blanc, Chardonnay, Pinot Grigio, Malvasia Istriana und Ribolla Gialla, durchwegs wunderschön strukturiert. Am meisten Charakter und Säure weist Ribolla auf, Chardonnay dagegen ist besonders körperreich und intensiv.

Herausragend unter den Rotweinen der Region sind Merlot und Cabernet Franc. Beide Sorten gelten als einheimisch – und wer sich erdreisten sollte, offen über ihre mögliche französische Herkunft zu spekulieren, könnte freundlich, aber bestimmt des Lokals verwiesen werden. Immer häufiger anzutreffen sind auch Collio Bianco – aus Ribolla, Malvasia und Tocai – und Collio Rosso aus Merlot und Cabernet Franc.

Eine Mischung aus adriatischem und alpinem Klima begünstigt die Arbeit der Collio-Erzeuger.

Wichtige Erzeuger

Castello di Spessa, Capriva del Friuli (GO) Großartige Kellerei inmitten des 25 Hektar umfassenden Weinguts. An der Spitze von Loretto Palis hervorragendem Angebot von Weinen des Collio steht der Pinot Bianco.

Russiz Superiore, Capriva del Friuli (GO) Einst im Besitz der Grafen Orzoni, heute wohnen hier Marco Felluga und seine Tochter Patrizia. Collio Rosso Riserva degli Orzoni ist besonders zu empfehlen.

Mario Schiopetto, Capriva del Friuli (GO) Der Meister des friaulischen Weins. In den frühen Siebzigern begann mit Schiopettos ersten Weinen – innovativen Spielarten von Tocai und Malvasia Istriana – der Aufstieg der Weißen von Friaul. Seinen kellertechnischen Wundertaten eiferte so mancher nach, aber wenigen gelang mit ihren Weinen die konzentrierte Verkörperung der Region so wie ihm. Seine Weine baut er gewöhnlich im Stahltank aus, setzt aber auch mit Erfolg neue Eichenbarriques ein. Sein Tocai Friulano im Stil eines Mosel-Rieslings ist hoch konzentriert und stilistisch völlig rein, sein Pinot Bianco wohl der beste Italiens. Und das ist nur eine kleine Auswahl seiner feinen Gewächse – nicht übel für einen, der per Zufall zum Weinbau fand.

Villa Russiz, Capriva del Friuli (GO) Gianni Menotti, Leiter und Kellermeister des Weinguts, bringt Wesen und Zauber der Weine des Collio in seinen großen Weißen – allen voran der Sauvignon de La Tour mit seiner erstaunlichen Struktur – und in seinen warmen, intensiven Roten wie dem Merlot Graf de La Tour zum Ausdruck .

Ronco dei Tassi, Cormons (GO) Fabio Cosers erstklassige Collio-Weine reichen vom Pinot Grigio bis zum Collio Rosso Cjarandon. Einsame Spitze ist der elegante, in neuem Holz gereifte Collio Bianco Fosarin.

Venica & Venica, Dolegna del Collio (GO) Erzeugen seit Jahren hervorragende Collio-Weine. Ihr Geheimnis sind perfekte Lagen (Nordwest) und größte Sorgfalt bei der Weinerzeugung. Der Sauvignon Ronco delle Mele ist stilvoll und aromatisch, der Pinot Bianco elegant und von komplexem Geschmack.

Borgo Conventi, Farra D'Isonzo (GO) Gianni Vescovos über Friaul verteilte Weinberge und -güter erbringen durchgängig gute Weine. Spitzenmarke ist Borgo Conventi; beachtlich die rote Cuvée Braida Nuova im Bordeaux-Stil, eine kraftvolle Verbindung von reizvoller Frucht und robusten Tanninen.

Vinnaioli Jermann, Farra D'Isonzo (GO) Silvio Jermanns Vintage Tunina ist einer der populärsten Weine der letzten Jahrzehnte und fasziniert seit zwanzig Jahren als Inbegriff eines friaulischen Weißen. Jermanns Geniestreich bestand im Verschnitt von Chardonnay und Sauvignon mit geringen Mengen Malvasia Istriana und Ribolla Gialla sowie Tocai, Pinot Bianco und Picolit – unerreicht blumige, fruchtige Aromen, erstaunlich langlebig. Jermanns herausragende Weiße, im Stahltank oder in neuen Eichenbarriques ausgebaut, tragen oft blumige Namen wie «Red Angel on the Moonlight» oder «Where the Dreams have no Ends – Now it is just Wine».

Josko Gravner, Gorizia Einer der berühmtesten Erzeuger und leidenschaftlichsten Neuerer. Das Wetter spielte ihm in den letzten Jahren übel mit, dennoch bleibt er ein Fixstern am lokalen Himmel. Sein Streben nach klassischeren Weinen führte ihn vom Stahltank über neues Holz zur Tonamphore und schließlich zurück zum Holzfass.

La Castellada, Gorizia Giorgio und Nicolò Bensa schwimmen gegen den lokalen Strom. Nach dem Motto «Weniger ist mehr» bieten sie nur drei Etiketten, aber alle von höchster Qualität: Bianco della Castellada, Rosso della Castellada und Ribolla Gialla.

Conti Formentini, San Floriano del Collio (GO) Gegründet 1520, gehört heute zu Gruppo Italiano Vini, gutes Angebot typischer Collios. Empfehlenswert: Chardonnay Torre di Tramontana.

Livon, San Giovanni al Natisone (UD) Tonino und Valneo Livon erzeugen heute mit dem Önologen Rinaldo Stocco hoch qualitative Weine – Ergebnis jahrelanger Versuche und Forschungen. Ein fruchtiges Maul voll ist der Sauvignon Valbuins. Der weiße Braide Alte hat sich den jüngst gezollten Beifall der Kritik redlich verdient.

Das Collio Goriziano ist bekannt für seine raffinierten, eleganten Weißweine, unter anderem aus Sauvignon Blanc, Tocai Friulano, Pinot Bianco und Pinot Grigio.

Colli Orientali del Friuli

Was die Größe betrifft, mögen die Colli Orientali ein zweitrangiges Gebiet sein – in qualitativer Hinsicht zählen sie jedoch zu den erstklassigen. Auf den kalkhaltigen Lehmböden wachsen dieselben Sorten wie im Collio Goriziano, und das mit vergleichbaren Ergebnissen. In den zwei Teilgebieten Cialla und Rosazzo haben jedoch einige Besonderheiten überdauert: in Cialla die weißen Sorten Verduzzo, Picolit und Ribolla Gialla sowie die roten Sorten Refosco und Schioppettino; bei Rosazzo denkt man an Ribolla Gialla, die vermutlich vor über tausend Jahren aus den Weingärten des Klosters Rosazzo hervorging. Aus dem nördlich gelegenen Teilgebiet Ramandolo stammt der berühmte weiße Süßwein Verduzzo di Ramandolo.

Picolit ist einer der teuersten und berühmtesten italienischen Süßweine und in diesem Gebiet ebenfalls legendenumwoben. Im 18. Jahrhundert schwärmte Graf Asquini, ein adeliger Großgrundbesitzer aus dem Osten Friauls, als einer der Ersten von der Größe des Picolit. Er vertrat die nicht ganz unvoreingenommene Ansicht, sein eigener Piccolitto passito sei als einziger Wein der Gegend mit ungarischem Tokajer zu vergleichen.

In den siebziger Jahren gab es nur noch vereinzelte Picolit-Rebstöcke in den Weingärten von Rocca Bernarda. Weinbauern und -erzeuger waren von der schwer zu kultivierenden Sorte abgekommen: Zu niedrig waren die Erträge dieser Sorte, die stark zum Verrieseln neigt, einer seltsamen Krankheit, bei der infolge mangelhafter Befruchtung der Blüten jede Traube nur eine winzige Menge – wenn auch wunderbar süßer – Beeren ergibt. Nur die Aristokratenfamilie Perusini erzeugte weiterhin Wein aus diesen fluchbeladenen Trauben.

Heute beherrscht Picolit einmal mehr das gesamte Gebiet der Colli Orientali – und wurde 1979 endlich mit der DOC ausgezeichnet. Manche Winzer bauen den Wein in kleinen Fässern aus, andere im Stahltank. Aufgrund der niedrigen Erträge und der verschiedenen Vinifizierungsstile kann man nicht ohne weiteres von einem bestimmten Typ von Picolit sprechen.

Blick Richtung Rosazzo im Süden der Colli Orientali del Friuli. Aus diesem Gebiet kommen die besten Weißweine Friauls sowie mehrere erfreuliche Rotweine.

Wichtige Erzeuger

Girolamo Dorigo, Buttrio (UD) Girolamo Dorigo macht das Beste aus dem Terroir. Tadellose Weine vom ausgezeichneten Sauvignon Blanc bis zum herausragenden Rosso Montsclapade.

Miani, Buttrio (UD) Enzo Pontoni verkörpert das romantische Winzerideal – seine Anbaumethoden könnten einen Wirtschaftsprüfer zur Verzweiflung treiben. Seine streng überwachten, extrem ertragsschwachen Reben ergeben ungemein kraftvolle, komplexe Weißweine, die zu den Besten Italiens zählen.

Paolo Rodaro, Cividale del Friuli (UD) Vorzügliche Beispiele von Paolo Rodaros lagentypischen Weinen sind Tocai Friulano, Verduzzo und Sauvignon Blanc.

Livio Felluga, Cormons (GO) Als der friaulische Patriarch Livio Felluga 1956 seine Kellerei gründete, kaufte er gleich einige der besten Lagen von Colli Orientali und Collio. Modernste Technologie, gepaart mit Fellugas Philosophie, ergibt technisch untadelige Weine mit Persönlichkeit und Treue zu Tradition und Lage. Tocai, Pinot Bianco und Grigio sind seine Dauerbrenner, faszinierend der Sauvignon Blanc.

Livio war auch die treibende Kraft hinter dem Comeback des Picolit, mit dem er wunderbar gelegene drei Hektar inmitten der historischen Lage Rosazzo bepflanzt. Einer seiner faszinierendsten Weine, Terre Alte aus Tocai, Sauvignon und Pinot Bianco, ist der Inbegriff der großen Weißen Friauls.

Walter Filiputti, Manzano (UD) Wunderbarer Tafelwein aus den Reben von Abbazia di Rosazzo. Hervorragender Pignolo und Ribolla Gialla; Letzterer ist ein Musterbeispiel für Harmonie.

Ronchi di Manzano, Manzano (UD) Das Geheimnis von Roberta Borgheses Erfolg sind jahrelange harte Arbeit in Weinberg und Kellerei. Ihr Merlot Ronc di Subule – intensiv und konzentriert,

mit Beerenaroma, warm und kraftvoll am Gaumen – ist einer der besten friaulischen Roten der letzten Jahre.

Ronco dei Roseti – Zamò, Manzano (UD) Von den Zamòs stammen einige der besten friaulischen Roten und Weißen, etwa Ronco dei Roseti – im Bordeaux-Stil gekeltert, mit Zusätzen lokaler Sorten – oder Ronco delle Acacie aus Chardonnay, Tocai und Pinot Bianco.

Ronco delle Betulle, Manzano (UD) Ivana Adami besitzt einige der besten Lagen von Rosazzo im Herzen der Colli Orientali und erzeugt bemerkenswerte Weine wie den roten Narciso.

Zamò & Zamò, Manzano (UD) Aus den bis zu fünfzig Jahre alten Weinbergen des Familienbetriebs der Brüder Pierluigi und Silvano kommen außergewöhnliche Weine, hoch konzentriert und komplex, wie zum Beispiel der Tocai und Merlot Vigne Cinquant'Anni.

Rocca Bernarda, Premariacco (UD) Die 40 Hektar dieses legendären friaulischen Weinguts erstrecken sich über sonnendurchwärmte Hügel. Heute sind sie im Besitz des Malteserordens. Marco Zulianis Weine – mit Schwerpunkt auf dem Picolit – werden von Jahr zu Jahr besser.

La Viarte, Prepotto (UD) Erfahrung und Fleiß verhelfen Franco Ceschin und seinem Sohn Giulio zu einigen der faszinierendsten Weißweine der Colli Orientali, etwa dem legendären Bianco Liende aus Tocai, Pinot Bianco, Sauvignon Blanc, Riesling und Ribolla Gialla.

Ronco del Gnemiz, San Giovanni al Natisone (UD) Serena und Gabriele Palazzolo sind enthusiastische Weinliebhaber, zudem Perfektionisten. Ihr exzellenter Chardonnay und Schioppettino sowie der herausragende Rosso del Gnemiz (Cabernet/Merlot) haben Maßstäbe gesetzt.

Livio Felluga im Keller seiner 1956 gegründeten Kellerei. Er erzeugt einige der besten Weine Friauls und war maßgeblich beteiligt an der Einrichtung des Teilgebiets Rosazzo.

Isonzo, Grave, Latisana, Aquileia, Annia und Carso

Keller der Tenuta Beltrame in einem restaurierten Bauernhof; in Kellern dieses Stils wurde der moderne Weißwein Friauls geboren.

Das relativ kleine Gebiet Isonzo besteht aus den Gemeinden Mariano del Friuli, San Lorenzo Isontino und Gradisca d'Isonzo. An der vorzüglichen Qualität der Weine haben mehrere Erzeuger ihren Anteil, unter ihnen Pierpaolo Pecorari und Gianfranco Gallo von Vie di Romans. Ihr Chardonnay und Sauvignon gehören zu den Besten der Region; beeindruckend auch ihre vorwiegend aus Merlot gekelterten Rotweine. Traditioneller sind Malvasia Istriana, Tocai Friulano und Pinot Bianco, gefällige Weißweine, die die Risotti und Brodetti der «Lagunenküche» von Grado perfekt ergänzen.

Die DOC-Weine der niedriger gelegenen Gebiete Friuli Grave, Friuli Latisana, Friuli Aquileia und Friuli Annia stammen aus ähnlichen Rebsorten wie die oben genannten. Die Weine haben allerdings weniger Struktur und

Körper. Einige Rote nehmen es jedoch in Klasse und Konzentration mit der Konkurrenz aus den Hügeln auf; aus dicht bepflanzten Weingärten kommt durchaus anständiger, in kleinen Fässern aus französischer Eiche ausgebauter Merlot, Cabernet und nicht zuletzt Refosco.

In der DOC Carso würde man einem durstigen Reisenden höchstwahrscheinlich ein Glas Terrano anbieten. Dieser urwüchsige Rotwein genießt bei der Triester Bevölkerung Kultstatus. Er stammt von den gleichnamigen Trauben und ist eng mit Refosco verwandt, der in sehr tief liegenden Weingärten am Rand der Dolinen des Karstgebiets angebaut wird. Die Lese ist Schwerstarbeit. Weitere interessante Reben sind die für dieses Gebiet charakteristische Malvasia Istriana sowie die ebenfalls weiße, vermutlich im nahen Dalmatien heimische Vitovska.

Wichtige Erzeuger

Tenuta Beltrame, Bagnària Arsa (UD)
25 Hektar Rebflächen im Herzen der DOC Aquileia. Berühmt für exzellenten Pinot Bianco und Sauvignon.

Ca' Bolani, Cervignano del Friuli (UD)
Seit den siebziger Jahren im Besitz der Familie Zonin, heute einer der wichtigsten Erzeuger der DOC Aquileia. Unter den vielen, durchwegs ausgezeichneten Weinen sticht besonders der duftige Aquileia Sauvignon hervor.

Borgo San Daniele, Cormons (GO) Die dynamische Kellerei, die auch Lagen im Collio besitzt, beweist, dass Isonzo im Kommen ist. Herausragend der Isonzo Tocai Friulano, mild und strukturiert mit langem Abgang.

Ronco del Gelso, Cormons (GO) Giorgio Badin ist Perfektionist und hat seit Jahren beim friaulischen Wein die Nase vorn. Sein Merlot und sein Tocai Friulano dell'Isonzo gehören zu den besten reinsortigen Weinen der Region.

Edi Kante, Duino-Aurisina (TS) Tief im Karst erzeugt Edi Kante mit viel Liebe Glanzstücke wie den Terrano und Weißweine wie Sauvignon und Vitovska.

Vie di Romans, Mariano del Friuli (GO) Der Name Gallo kann im internationalen Weinhandel von Nachteil sein – das erfuhr Gianfranco Gallo, als ihn die kalifornischen Megaproduzenten E&J Gallo gerichtlich zwangen, sein Familienweingut in «Vie di Romans» umzubenennen.

Aber Gianfranco Gallos Isonzo-Weine haben internationales Format und leiteten in den achtziger Jahren den Aufschwung in der Region ein. Auf dem kargen, steinigen, kalkhaltigen Boden zieht Gallo einige der interessantesten Sauvignons Italiens, etwa den Piere mit seinem Bukett nach Ziegenkäse und Holunder, den Vieris sowie wunderbaren Chardonnay und Merlot. Flors di Uis, das jüngste Meisterwerk dieses önologischen Tausendsassas, ist eine

höchst faszinierende Cuvée aus Malvasia, Chardonnay und Riesling, ungemein vielschichtig und strukturiert – ein vollendeter Stil aus Friaul.

Tenuta di Blasig, Ronchi dei Legionari (GO) Zu Elisabetta Bortolotto Sarcinellis Weingut im Isonzo gehören zehn Hektar Spitzenlagen. Chardonnay und Falconetto (aus Chardonnay und Malvasia) sind erstklassig.

Castelvecchio, Sagrado (GO) Weine erster Güte wie Carso Cabernet Sauvignon und Carso Rosso Turmino aus den Trauben von Terrano und Cabernet.

Der Erfolg liegt zu einem guten Teil an den erstklassigen Kellereimethoden.

Lis Neris – Pecorari, San Lorenzo Isontino (GO) Bei den Pecoraris findet der Isonzo seinen Ausdruck, ihre Weine zählen zu den interessantesten der Region, etwa der elegante und strukturierte reinsortige Isonzo Sauvignon Dom Picòl.

Pierpaolo Pecorari, San Lorenzo Isontino (GO) Isonzo ist ideal für Sauvignon Blanc – das beweist der Sauvignon Kolàus des famosen Pierpaolo Pecorari, ein konzentrierter, öliger und ungemein aromatischer Wein.

Die Weinberge des Guts Borgo San Daniele liegen in den DOCs Collio und Isonzo. Auf der Suche nach Neuem und Besserem fanden sich internationale Stile.

Adriatischer Apennin

Im Nordosten Italiens scheint man den richtigen Riecher für neue Tendenzen in der Welt des Weinbaus zu haben. Die südlich davon gelegenen Regionen Emilia-Romagna, Marken, Abruzzen und Molise dagegen verfolgen eine konservativere Strategie. Zusammen fährt diese «Flotte» einen beachtlichen Anteil der Produktion Italiens ein: Der Flugzeugträger Emilia-Romagna, das Schlachtschiff Abruzzen, der Kreuzer Marken und das Beiboot Molise erzeugten selbst in den verregneten Erntejahren 1998 und 1999 mehr als 20 Prozent des italienischen Weins.

Trotz tief verwurzelter Traditionen findet bei den Erzeugern aus dem Adriatischen Apennin derzeit ein Umdenken in Richtung Qualitätswein statt. Jahrzehnte-, manchmal jahrhundertelange Ausrichtung auf hohe Erträge sowie Produktionsmethoden, die sich vor allem an Kosten-Nutzen-Faktoren orientierten, machen das Ja zur Qualität zu keiner leichten Entscheidung. Die Umstrukturierung von Weinbergen und Kellereien ist ein langwieriger Prozess. «Quantität» war hier bislang das Zauberwort, so dass niemand ernsthaft erwog, etwa kleinere Fässer anzuschaffen. Tausende Hektoliter annehmbaren, gleichförmigen Weins gelten in der Emilia-Romagna immer noch als Produktionsziel. Die Großgenossenschaften werfen weiterhin jährlich Millionen von Flaschen auf den Markt. Es ist kein Zufall, dass hier ein Gutteil an Tetra-Pack-Weinen erzeugt wird.

In den letzten Jahren nutzte die Emilia-Romagna jedoch ihren Standortvorteil. Der Westteil der Region, die Emilia, ist auf Schaumweine spezialisiert, hier liegen die fruchtbaren Lambrusco-Ebenen; in der Romagna im Osten liegt der Schwerpunkt auf Stillweinen. Ein Qualitätssprung beim Lambrusco hatte Signalwirkung. Der Umschwung erfasste zunächst die kleineren Weinbaubetriebe in den Hügeln, die das Neue leichter und schneller umsetzen konnten. Colli Piacentini und Colli Bolognesi zeigen, dass traditionelle und internationale Sorten nebeneinander gedeihen und heimische Reben wie Albana und Sangiovese große Weine hervorbringen können. Andere Winzer verlegten sich auf Sorten wie Pinot Nero, Chardonnay oder Cabernet. Der Erfolg ist nicht zuletzt einer strikten Selektion im Weinberg zu verdanken. Mit der Mechanisierung hielt auch in den riesigen Weingärten des Flachlands der Fortschritt Einzug.

Einer der Trümpfe der Marken ist Verdicchio, eine der interessantesten weißen Rebsorten in dieser Region. Erzeuger, die sich auf niedrigere Erträge verlegten, katapultierten diesen Wein in eine höhere Qualitätsklasse und verbuchen mittlerweile internationale Erfolge, die an die der New-Wave-Weißen Friauls in den achtziger Jahren erinnern. Castelli di Jesi und Matelica sind auf Weißwein, Cònero auf Rotwein spezialisiert. Sie sorgen dafür, dass die Marken den Vergleich mit ihren Nachbarregionen nicht zu scheuen brauchen. Sogar das altväterische Piceno ist aus seinem Dornröschenschlaf erwacht und hat sich den Anschluss an die großen Roten von Ancona zum Ziel gesetzt.

Fast alle Weine der Abruzzen stammen von zwei Rebsorten, dem roten Montepulciano und dem weißen Trebbiano. Das Gebiet ist in den Händen der Genossenschaften; guter Rotwein ist hier sehr billig, zudem sind die Abruzzen der einzige Teil Italiens – vielleicht der Welt –, wo der Trebbiano großen Wein hervorbringt. Den Ruf der Abruzzen begründete eine Handvoll ausgezeichneter Erzeuger, denen eine kleine Schar von Jüngern nachzueifern beginnt. Deren Spitzenreiter lassen das Gros des Feldes weit hinter sich. Viele Experten halten die Abruzzen für die Region mit dem größten Qualitätspotenzial.

Molise blieb bislang von wirtschaftlichen Interessen unberührt. Die eine seiner zwei DOCs, Pentro, existiert im Grunde nur auf dem Papier. Ihr Wein wird fast nur en gros verkauft. Biferno weist einen einzigen ausgezeichneten Erzeuger auf – ziemlich wenig selbst für eine kleine Region. In letzter Zeit mehren sich jedoch viel versprechende Anzeichen.

San Biagio in den Marken. Der Erfolg des Verdicchio hat diesen verträumten Winkel des Apennins wachgeküsst.

Emilia-Romagna

Die Emilia-Romagna wurde im Altertum von den Italikern besiedelt; die Vitis Labrusca, von der alle Lambrusco-Sorten abstammen, bauten jedoch ab dem 7. Jahrhundert die Etrusker an. Ihre Methode, die Reben an lebenden Stützen hochzuziehen, sowie die «Mischkultur» von Wein und anderen Pflanzen leben bis heute fort. Im Westen der Region hat sich die griechische Form des Weinbaus erhalten: gesonderte Rebflächen, dieselben Rebsorten wie sonst fast überall im Mittelmeerraum – vor allem Malvasia und Moscato – und das klassische griechische Erziehungs- und Schnittsystem.

Eine der wichtigsten in Italien heimischen Trauben, die überall anzutreffende Sangiovese, dürfte aus dieser Region stammen, und zwar vom Fuß des Monte Giove bei Santarcangelo di Romagna. Von dieser Rebsorte wurden in der Toskana unlängst einige der besten Sangiovese-Romagnolo-Klone neu angepflanzt.

Weine und Weinbaugebiete

Die Emilia-Romagna entstand 1860 aus dem Zusammenschluss der Herzogtümer Parma, Piacenza, Modena, Reggio und Ferrara sowie dem Nordteil des Kirchenstaates. In weinbaulicher Hinsicht spiegelt die Region die alten Gebietsgrenzen wider und bildet eine Brücke zwischen den Traditionen des Nordens – Lombardei, Piemont und Veneto – und denen Mittelitaliens, vor allem der Marken und der Toskana. Die einzelnen Zonen der Emilia-Romagna kennen sehr unterschiedliche Anbaumethoden.

Blick auf das mittelalterliche Castell'Arquato. Hier im Westen der Emilia-Romagna werden die Reben immer noch im klassischen griechischen Stil erzogen.

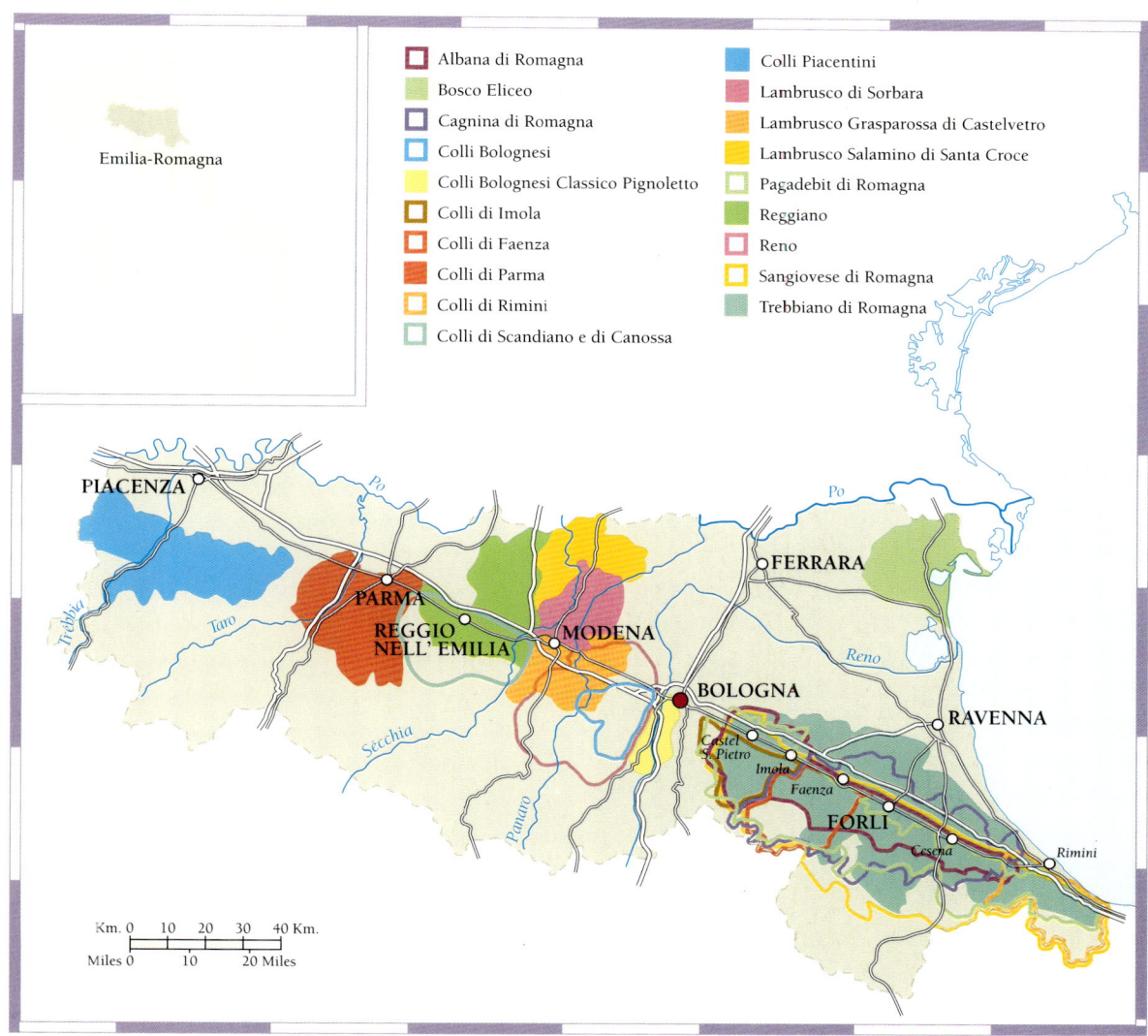

Emilia-Romagna

☐ Albana di Romagna	☐ Colli Piacentini
☐ Bosco Eliceo	☐ Lambrusco di Sorbara
☐ Cagnina di Romagna	☐ Lambrusco Grasparossa di Castelvetro
☐ Colli Bolognesi	☐ Lambrusco Salamino di Santa Croce
☐ Colli Bolognesi Classico Pignoletto	☐ Pagadebit di Romagna
☐ Colli di Imola	☐ Reggiano
☐ Colli di Faenza	☐ Reno
☐ Colli di Parma	☐ Sangiovese di Romagna
☐ Colli di Rimini	☐ Trebbiano di Romagna
☐ Colli di Scandiano e di Canossa	

Km. 0   10   20   30   40 Km.
Miles 0   10   20 Miles

Die Region ist heute mit rund 7 Millionen Hektoliter im Jahr – davon 12 Prozent DOC oder DOCG – eine der produktivsten Weinbauregionen Italiens.

In den Colli Piacentini im Nordwesten hat Gutturnio, ein Verschnitt aus Barbera und Croatina, seinen Auftritt. Dieser körperreiche, konzentrierte Rotwein kann mindestens fünf, sechs Jahre lagern. In weiteren Rollen findet man über ein Dutzend anderer Weine, allen voran Ortrugo, einen leichten weißen (Perl-)Wein, außerdem den weißen Monterosso Val d'Arda aus Malvasia di Candia, Moscato, Trebbiano Romagnolo und Ortrugo sowie den vorwiegend aus Ortrugo gewonnenen weißen Trebbianino Val Trebbia. Auch Chardonnay, Pinot Grigio und Sauvi-

gnon Blanc sind hier von Bedeutung. Rote Rebsorten sind: Croatina (auch: Bonarda), Barbera und internationale Sorten wie Pinot Nero und Cabernet Sauvignon. Die weniger bekannten Colli di Parma bringen ähnliche Weine hervor: Rosso ist von den Zutaten her mit Gutturnio vergleichbar; Malvasia – oft als Schaumwein – ähnelt Monterosso Val d'Arda; Hauptwein des Gebiets ist der Sauvignon Blanc.

Die Provinzen Reggio nell'Emilia und Modena sind bekannt für ihre Schaumweine. Sie tragen vor allem der reichhaltigen Küche der Region Rechnung, deren schwere Speisen nach leichtem Weißwein verlangen. Aus der DOC Colli di Scandiano e di Canossa kommt ein Bianco – meist *frizzante*, manchmal *spumante* – vorwiegend aus Sauvi-

aus Modena; der wohl berühmteste ist di Sorbara, am körperreichsten sind die tiefroten Salamino di Santa Croce und Grasparossa di Castelvetro – einfache, aber faszinierende Weine, deren Ansehen es keinen Abbruch tut, dass sie nicht lange gelagert werden sollten. Die DOC Bosco Eliceo zwischen Ferrara und Ravenna bringt vorwiegend Perlweine hervor: einen Bianco aus Trebbiano und Sauvignon Blanc, einen Sauvignon Blanc, einen roten Fortana und einen stillen Merlot. Typisch für die an der Grenze zwischen den Provinzen Bologna und Modena gelegene DOC Reno sind Perlweine – der Bianco ist ein Verschnitt aus regionalen weißen Sorten, der traditionelle Montuni stammt von der hier heimischen Montù-Traube.

Völlig verschieden von all ihren Nachbargebieten ist die interessante DOC Colli Bolognesi. Typisch für dieses Gebiet ist der Pignoletto aus der gleichnamigen Rebsorte, ein leichter, aromatischer, häufig perlender Weißwein. Der hiesige Cabernet Sauvignon ist vorzüglich. Außerdem findet man Spielarten von Merlot, Chardonnay, Sauvignon Blanc, Welschriesling, Pinot Bianco und Barbera.

Die Romagna hat in weinbaulicher Hinsicht keinerlei Ähnlichkeit mit der Emilia. Die hier gebräuchlichen Rebsorten – charakteristisch sind Sangiovese, Trebbiano und Albana – und Anbaumethoden finden sich in ganz Mittelitalien wieder. Der berühmteste Rotwein der Romagna ist der Sangiovese di Romagna, bei einem Alkoholgehalt von über 12 Prozent als Superiore, bei mindestens zweijähriger Reifung als Riserva bezeichnet. Die Besten ihrer Art haben ausgezeichnete Struktur und gute Konzentration und entstammen dem Hügelland südlich der Via Emilia. Ebenfalls rot ist der süße, seltene Cagnina di Romagna, ein naher Verwandter von Terrano del Carso und ein ausgezeichneter Begleiter zu Maronen.

Bei den Weißen dominiert der Trebbiano di Romagna – Besuchern der Strände von Rimini als Klassiker bekannt. Er passt ideal zu den hiesigen Meeresfrüchten. Weniger geläufig ist Pagadebit di Romagna: Die Rebsorte erbringt auch in schlechten Jahren guten Wein, daher auch der Name: «Pagare i debiti» heißt so viel wie «Schulden begleichen». Albana di Romagna war der erste weiße italienische DOCG-Wein, er wird in vier Stilen ausgebaut: secco – der meistverbreitete Stil, ein gehaltvoller Weißer –, amabile, dolce und als einer der besten Passitos Italiens.

Erst seit kurzem bestehen die DOCs Colli di Imola, Colli di Faenza und Colli di Rimini im hügeligen Vorland des Apennin. Neben roten und weißen Cuvées umfasst deren Angebot reinsortige Colli di Imola Barbera, Colli di Faenza

Einer der schiefen Türme von Bologna. Aus dem Gebiet zwischen der Universitätsstadt und der Adria kommt der beliebte Sangiovese.

gnon Blanc, Malvasia und Trebbiano, außerdem auch als süßer Passito ausgebauter Sauvignon Blanc sowie viele andere weiße Sorten von Pinot Grigio über Chardonnay bis zu Malvasia Frizzante. Mit Ausnahme von Cabernet Sauvignon sind die meisten Roten Schaumweine. Vom Lambrusco gibt es gleich zwei Sorten, Grasparossa und Montericco. Marzemino ist ein duftiger süßer Rotwein, ebenfalls roten Wein liefert nur die in dieser Region angebaute Rebsorte Malbo Gentile.

Das klassische Stammland des Lambrusco liegt etwas weiter nördlich zwischen Montecchio, Gualtieri und Cavriago. Aus den Orten rund um Reggio nell'Emilia stammt Reggiano (früher Lambrusco Reggiano), der leichteste und gut trinkbare Lambrusco, den es auch als Bianco und Rosato gibt. Die übrigen Lambrusco-Weine kommen

Pinot Bianco und Colli di Rimini Cabernet Sauvignon; die Bestimmungen hinsichtlich Holzart und Dauer der Reifung sind ungenau. Die unterschiedlichen Stile – von fruchtigen, perlenden Weißen bis zu kraftvollen Roten von internationalem Format – zeugen vom Unwillen der Weinerzeuger, sich auf traditionellere lokale Weine beschränken zu lassen.

Boden, Klima und Anbaumethoden

Die fruchtbaren Ebenen entlang des Po bedecken fast die Hälfte des Bodens, der gebirgige Appenin und das Hügelland je ein Viertel. Die Emilia besteht weitgehend aus den Provinzen Piacenza, Parma, Reggio nell'Emilia, Modena und Teilen von Bologna und Ferrara. Die Hügel sind reich an Lehm, Mergel und Kalk und bieten mit ihren steinigen und sandigen, mit Wasser wohl versorgten Böden der Hochebene ideale Anbaubedingungen für Wein.

In der fruchtbaren Poebene wiederum trägt das typische Kontinentalklima zum Gedeihen des Lambrusco und der leichteren Perlweine bei.

Die Romagna im Südosten der Region umfasst die Provinzen Forlì, Ravenna und Teile von Bologna und Ferrara. Felsige, kalkhaltige Kreideböden und durch die Adria gemäßigtes Klima mit kühleren Sommern und stark wechselnden Temperaturen sorgen für Qualitätsweine.

Die Stadt Dozza ist Sitz der Regionalvinothek der Emilia-Romagna, die sich in einem Schloss aus dem 15. Jahrhundert befindet.

Wichtige Erzeuger

Celli, Bertinoro (FO) Bewunderung rufen diese sauberen, modernen Weine aus regionalen DOCs hervor – ein gutes Beispiel dafür ist der Sangiovese di Romagna Superiore Le Grillaie Riserva.

Fattoria Paradiso, Bertinoro (FO) In der Romagna ein Betrieb mit Geschichte; große Weingärten, geführt von Familie Pezzi. Sangiovese di Romagna Superiore Vigna delle Lepri setzt Maßstäbe für die Region; als einer der ersten italienischen Weine trug er die Lagebezeichnung auf dem Etikett.

Francesco Bellei, Bomporto (MO) Neben hervorragendem Lambrusco erzeugt Familie Bellei bemerkenswerte Schaumweine in klassischer Flaschengärung, darunter elegante Cuvées aus Chardonnay und Pinot Nero. Exzellent ist der Vintage Cuvée Speciale.

Umberto Cesari, Castel San Pietro (BO) Große, hochmoderne Kellerei. Vito Piffer beaufsichtigt die Produktion von Spitzenweinen der Romagna – herausragend sind Albana di Romagna Passito Colle del Re und Sangiovese di Romagna Riserva. Von hier stammen auch einige innovative Stile; Liano etwa ist eine gelungene Cuvée aus Sangiovese und Cabernet Sauvignon, in französischen Eichenbarriques zu aromatischer Würze ausgebaut.

Vallona, Castello di Serravalle (BO) Maurizio Vallona ist einer der dynamischsten und innovativsten Weinerzeuger der Region. Qualitativ hochwertiger Cabernet Sauvignon, Chardonnay Selezione und Sauvignon Blanc aus ausgezeichneten Trauben.

Cantine Cooperative Riunite, Reggio nell'Emilia Weltweit unter den erfolgreichsten Erzeugern Italiens; allein in die

Hoch erzogene Reben in Castelvetro südlich von Modena; Lehm und Mergel ergeben guten Boden für Qualitätsweine.

Rebschnitt beim Lambrusco Salamino, einer Rebsorte, deren purpurroter, körperreicher Wein besonders in Modena beliebt ist.

USA wurden über eine Million Kisten Lambrusco exportiert. Breites Angebot, faire Preise, zuverlässige Qualität.

Fattoria Zerbina, Faenza (RA) Cristina Geminiani studierte Weinbau in Bordeaux und erzeugt heute mit ihrem technischen Berater Vittorio Fiore einige der besten Weine der Region. Ihr bester ist Marzieno aus Cabernet Sauvignon und Sangiovese: imposant und gut strukturiert, gute Konzentration. Albana di Romagna Passito Scacco Matto ist vermutlich der beste süße Albana.

Tenuta La Palazza, Forlì Claudio Drei Donà erzeugt zusammen mit Franco Bernabei hinreißende Weine. Magnificat ist einer der besten Cabernets Italiens; Chardonnay Il Tornese ist ausgeglichen und hat ein reiches Bukett.

Tre Monti, Imola (BO) Der Wein von Sergio Navacchia und seinen Söhnen David und Vittorio verkörpert das Hügelland bei Imola – in der geballten Eleganz und Wucht ihres Colli d'Imola

Boldo aus Sangiovese und Cabernet Sauvignon sowie im ebenfalls herausragenden Cabernet Sauvignon Turico.

Castelluccio, Modigliana (FO) Einige der interessantesten Spielarten von Sangiovese di Romagna – etwa Ronco dei Ciliegi, Ronco della Simia und Ronco delle Ginestre, alle aus Einzellagen.

Tenuta Bonzara, Monte San Pietro (BO) Francesco Lambertinis Weingut zeichnet die Colli Bolognesi aus. Seine DOCs Bonzarone und Rocca di Bonacciara nehmen es mit den besten Cabernets und Merlots Italiens auf.

San Patrignano-Terre del Cedro, Ospedaletto di Coriano (RN) Einer der Top-Erzeuger der Romagna. Sensationelle Sangiovese di Romagna wie Zarricante und Riserva Avi – extrem konzentriert und lang.

La Stoppa, Rivergaro (PC) Erzeugte als eine der ersten Kellereien in Piacenza bedeutende internationale Weine wie

Pinot Nero und Cabernet Sauvignon. Elegant und harmonisch der Cabernet aus der Lage Stoppa, eine vollkommene Synthese aus neuen Hölzern.

Cavicchioli, San Prospero (MO) Große Mengen vereint mit hoher Qualität; die Klassiker sind Lambrusco di Sorbara Vigna del Cristo und Grasparossa di Castelvetro Col Sassoso.

La Tosa, Vigolzone (PC) Die Brüder Pizzamiglio bieten einige der besten Weine der Colli Piacentini, darunter Cabernet Sauvignon Luna Selvatica, Gutturnio Vignamorello und den himmlischen Malvasia Sorriso di Cielo.

Vigneto delle Terre Rosse, Zola Predosa (BO) Enrico Vallania, der Vater der heutigen Besitzer, war ein Weinpionier der Colli Bolognesi. Hohe Pflanzdichte und niedrige Erträge seiner Lagen leiteten hier eine Wende ein und bringen heute Weine wie Rosso di Enrico Vallania Cuvée (Cabernet) und Riesling Malagò Vendemmia Tardiva hervor.

Die Marken

Um das Jahr 1600 wurden unter der Herrschaft des Kirchenstaats die Marken zu dem heute unter diesem Namen bekannten Gebiet vereinigt. Zuvor hatten sich in dieser eher kleinen Region im Zuge der Eroberung durch Griechen, Römer, Goten, gallische Senoner, Byzantiner und Lombarden vielfältige Weintraditionen entwickelt. Noch heute kommen aus benachbarten Teilen der Marken völlig unterschiedliche Weine.

Weine und Weinerzeugung

Mit einer Jahresproduktion von beinahe zwei Millionen Hektoliter – davon über 15 Prozent DOC-Weine – zählen die Marken zu den wichtigsten Weinregionen Italiens.

In der nördlichsten DOC, Colli Pesaresi, werden aus Sangiovese und Trebbiano Focara Rosso und Roncaglia Bianco gemacht – Weine, die den Einfluss der benachbarten Romagna widerspiegeln. In Fano ergibt der Bianchello del Metauro den gleichnamigen traditionsreichen, delikaten Weißwein. Von Ancona aus erstreckt sich Verdicchio, das wichtigste Weinbaugebiet der Region, mit seinen zwei DOCs: Verdicchio dei Castelli di Jesi – die bekanntere –

Blick auf Loreto im Rosso-Cònero-Gebiet. Die umliegenden Weinberge reichen bis in die Vororte von Ancona. Die alten Griechen bezeichneten diese Landschaft als «Ellenbogen».

und Verdicchio di Matelica an der Provinzgrenze zwischen Ancona und Macerata. Verdicchio, eine der besten heimischen weißen Rebsorten Italiens, ergibt in beiden DOCs körperreiche Weine, die in Castelli di Jesi runder und weicher, in Matelica oft schärfer ausfallen und ein paar Jahre reifen sollten. Die Qualität dieser beiden erstklassigen Weine ist in den letzten Jahren deutlich gestiegen.

Aus der neuen DOC Esino kommt ein Verdicchio Bianco sowie ein Rosso aus Sangiovese und Montepulciano. Ancona hat zwei weitere neue DOC-Weine: Lacrima di Morro d'Alba ist ein gut strukturierter Wein aus dem Gebiet von Morro d'Alba bei Senigallia (nicht zu verwechseln mit Alba im Piemont) aus der Rebsorte Lacrima. Der Rosso aus Montepulciano und Sangiovese ist zweifellos der beste Rotwein dieses Teilgebiets.

In Macerata wird der höchst ungewöhnliche Vernaccia di Serrapetrona erzeugt, ein roter Schaumwein, oft süß oder halbtrocken, aus roten, auf Matten getrockneten Vernaccia-Trauben – ein nicht sonderlich anspruchsvoller, aber dennoch faszinierender Wein. Aus der nahe gelegenen DOC Colli Maceratesi stammt ein leichter, angenehmer Weißwein aus Maceratino-Trauben.

In Ascoli weiter im Süden ergibt Trebbiano mit Zusätzen von Verdicchio und Pecorino den weißen Falerio dei Colli Ascolani. Sangiovese und Montepulciano werden zu Rosso Piceno verschnitten. Rosso Piceno Superiore wird im Gebiet von Offida, Ripatransone, San Benedetto del Tronto sowie weiterer zehn Gemeinden in der Provinz Ascoli Piceno erzeugt. Dieser Rotwein muss einen Alkoholgehalt von über 12 Prozent aufweisen und mindestens ein Jahr gereift sein. Er ist körperreich und konzentriert und kann mindestens weitere vier oder fünf Jahre im Keller gelagert werden.

Boden, Klima und Anbaumethoden

Die Marken liegen wie ein lang gestreckter Kamm an der Adria, die größten Täler – entlang der Flüsse Foglia, Metauro und Cesano – verlaufen im rechten Winkel zur Küste und liegen somit ideal für den Weinbau. Nur im Landesinneren bei Matelica verläuft das Tal parallel zur Küste. Hier werden bis auf 500 Meter Höhe Reben angebaut.

Die gesamte Region ist Nordost-Winden aus dem Balkan ausgesetzt, was erklärt, weshalb es hier so auffällig viele weiße Rebsorten gibt. Die Reben werden fast immer nach dem Guyot- oder dem toskanischen *capovolto*-System erzogen, einige auch in *alberello*-Form, am Draht oder aber in Mischkulturen.

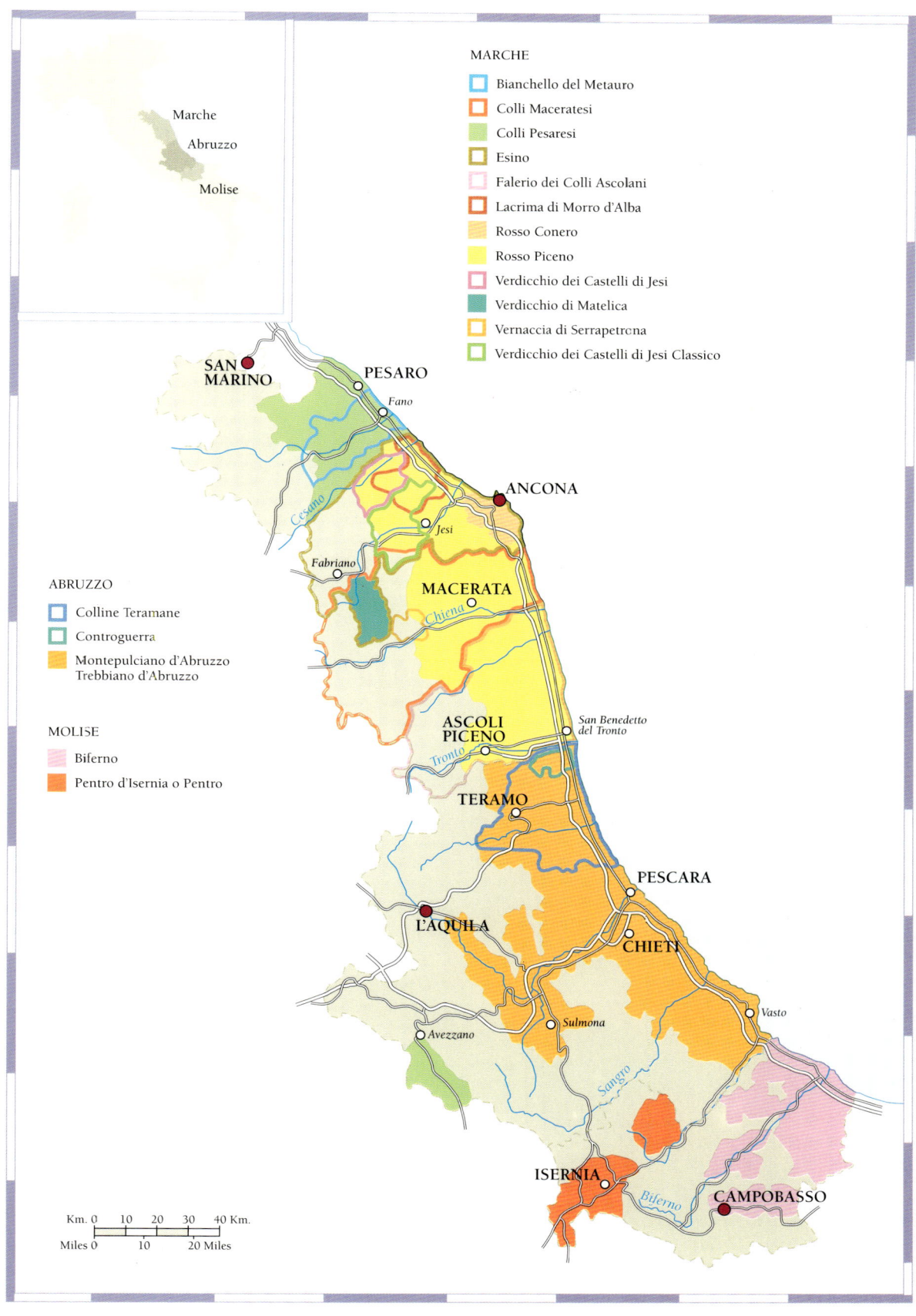

MARCHE
- ☐ Bianchello del Metauro
- ☐ Colli Maceratesi
- ☐ Colli Pesaresi
- ☐ Esino
- ☐ Falerio dei Colli Ascolani
- ☐ Lacrima di Morro d'Alba
- ☐ Rosso Conero
- ☐ Rosso Piceno
- ☐ Verdicchio dei Castelli di Jesi
- ☐ Verdicchio di Matelica
- ☐ Vernaccia di Serrapetrona
- ☐ Verdicchio dei Castelli di Jesi Classico

Marche
Abruzzo
Molise

ABRUZZO
- ☐ Colline Teramane
- ☐ Controguerra
- ☐ Montepulciano d'Abruzzo Trebbiano d'Abruzzo

MOLISE
- ☐ Biferno
- ☐ Pentro d'Isernia o Pentro

SAN MARINO
PESARO
Fano
Cesano
ANCONA
Jesi
Fabriano
MACERATA
Chienti
ASCOLI PICENO
San Benedetto del Tronto
Tronto
TERAMO
PESCARA
L'AQUILA
CHIETI
Sulmona
Vasto
Avezzano
Sangro
ISERNIA
Biferno
CAMPOBASSO

Km. 0   10   20   30   40 Km.
Miles 0   10   20 Miles

Verdicchio dei Castelli di Jesi

Abendsonne über den Weingärten von Montecarotto, einem der wichtigsten Weinorte im Gebiet von Castelli di Jesi.

Historisch betrachtet ist Verdicchio die bedeutendste und auch die bekannteste Rebsorte der Marken. Das wichtigste Weinbaugebiet sind die im Esino-Tal gelegenen Castelli di Jesi in der Provinz Ancona. Die Landschaft ist geprägt von einer Reihe meist aus dem Mittelalter stammender befestigter Orte – daher der Name Castelli di Jesi. Am bekanntesten sind Montecarotto, Staffolo, Castelbellino, Castelplanio und Cupramontana.

Der Verdicchio dei Castelli di Jesi hat delikate Aromen und den Duft frischer Früchte, einen trockenen Geschmack und einen charakteristischen bitteren Nachgeschmack. Wein aus dem renommiertesten Teilgebiet darf sich zusätzlich «classico» nennen. In jedem Fall handelt es sich dabei um einen Weißwein, der mehrere Jahre lagerfähig ist, was bei italienischen Weißen selten ist. In organoleptischer Hinsicht steht er den Weißweinen Nordostitaliens näher als den mediterraneren Stilen des Mezzogiorno.

Verdicchio dei Castelli di Jesi ist ein klassischer Begleiter für Fisch sowie für die Geflügelgerichte der hiesigen Küche. Er ist als angenehmer Aperitif und wegen seines günstigen Preises als weißer Hauswein beliebt.

Verdicchio di Matelica

Die Region ist der unzugänglichste und exponierteste Teil des Verdicchio. Anders als in Castelli di Jesi liegt hier hinter den nächsten Hügeln kein Meer, das Klima ist kontinental, die Täler verlaufen von Norden nach Süden und nicht von Osten nach Westen wie sonst in den Marken.

Das engagierte kleine Weinbaugebiet Matelica, fernab der Hauptstraßen im Landesinneren der Provinzen Ancona und Macerata gelegen, verlangt seinen Besuchern durchaus Sinn für Abenteuer ab. Der Anbau von Verdicchio ist hier bereits seit dem 16. Jahrhundert belegt und reicht vielleicht noch weiter zurück – damit zählt Verdicchio zu den wenigen Rebsorten, die ziemlich sicher italienischen Ursprungs sind.

Die Qualitätssteigerungen, die in den letzten Jahren bei Verdicchio di Matelica erzielt wurden, symbolisieren einen Triumph des italienischen Weinbaus: Die Wiederentdeckung einer heimischen Rebsorte für die Weinerzeugung in ihrem Ursprungsgebiet wurde zur Waffe der italienischen Weinerzeuger beim Widerstand gegen den verstärkten Trend zur Verwendung von Chardonnay und Cabernet in Qualitätsweinen. Matelica könnte zum Symbol für die Bewahrung von Italiens weinbaulichem Erbe werden – zum Teil ist er das schon jetzt.

Nein, Verdicchio di Matelica ist *nicht* der kleine Bruder des Castelli di Jesi. Er ist frischer und direkter, dazu duftig, harmonisch und delikat. Er kann aber durchaus seine Muskeln spielen lassen und gewinnt nach ein paar Jahren dank seiner exzellenten Struktur ein verblüffendes Maß an Komplexität. Er ist ausgewogen und vielseitig (dem Verdicchio können geringe Mengen Malvasia oder Trebbiano zugesetzt werden) und tritt wie sein Namensvetter aus Jesi auch als Spumante auf den Plan.

Verdicchio di Matelica passt hervorragend zu kalten Meeresfrüchten, geschmortem Geflügel und den traditionellen Fischgerichten der hiesigen Küche. Er wird auch für Saucen zu «Edelfischen» verwendet.

Wichtige Erzeuger

VERDICCHIO DEI CASTELLI DI JESI

Santa Barbara, Barbara (AN) In den letzten zehn Jahren krempelte Stefano Antonucci seine Kellerei völlig um und erzeugt heute Spitzenweine – wie seine drei Versionen von Verdicchio dei Castelli di Jesi Classico: Le Vaglie, Stefano Antonucci und die Grundversion.

Fazi Battaglia, Castelplanio (AN) Berühmteste und größte Kellerei des Gebiets. Mit Hilfe des Önologen Franco Bernabei erzeugt die Besitzerin Maria Luisa Sparaco sehr gute Weine. Ihre Spitzengewächse sind der in kleinen Eichenfässern gereifte Verdicchio dei Castelli di Jesi Classico San Sisto, Verdicchio dei Castelli di Jesi Classico Le Moie und Rosso Cònero Riserva Passo del Lupo.

Tavignano, Cingoli (MC) Sehr anständiger Verdicchio, etwa Misco, Tenuta di Travignano und Sante Lancerio.

Vallerosa Bonci, Cupramontana (AN) Angesehener Betrieb. Zu seinen Qualitätsselektionen zählen Le Case, Barré, Focus und San Michele, einer der besten italienischen Weißweine.

Colonnara, Cupramontana (AN) Bekannte Großgenossenschaft; ihr Cuprese ist ein guter Verdicchio dei Castelli di Jesi Classico.

Brunori, Jesi (AN) Top-Interpreten des Verdicchio dei Castelli di Jesi. Bester Wein: die günstige Selezione San Nicolò.

Garofoli, Loreto (AN) Einige der besten Verdicchios und Rossos der Marken.

Ihr holzgereifter Verdicchio dei Castelli di Jesi Classico Podium und Serra Fiorese und der Rosso Cònero Riserva Grosso Agontano zählen zu den Besten ihrer Art.

Monte Schiavo, Maiolati Spontini (AN) Preisgünstiger Verdicchio dei Castelli di Jesi Classico Palio di San Floriano Spätlese, im Tank und Fass gereift.

Terre Cortesi Moncaro, Montecarotto (AN) Eine der wichtigsten Verdicchio-Kellereien. Ausgezeichneter, zuverlässiger Passito Tordiruta, Verde di Ca' Ruptae, Vigna Novali, Le Vele sowie ein Bio-Wein, auf den man mit Recht stolz ist.

Umani Ronchi, Osimo (AN) Massimo Bernetti erzeugt seit einigen Jahren mit Hilfe von Giacomo Tachis sehr gelungene Weine. Pélago aus Cabernet, Merlot und Montepulciano erntet international Beifall. Neu und gut sind Verdicchio dei Castelli di Jesi Classico, Plenio Riserva und Casal di Serra.

Bucci, Ostra Vetere (AN) Ampelio Bucci erzeugt seit langem zwei großartige Verdicchios, neben der Standard-Version den umwerfenden Villa Bucci. Beide sind weich und altern gut.

Sartarelli, Poggio San Marcello (AN) Donatella Sartarelli und ihr Mann Patrizio Chiacchierini erzeugen frischen Verdicchio dei Castelli di Jesi Classico Superiore von exzellenter Konsistenz und Definition. Tralivio ist konzentrierter, am originellsten ist die Spätlese Verdicchio Contrada Balciana: außergewöhnlicher Körper, ausgewogen und sehr cremig – einer der besten Weißen Italiens.

Casalfarneto, Serra de' Conti (AN) Eine der erfolgreichsten Innovationen der letzten Jahre. Die Verdicchios dei Castelli di Jesi Classico Fontevecchia und

Viele Weinberge der DOC Matelica liegen weitab vom Schlag – so wie diese bei Castel Santa Maria.

Gran Casale vereinen hohe Qualität mit einem sehr vernünftigen Preis.

Fattoria Coroncino, Staffolo (AN) Verdicchio dei Castelli di Jesi Classico aus den Lagen Gaiospino und Il Coroncino; die Kellerei und ihre Besitzer Fiorella und Lucio Canestrari zählen zu den Großen des Gebiets.

VERDICCHIO DI MATELICA

La Monacesca, Civitanova Marche (MC) Über 20 Hektar Rebfläche, vorwiegend Verdicchio, daneben Chardonnay, Sauvignon, Sangiovese und Merlot. Neben Standard-Verdicchios der wunderschöne *cru* La Monacesca; Mirum ist eine großartige weiße Spätlese.

Enzo Mecella, Fabriano (AN) Vor über fünfzig Jahren gegründet, seit 1977 unter der Leitung von Enzo Mecella, der Verdicchio di Matelica in zwei Versionen anbietet: Pagliano und sein Aushängeschild Casa Fosca. Der IGT-Wein Antico di Casa Fosca, eine spezielle, barriquegereifte Verdicchio-Cuvée, wird nur in den besten Jahren erzeugt.

Belisario, Matelica (MC) Erster Erzeuger von Matelica DOC – fünf Versionen und ausgewählte *crus* wie die Riserva Cambrugiano sowie die Passitos Carpe Diem (Verdicchio) und Serrae Rubrae (Vernaccia Cerretana).

Bisci, Matelica (MC) Die Brüder Bisci erzeugen auf ihrem Gut Verdicchio di Matelica in zwei Versionen, normalen und die Riserva Villa Fogliano. Außerdem zwei Rotweine: Fogliano aus Cabernet Franc, Barbera, Merlot und Montepulciano sowie Villa Castiglioni aus Sangiovese und Cabernet Sauvignon.

San Biagio, Matelica (MC) Sabina und Maya Girotti erzeugen zwei beachtliche Lagen-Verdicchios di Matelica, San Biagio und die Riserva Vigneto di Braccano, sowie zwei IGT-Rotweine, Braguolo aus Sangiovese und Ciliegiolo sowie außerdem den reinsortigen Cabernet Sauvignon Grottagrifone.

Rosso Cònero und Rosso Piceno

Die DOC Rosso Cònero ist ein eher kleines Gebiet an den Abhängen des Monte Cònero, dessen Ausläufer bis in die Gemeinden Ancona, Camerano, Offagna, Sirolo, Numana, Osimo und Castelfidardo reichen. Die atemberaubende Landschaft mit ihrer steil abfallenden Küste ist ein spektakulärer Anblick.

Rosso Cònero besteht hauptsächlich aus Montepulciano sowie 15 Prozent Sangiovese, aber nicht alle Produzenten halten sich daran. Der Hektarertrag liegt zwar bei 14000 Kilogramm, gewitztere Erzeuger unterbieten diese Menge allerdings deutlich und erzeugen dadurch einige sehr gute Weine, beispielsweise Alessandro Moroder mit seinem herausragenden Rosso Cònero Dorico, der bereits in den italienischen Weinadelsstand erhoben wurde.

In seiner Höchstform ist Rosso Cònero ein Wein von großer Festigkeit, konzentrierter Farbe und intensivem, lang anhaltendem Bukett nach wilden schwarzen Kirschen und mediterranen Kräutern. Am Gaumen ist er voll, sauber und kraftvoll, durchaus vergleichbar mit den besten Brunellos und Vino Nobile aus der Toskana.

Rosso Piceno stammt aus dem größten Weinbaugebiet der Marken, dem für den Weinbau idealen Hügelland (allerdings mit Ausnahme der Zonen von Rosso Cònero und Lacrima di Morro d'Alba). Rosso Piceno besteht aus mindestens 60 Prozent Sangiovese, das Gegengewicht bilden Montepulciano und geringe Mengen Trebbiano und Passerina. Bei einem Alkoholgehalt von über 11,5 Prozent wird der Wein als Superiore klassifiziert. Er trinkt sich gut im Familien- und Freundeskreis und ist eine gute Ergänzung zu kräftig gewürzten Speisen und Braten. Besonders gut harmoniert er mit den traditionellen, in der regionalen Küche beliebten *bolliti* (Siedfleisch).

Das tiefblaue Meer am Cònero-Vorgebirge. Dieser Winkel der Marken hat traumhafte Landschaften zu bieten.

Wichtige Erzeuger

Moroder, Ancona Seinen Aufschwung verdankt der Rosso Cònero größtenteils dem Ehepaar Serenella und Alessandro Moroder. Vor etwa zehn Jahren begannen sie mit Unterstützung des Önologen Franco Bernabei die feine, kraftvolle Rosso-Cònero-Selektion Dorico zu erzeugen. Ein guter und anständig gemachter Wein ist auch ihr normaler Rosso Cònero.

Velenosi, Ascoli Piceno Ercole Velenosi ist zweifellos der beste hiesige Interpret von Rosso Piceno. Roggio del Filare und Brecciarolo zählen zu seinen hervorragenden Weinen. Daneben erzeugt Velenosi in der DOC Falerio Colli Ascolani im Süden der Marken eine Reihe von Weißweinen; der Beste ist Vigna Solaria.

Boccadigabbia, Civitanova Marche (MC) Eine der besten Kellereien in den Marken. Hier wird guter, typischer Rosso Piceno erzeugt, herausragend jedoch ist der Akronte, ein granatroter, reinsortiger Cabernet Sauvignon.

Conte Leopardi, Numana (AN) Im kleinen Gebiet Numana erzeugt Graf Piervittorio Leopardi, ein Nachfahre des Dichters Giacomo Leopardi, Weine von hoher Qualität. Sehr charaktervoll sind ihr Rosso Pigmento sowie der Vigneti del Coppo. Romeo Taraborelli sorgt in der Kellerei auch in schwächeren Jahren für Qualität.

Fattoria Le Terrazze, Numana (AN) Neuer Name im Cònero-Gebiet. Die Besitzer, Giorgina und Antonio Terni, erzeugen einen großen Nicht-DOC-Wein aus Montepulciano, Syrah und Merlot mit dem genialen Namen «Chaos». Ihr Spitzenwein ist jedoch der Rosso Cònero Sassi Neri mit wunderbaren Aromen und beachtlicher Konzentration.

Oben: Serenella und Alessandro Moroder ist der Aufschwung des Rosso Cònero zum Spitzenwein zu verdanken.

Links: Mit seiner Komplexität und seinem Aroma reift Rosso Cònero gut im Fass. Einziger Wermutstropfen: Es gibt zu wenig davon.

Abruzzen und Molise

Weinberge in der DOC Montepulciano d'Abruzzo – die häufigste rote Rebsorte der Abruzzen, nicht zu verwechseln mit der toskanischen Stadt Montepulciano.

Wohin immer die Etrusker gelangten, brachten sie den Weinbau mit. In die Abruzzen und nach Molise kamen sie im 7. oder 6. Jahrhundert v. Chr. Die Apiana – eine sehr süße Rebsorte, vermutlich dem heutigen Moscato vergleichbar – war hier im 4. Jahrhundert v. Chr. bereits weit verbreitet. Der aus ihr gekelterte Wein wurde von römischen und griechischen Gelehrten gepriesen – am nachdrücklichsten von Ovid, der aus den Abruzzen stammte.

Im Mittelalter begann der jahrhundertelange Abstieg der Region und ihrer Weinbautradition: Die Bevölkerung wanderte massenhaft aus den gebirgigen Gebieten ab. Umso spektakulärer mutet das Comeback des Weinbaus in den Abruzzen an – ein mühevolles Unterfangen, das vor rund zwanzig Jahren größtenteils von den zahlreichen Kellereigenossenschaften ausging, die in der Provinz Chieti im Südosten der Abruzzen aus dem Boden schossen.

Hartnäckig halten sich in Molise die Traditionen – in den verstreut liegenden Weinbergen haben einige Anbaumethoden überdauert, die einen altrömischen oder etruskischen Winzer kaum in Erstaunen versetzt hätten. So mancher Besucher dieser Gegend stellt noch heute verwundert fest, dass sich die Reben hier an Ahorn- oder Maulbeerbäumen emporranken.

Weine und Weinerzeugung

Aus den Abruzzen fließen jährlich rund vier Millionen Hektoliter Rebensaft in den italienischen Weinsee, davon 12 Prozent DOC-Weine. Die Region teilt das Schicksal vieler Weinbaugebiete Süditaliens: Ein Gutteil des qualitativ weitgehend unterbewerteten Weins kommt im Fass auf den Markt. Dieses Image wandelt sich langsam. Die Abruzzen spielen heute eine führende Rolle im Kampf um die Anerkennung jener Gebiete, die lediglich eine oder zwei DOCs aufzuweisen haben.

Herausragend unter den wenigen DOC-Weinen der Region ist der körperreiche rote Montepulciano d'Abruzzo, der nichts (oder schon lange nichts mehr) mit der toskanischen Stadt Montepulciano zu tun hat. Exemplare aus den Händen von Erzeugern wie Edoardo Valentini und Gianni Masciarelli zählen zur Crème der italienischen Roten. Cerasuolo ist Rosé aus denselben Trauben. Dem einzigen Weißwein, Trebbiano d'Abruzzo – einem der besten Weine aus der gleichnamigen, viel geschmähten Rebsorte – verleihen die hiesigen Lagen Konzentration und Körper.

Colline Teramane und Controguerra sind wichtige Anbaugebiete. Letzteres hat eine eigenständige DOC und bringt Bianco, Rosso und eine Reihe von DOC-Weinen aus internationalen Rebsorten hervor.

Molise, eines der gebirgigsten Anbaugebiete Italiens, erzeugt im Jahr knapp 400000 Hektoliter Wein, davon nur zwei Prozent DOC-Weine aus den Gebieten Pentro d'Isernia und Biferno. Die Erzeuger machen sich jedoch meist nichts aus der Klassifikation. Pentro d'Isernia gibt es als Rosso und Rosato – beide aus Montepulciano und Sangiovese – sowie als Bianco aus Trebbiano und Bombino. Die Weinberge liegen in zwei getrennten Gebieten: in Isernia im Norden des Sannio-Gebirges und in Agnone jenseits des Mainarde-Massivs an der Grenze zu den Abruzzen.

Die Weine aus der DOC Biferno in der Provinz Campobasso stammen von denselben Rebsorten wie die der Provinz Isernia. Der Rosso enthält allerdings neben Montepulciano auch etwas Aglianico und Tentiglia. In Campobasso gehen die Berge bereits in Hochebenen über, die zum Meer hin absinken; die hiesigen Weine haben mehr Körper und weniger Säure.

Boden, Klima und Anbaumethoden

In den Abruzzen erreicht der Apennin mit dem Gran Sasso d'Italia (2914 Meter) seinen höchsten Gipfel. Molise ist kaum weniger gebirgig, auch wenn die Berge hier in die von den Bergketten der Matese und Mainarde umgebene Hochebene übergehen, die sich zur Adria hin senkt.

Hier herrschen Kalk- und Moränenböden vor. Weinbau gibt es in den mal steileren, mal breiteren Gebirgstälern, deren Flüsse geradewegs aufs Meer zuströmen, in der lehmreichen Küstenebene, in den niedriger gelegenen Tälern und auf den Hochebenen. Die Reben werden meist im klassischen abruzzischen *tendone*-System erzogen.

Das Klima hier ist sehr eigenwillig. So kann man in San Martino sulla Marrucina und Guardiagrele in der Provinz Chieti im Umkreis von nur dreißig Kilometern tags-

Anlieferung von Trebbiano-Trauben bei der Cantina Sociale in Ortona. Trebbiano ist die verbreitetste weiße Rebsorte der Abruzzen.

Zwar sind die Weinberge der Abruzzen kein klassisches Touristenziel; von hier stammt aber mehr Wein als aus Chile oder Österreich.

über in der Maiella-Gruppe Ski fahren und das Abendessen am Meer genießen. Das Temperaturgefälle zwischen Winter und Sommer ist enorm, ebenso zwischen Tag und Nacht: Im September, um die Zeit der Weinlese, kann es tagsüber bis zu 30 °C haben, nachts aber sinken die Temperaturen bis auf 10 °C. Zwischen Juni und Oktober fällt kaum Regen, und die Trockenheit wird zum Problem. Die Temperaturschwankungen in Molise sind noch ausgeprägter – mit Ausnahme der vom ausgleichenden Mittelmeerklima beeinflussten Gegend um Campomarino.

Montepulciano d'Abruzzo

Dass diese wichtigste DOC der Abruzzen auf den internationalen Märkten immer mehr von sich reden macht, liegt zum Großteil an ihren ausgezeichneten Weinen. Mit der massiven Steigerung der DOC-Produktion ging naturgemäß eine gewisse Preiserhöhung einher. Maßvolle Ertragsbeschränkungen und der Ausbau traditioneller Weine in Holz zeigen bereits Wirkung. Es ist aber immer noch einiges zu verbessern.

Eine Spezialität ist der hiesige Abruzzi Cerasuolo, ein fruchtiger, jung zu trinkender Rosé aus Montepulciano, der kurz auf den Schalen vergoren wird – auf seine Art in Italien fast konkurrenzlos.

Trebbiano d'Abruzzo

Trebbiano d'Abruzzo schwimmt im Kielwasser des Montepulciano d'Abruzzo. Eine vergleichbare Anerkennung blieb ihm allerdings bislang versagt. Das traditionelle Faible der Abruzzen für extrem hohe Erträge machte dieses Gebiet zu einer der «Tankweinregionen» Italiens. Fortschritte in der Technologie und in den Ausbaumethoden setzen sich nur zögerlich durch.

Doch die abruzzischen Weinbauern stellen sich nun der Herausforderung mit einer neuen, modernen önologischen Vorgehensweise. Valentini und Masciarelli stellten unter Beweis, dass der Trebbiano durchaus für alterungsfähige Qualitätsweißweine geeignet ist, sofern man ihn in Holz ausbaut oder reifen lässt. Und es gibt noch mehr positive Anzeichen: Neben internationalen Sorten – Chardonnay, Sauvignon, Pinot und Riesling – sind in den letzten Jahren auch heimische Sorten wie Passerina, Pecorino, Cococciola, Montico und Moscato wieder aufgetaucht – mit durchaus viel versprechenden Ergebnissen.

Wichtige Erzeuger

Zaccagnini, Bolognano (PE) Montepulciano d'Abruzzo Abbazia di San Clemente ist eine Spezialität dieser Kellerei: ein großer Rotwein mit sehr konzentrierter Farbe und feinem, samtigem Geschmack. Sehr gut sind auch der Montepulciano d'Abruzzo Castello di Salle und der gefällige Myosotis rosé.

Di Majo Norante, Campomarino (CB) Molises beste und berühmteste Kellerei liegt in Campomarino an der Adriaküste. Alessio Di Majo versicherte sich der Unterstützung des berühmten umbrischen Önologen Riccardo Cotarella. Das Duo veränderte in den vergangenen Jahren Stil und Auswahl der angebotenen Weine. Neben dem klassischen Biferno Rosso Ramitello und Molì bieten sie eine Reihe gut gemachter Weißer aus Greco und Fiano.

Illuminati, Controguerra (TE) Lumen, Zanna Vecchio und der Riparosso sind drei Montepulciano-d'Abruzzo-Weine von Dino Illuminati, einem der besten Erzeuger dieser Rebsorte. Auch den einzigartigen Spumante Brut Metodo Classico sollte man probiert haben.

Valentini, Loreto Aprutino (PE) Edoardo Valentini gilt seit mehreren Jahren als unangefochtener Meister des abruzzischen Weins. Trebbiano und Montepulciano d'Abruzzo sind bereits legendär, und Weinkritiker zollen ihnen entsprechend Beifall: Der Trebbiano sei der Weltbeste, der Montepulciano wunderbar vielschichtig, würzig und intensiv.

Valentini und sein Sohn Francesco bilden schon lange ein Team. Das Geheimnis ihres Erfolgs liegt in den ausgezeichneten Lagen Camposacro, Colle Cavaliere und Castelluccio in der Umgebung von Loreto Aprutino, wo die Familie seit 1560 Weinbau betreibt. Nur

erstklassige Trauben kommen in die Fässer. Der Trebbiano mit seinen reichen, opulenten Aromen kann gut und gern zehn Jahre lagern. Auch der ungemein konzentrierte Montepulciano altert gut. Montepulciano Cerasuolo ist ein wuchtiger Wein mit hohem Alkoholgehalt. Er erinnert an die großen Rosés aus dem südfranzösischen Tavel.

Cataldi Madonna, Ofena (AQ) Eine der wenigen guten Kellereien im gebirgigen Westen der Region Abruzzen. Weinbau ist nur in Tälern möglich, die vor der extremen Kälte geschützt sind. Luigi Cataldis Tonì ist hervorragender Montepulciano d'Abruzzo. Sein Montepulciano Cerasuolo Pié delle Vigne zählt zum Besten, das die Region zu bieten hat.

Orlandi Contucci Ponno, Roseto degli Abruzzi (TE) Marina Orlandi Contucci und der Önologe Donato Lanati erzeugen moderne Weine aus internationalen Rebsorten: Cabernet Sauvignon wird für den Liburnio reinsortig ausgebaut und zusammen mit anderen Sorten zum Colle Funaro verschnitten. Beides sind hervorragende Rotweine. Der kraftvolle Montepulciano d'Abruzzo La Regia Specula zollt der Tradition Tribut.

Masciarelli, San Martino sulla Marrucina (CH) Gianni Masciarelli und seine Frau Marina Cvetic zählen zu den berühmtesten Erzeugern von Trebbiano und Montepulciano d'Abruzzo. Ihre beste Selektion ist Villa Gemma aus eigenen Trauben, ein herausragender Rotwein

mit 14 Prozent Alkoholgehalt, gutem Körper, festem Charakter und erstaunlicher Struktur. Der Trebbiano d'Abruzzo und der Chardonnay, den Masciarelli seiner Frau gewidmet hat, sind ebenfalls beeindruckend.

Cantina Tollo, Tollo (CH) Große Genossenschaftskellerei, zweifellos das Flaggschiff der abruzzischen Weinproduktion. Sehr gut gemachte, vorwiegend rote Weine, Füllungen von durchwegs Montepulciano d'Abruzzo, die im Preis-Leistungs-Verhältnis fast alles in Italien in den Schatten stellen. Am besten sind Montepulciano d'Abruzzo, Montepulciano d'Abruzzo Cerasuolo sowie Trebbiano d'Abruzzo in drei Versionen – Colle Secco, Rocca Ventosa und Valle d'Oro.

Loreto Aprutino bei Pescara; das helle Gebäude ist der Wohnsitz von Edoardo Valentini.

Tyrrhenisches Mittelitalien

Mag in der Toskana, in Umbrien und Latium das Herz Italiens liegen, die Geburtsstunde des neuen italienischen Weins schlug allein in der Toskana. Hier läutete in den sechziger Jahren eine kleine Gruppe von Erzeugern – allen voran Antinori – die Chianti-Renaissance ein und setzte neue Maßstäbe für Italiens Wein. Das vecchio Piemonte («Altpiemont») hatte bis in die achtziger Jahre den Ruf der Seriosität. Die Toskana hingegen mit ihren Weinen aus heimischen Sorten stand bald für die perfekte Synthese aus Tradition und Internationalität. «Nobel», «üppig» und «angenehm» waren die Schlagworte. Dazu hatten toskanische Gewächse ein hohes Alterungspotenzial.

Der Wunsch, den Stil des Chianti neu zu definieren, führte 1984 zur Einrichtung der DOCG, die faktisch mit dem Zusatz weißer Rebsorten aufräumte und der «Veredelung» durch internationale Sorten Tür und Tor öffnete. Damals schlug auch die Stunde der Super-Toskaner – ehrgeiziger, aber umstrittener neuer Weine, die noble Gewächse wie den Sassicaia von Incisa della Rocchetta und Antinoris Tignanello (beide aus der geschickten Hand Giacomo Tachis') zu ihren Vorfahren zählen. Dank hervorragender Jahrgänge und Barriqueausbau – bald die beliebteste Vinfikationsmethode – galten sie rasch als internationale Sensation. Neue Technologien wurden Mode, und Önologen avancierten innerhalb weniger Jahre zu Stars mit großen Weinen aus neu gegründeten Kellereien.

Die Winzer wussten, dass die Neuanlage von Weingärten und die Selektion der besten Klone von Sangiovese – der toskanischen Rebsorte schlechthin – nötig waren. Ende der achtziger Jahre wurden Bolgheri zum «Klein-Bordeaux» des Mittelmeerraums und Chianti Classico zu einem Versuchslabor. Duch die Neubepflanzung mit Sangiovese und Verbesserungen bei der Vinifizierung begann in den neunziger Jahren die Qualität zu steigen.

Zwei große Namen beschritten neue Wege: Montepulciano mit seinem Vino Nobile und Montalcino mit seinem Brunello – Letzterer allerdings mit äußerster Vorsicht. San Gimignanos Vernaccia machte eine Verjüngungskur, Sangiovese hatte sein reinsortiges Debüt. Schließlich begann man im Landesinneren der Toskana vorzüglichen Merlot, Syrah und Pinot Nero zu erzeugen. Allerdings barg diese Entwicklung die Gefahr, dass bei dem Run auf Super-Tafelweine die historischen denominazioni wie Chianti Classico und selbst DOC- und DOCG-Weine auf der Strecke bleiben könnten.

Heute ist jedoch jedes Fleckchen Boden in den aristokratischen DOC- und DOCG-Gebieten mit Rebstöcken bepflanzt. Die Provinz Grosseto bricht unter der Last der neuen Appellationen, Kellereien und Weine fast zusammen, die die immer stärkere Nachfrage nach Weinen der Toskana ins Leben rief. Der Bedarf dürfte allerdings nicht so leicht zu decken sein, machen doch die jüngsten Erträge der Region mit immer noch weit unter drei Millionen Hektoliter nicht einmal fünf Prozent der Gesamtproduktion Italiens aus.

Diese Dynamik griff auch aufs benachbarte Umbrien über, das als einziges Anbaugebiet Kernitaliens keinen Zugang zum Meer hat. Es ist gewissermaßen die Ausweitung der Toskana ins Landesinnere. Mit Umbrien ging es in den letzten Jahren steil bergauf: Montefalco, Orvieto und Colli del Trasimeno sind die dynamischsten, viel versprechendsten Gebiete, Torgiano scheint sich nach Giorgio Lungarottis Tod zwar eine Nachdenkpause zu gönnen, sprudelt aber über vor Talent und Enthusiasmus. Am stärksten fällt der wachsende Erfolg der umbrischen Rotweine auf – selbst in Weißweinhochburgen wie Orvieto.

Latium erbringt im Schnitt mit über drei Millionen Hektoliter jährlich sechs Prozent der Landesproduktion. Die Qualität steigt, ungeschmälert ist der Ruf von Frascati, Marino und anderen traditionellen Weißweinen aus den Castelli Romani. Die Küstenregionen Mittel- und Südlatiums sowie Montefiascone zeigen reelles Potenzial. Auch hier liegt die Zukunft im Rotwein: Merlot, Shiraz und Cabernet Sauvignon entwickeln sich gut.

Toskana

Die Geschichte des toskanischen Weins lässt sich bis in das 5. Jahrhundert v. Chr. zurückverfolgen, als die Toskana – wie auch Umbrien, das nördliche Latium und Teile der Emilia und der Marken – zu Etrurien gehörte. Spuren des etruskischen Erbes fanden sich noch in den fünfziger Jahren: «Mischkulturen», bei denen Apfel-, Maulbeer- oder Ölbäume den Reben als Stütze dienten. Weinbau in großem Stil begann man erst in den sechziger Jahren zu betreiben.

Vernaccia aus San Gimignano und Rotwein aus Montepulciano trank man schon vor der Renaissance, aber erst im 19. Jahrhundert kam der toskanische Weinbau richtig in Schwung. In der Mitteltoskana schlug der Chianti den Vermiglio aus dem Feld, und mit Biondi-Santis Jahrgang 1888 trat erstmals Brunello di Montalcino auf. Damals schlug auch die Geburtsstunde von Carmignano und Rùfina, und Chianti kam in größerem Umfang in den Handel.

Weine und Weinerzeugung

In der Toskana werden nur drei Millionen Hektoliter Wein erzeugt, davon haben allerdings 45 Prozent DOC- oder DOCG-Status. Damit liegt die Toskana im Spitzenfeld von Italiens Qualitätsweinproduktion. Sie kann sechs DOCGs vorweisen: Brunello di Montalcino, Carmignano, Chianti, Chianti Classico, Vernaccia di San Gimignano und Vino Nobile di Montepulciano. Die DOCs sind Legion – dazu zählen Bolgheri, Montecarlo und Morellino di Scansano, Pomino, Rosso di Montalcino und Rosso di Montepulciano, um nur einige der klingenderen Namen zu nennen.

Dank der Sachkenntnis und dem Unternehmungsgeist einer neuen Generation kompetenter und experimentierfreudiger Weinerzeuger liegt die Toskana heute nur noch ganz knapp unter dem Niveau von Bordeaux, Burgund und Kalifornien. Die meisten Lorbeeren ernteten die Ende der sechziger bis Ende der achtziger Jahre erzeugten Super-Toskaner, experimentelle Rotweine von hoher Qualität, die sich international als höchst konkurrenzfähig erwiesen, jedoch von den traditionellen Stilen abwichen. Lange Jahre – zum Teil bis heute – blieb den Super-Toskanern die Auszeichnung mit der DOC verwehrt. Obwohl sie zu den Besten unter den toskanischen Weinen zählen, liefen sie als *vini da tavola* unter regionalem Etikett. Sie entsprachen nicht den Produktionsrichtlinien, weil sie zum Beispiel mit unerlaubten Verschnitten arbeiteten. Edlen Weinen wie Antinoris Tignanello, Ruffinos Cabreo, San Felices Vigorello und dem Fontalloro aus der Fattoria di Felsina blieb der Zutritt zur Oberliga verwehrt – jedenfalls

in gesetzlicher Hinsicht. (Auch Sassicaia erfuhr einst eine ähnliche Zurückweisung; heute hat er als Bolgheri Sassicaia DOC-Status.) Vor allem der überseeische Markt reagierte jedoch ganz anders, und die Super-Toskaner wurden schon bald weit über dem Wert toskanischer DOC- oder DOCG-Weine gehandelt.

Cabernet Sauvignon und Merlot zählen zu den Sorten, die man in den Weinbergen von Chianti und Montalcino immer häufiger sieht; sie werden mit Sangiovese verschnitten oder nur in französischen Eichenbarriques zu hoch geschätzten Weinen ausgebaut.

Boden, Klima und Anbau

Die Toskana weist eine Unzahl von Mikroklimaten auf. Die Küste, das Gebiet von Bolgheri und weite Teile der Maremma di Grosseto haben Mittelmeerklima. An Flüssen oder am Meer treten häufig Sand- und Tonböden auf. Der vor allem im Norden der Region sehr innovative Weinbau entfaltet sich in dicht mit internationalen Sorten und einheimischem Sangiovese und Vermentino bepflanzten Rebflächen. Im Süden herrschen traditionellere Methoden und eher «handgeschnittene» Sorten vor, etwa Morellino (eine Spielart des Sangiovese), Alicante (eine Verwandte der Grenache) und bei den weißen Rebsorten die Klassiker Trebbiano Toscano und Malvasia.

Die Mitteltoskana liefert das qualitative Fundament. Die Kreideböden des im Süden von Siena gelegenen Montalcino sind besonders gut für Sangiovese. Innerhalb der mediterranen Klimazone gibt es einige kontinentale Einsprengsel mit kälteren Wintern und oft heißeren Sommern als an der Küste, wiewohl sich die Nähe des Monte Amiata in wichtigen Wachstumsphasen mäßigend auf die oft extreme Hitze auswirkt. Das Klima des im Landesinneren und etwas höher gelegenen Montepulciano ist eher kontinental, die Winter können mitunter sehr streng sein.

Das große Chianti-Classico-Gebiet weist je nach Bodentyp – Ton im Süden, kreidehaltigere Böden im Norden – unterschiedliche Anbaubedingungen auf. Das mediterran-kontinentale Mischklima sorgt für trockene Sommer und oft bitterkalte Winter. In all diesen Gebieten dominiert der Sangiovese, die Pflanzdichte liegt zwischen 3000 und 4000 Rebstöcken pro Hektar.

In den nördlicher gelegenen Gebieten, vor allem in Carmignano und Rùfina, ist die Situation ähnlich; diese Randbezirke sind jedoch aufgrund der Höhenlage ihrer Weinberge an den Abhängen des Apennin von geringerer Bedeutung.

Eine von Zypressen gesäumte Straße schlängelt sich durch die typische toskanische Landschaft. Für solche Bilder und den hiesigen Wein lieben Touristen die Toskana.

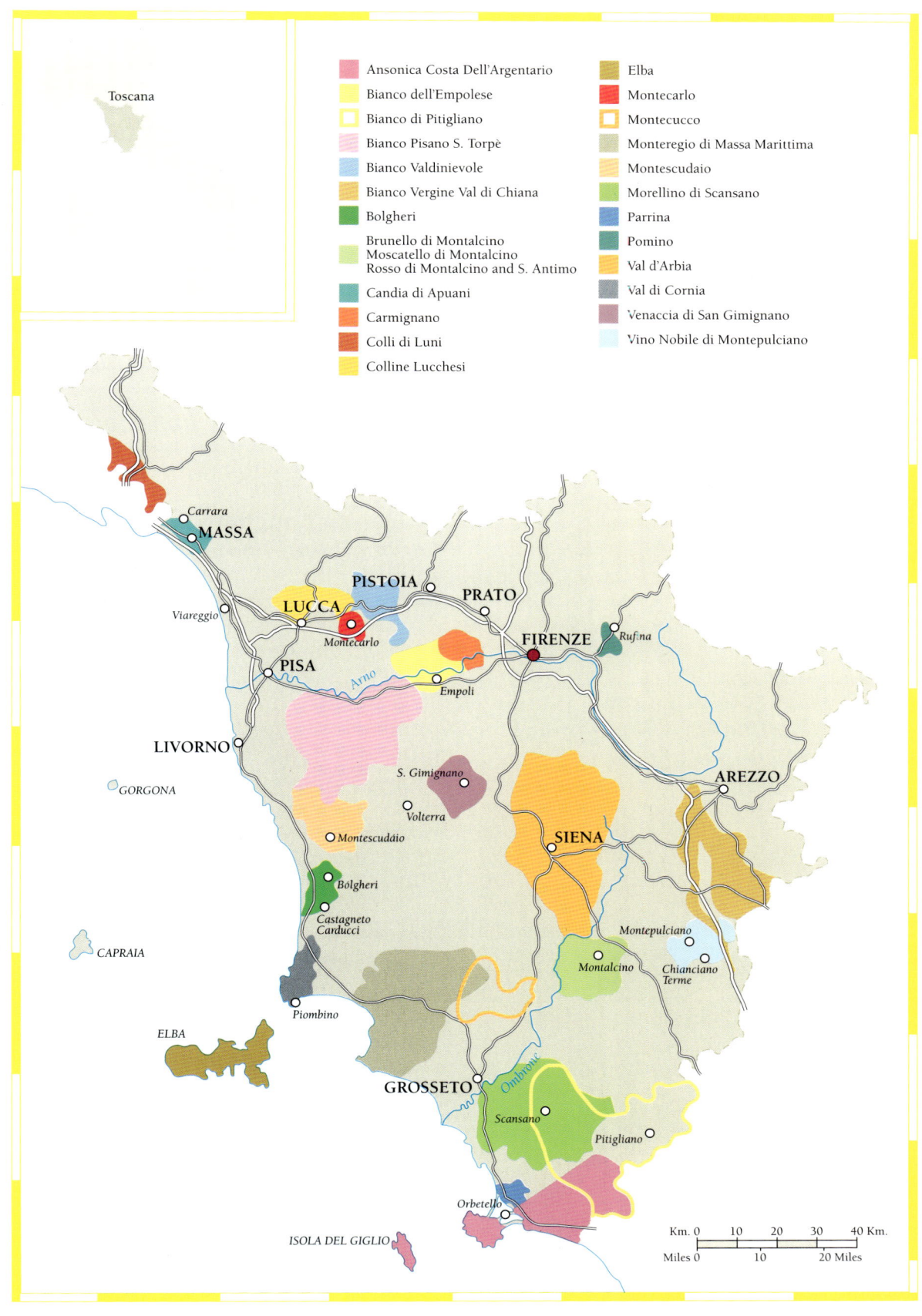

Toscana

Ansonica Costa Dell'Argentario		Elba	
Bianco dell'Empolese		Montecarlo	
Bianco di Pitigliano		Montecucco	
Bianco Pisano S. Torpè		Monteregio di Massa Marittima	
Bianco Valdinievole		Montescudaio	
Bianco Vergine Val di Chiana		Morellino di Scansano	
Bolgheri		Parrina	
Brunello di Montalcino Moscatello di Montalcino Rosso di Montalcino and S. Antimo		Pomino	
Candia di Apuani		Val d'Arbia	
Carmignano		Val di Cornia	
Colli di Luni		Venaccia di San Gimignano	
Colline Lucchesi		Vino Nobile di Montepulciano	

Carrara

MASSA

Viareggio

PISTOIA
LUCCA PRATO
Montecarlo
PISA FIRENZE Rufina
Arno
Empoli

LIVORNO

GORGONA

S. Gimignano
Volterra
Montescudáio AREZZO

SIENA

Bólgheri
Castagneto Carducci

CAPRAIA

Montepulciano
Montalcino Chianciano Terme

Piombino

ELBA

Ombrone
GROSSETO

Scansano
Pitigliano

Orbetello

ISOLA DEL GIGLIO

Km. 0   10   20   30   40 Km.
Miles 0   10   20 Miles

Chianti

Das weite Weinbaugebiet der Zentraltoskana, der Heimat des Chianti DOCG und seiner verschiedenen Bereichs-DOCs , erstreckt sich über Teile der Provinzen Prato, Florenz, Arezzo, Pistoia, Pisa und Siena. Die großzügigen Weiten seiner Weinberge erbringen im Jahr über 750 000 Hektoliter Wein – mehr als jede andere DOC Italiens, und das, obwohl Chianti Classico 1996 seine eigene DOCG erhielt und somit nicht mehr unter die DOCG Chianti fällt. Andere Teilgebiete haben ebenfalls einen eigenständigen DOCG-Status erlangt: Colli Fiorentini, Colli Aretini, Colline Pisane, Colli Senesi, Montalbano, Rùfina sowie die erst 1997 eingerichtete Appellation Superiore für jene Gebiete der Provinzen Florenz und Siena, die nicht unter die DOCG Chianti Classico fallen.

In der jüngsten Vergangenheit wurden die Weingesetze des Chianti – wenn auch moderat – erneuert, was eine beachtliche Qualitäts- und Preissteigerung zur Folge hatte. Parallel zu diesem deutlichen sozialen Aufstieg gelang es, mit dem Image des nichts sagenden Touristen-Chianti in seinen unsäglichen Korbflaschen aufzuräumen. Der Chianti hat seine Entwicklung zu einem Gutteil der Verbannung weißer Rebsorten (zumeist der üblichen Verdächtigen Trebbiano und Malvasia) aus dem Verschnitt zu verdanken. Bis zum Inkrafttreten der DOCG im Jahr 1984 galten Verschnitte als durchaus zulässig, die neben Sangiovese und Canaiolo auch bis zu 20 Prozent weiße Trauben enthielten. Das neue Weingesetz erlaubt nur noch maximal sechs Prozent davon. In der Praxis verwendet ein großer Teil der Erzeuger nahezu 100 Prozent Sangiovese, vor allem in den Kategorien Riserva und Superiore sowie in den renommierten Bereichs-DOCs, insbesondere in Rùfina und Colli Senesi.

Chianti dei Colli Aretini

Dieses ziemlich große Gebiet bringt im Jahr 35 000 Hektoliter hervor. Mangels eines überzeugenden Images werden die hiesigen Weine hauptsächlich innerhalb der Region verkauft. Charakteristisch sind ein ziemlich leichter Körper, spürbarer Säuregehalt und ein im Vergleich zu Chianti aus anderen Gebieten eher einfaches und weniger komplexes Bukett.

Chianti dei Colli Fiorentini

Dieses Gebiet liegt zwischen Florenz und dem Nordrand des Chianti-Classico-Gebiets. Impruneta und Montespertoli gelten als «Mini-Weinhochburgen». Weine aus den Colli Fiorentini ähneln oft dem Chianti Classico aus dem Norden der DOCG, sind eventuell ein bisschen frischer und haben ein etwas weniger komplexes Bukett.

Chianti dei Colli Senesi

Diese größte und bedeutendste Bereichs-DOC umfasst einen großen Teil der Provinz Siena. Von hier stammen zahlreiche ausgezeichnete Erzeuger und interessante Weine aus Sangiovese von häufig herausragender Qualität. Sie brauchen den Vergleich mit den Gewächsen aus dem angeseheneren Chianti Classico nicht zu scheuen.

Chianti Montalbano

Dieses weniger bekannte Teilgebiet liegt in der Provinz Prato nordwestlich von Florenz. Der hiesige Chianti ist leicht und angenehm und sollte wegen seiner Kurzlebigkeit jung getrunken werden – am besten zu Gerichten der toskanischen Küche.

Chianti Rùfina

Dieses winzige Gebiet nordöstlich von Florenz weist Kontinentalklima und Weinberge in über 400 Meter Seehöhe auf. Die duftigen Weine haben zwar nicht die Wucht eines Chianti Classico oder Colli Senesi, aber durchaus Alterungspotenzial – vor allem Montesodi und Nipozzano dei Marchesi Frescobaldi sowie Bucerchiale von Selvapiana, alles für die hiesige Sangiovese-Selektion typische Weine.

Piazza del Campo und Torre del Mangia in Siena – Austragungsort des berühmten Palio und Zentrum der Colli Senesi.

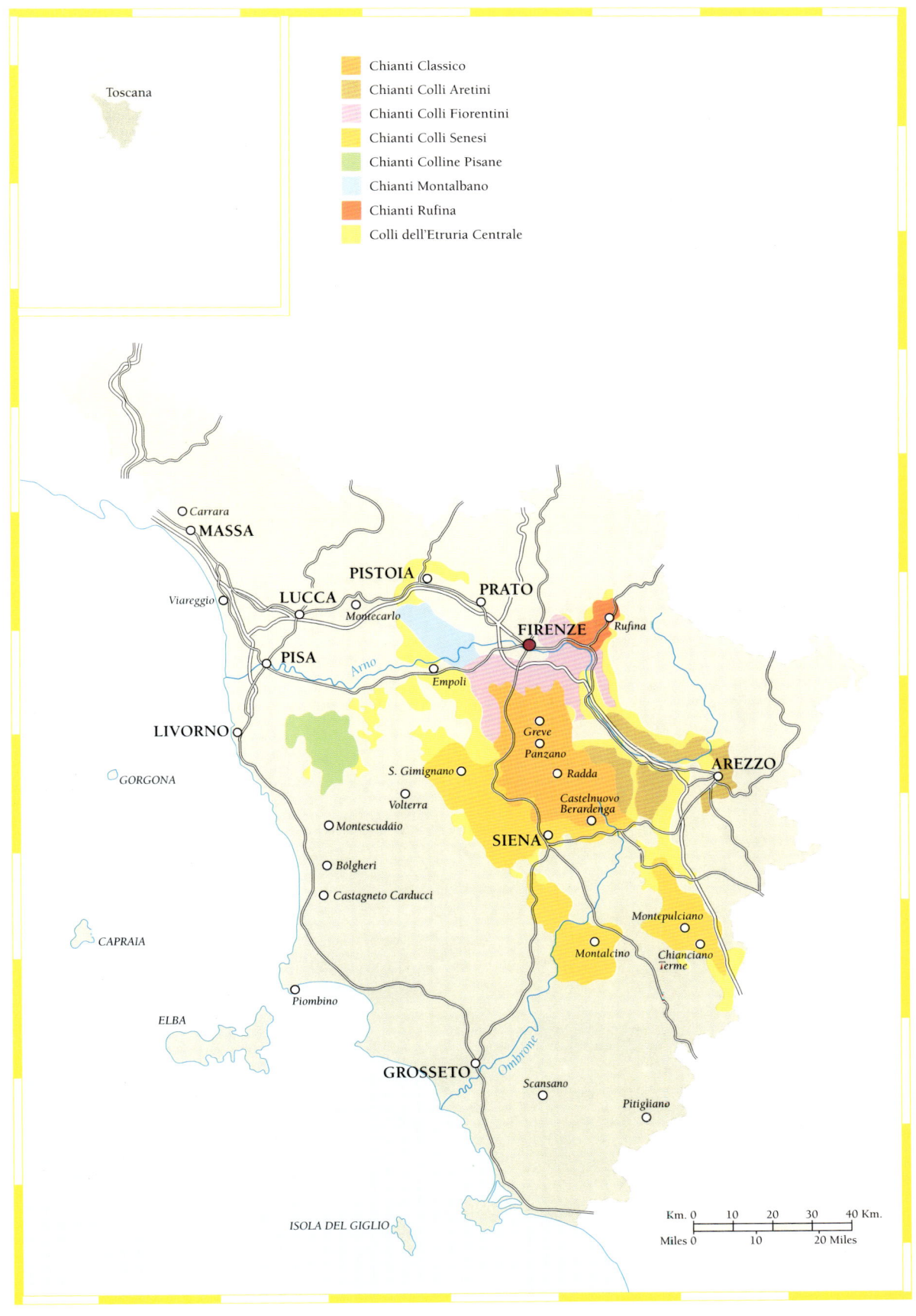

Toscana

Chianti Classico
Chianti Colli Aretini
Chianti Colli Fiorentini
Chianti Colli Senesi
Chianti Colline Pisane
Chianti Montalbano
Chianti Rufina
Colli dell'Etruria Centrale

Carrara
MASSA
PISTOIA
Viareggio
LUCCA
PRATO
Montecarlo
FIRENZE
Rufina
PISA
Arno
Empoli
LIVORNO
Greve
Panzano
GORGONA
S. Gimignano
Radda
AREZZO
Volterra
Castelnuovo
Berardenga
Montescudáio
SIENA
Bólgheri
Castagneto Carducci
CAPRAIA
Montepulciano
Montalcino
Chianciano
Terme
ELBA
Piombino
GROSSETO
Ombrone
Scansano
Pitigliano
ISOLA DEL GIGLIO

Km. 0   10   20   30   40 Km.
Miles 0   10   20 Miles

Wichtige Erzeuger

CHIANTI

San Fabiano Borghini Baldovinetti, Arezzo Riesiges historisches Gut (über 650 Hektar), erzeugt angenehmen, frischen Chianti sowie Armaiolo – diesen Super-Toskaner sollte man sich merken.

Villa La Selva, Bucine (AR) Chianti Evento ist einer der besten Chianti, die Kellerei ist aber vor allem für zwei große rote Super-Toskaner berühmt: Felciaia (Sangiovese) und Selvamaggio (Cabernet Sauvignon und Sangiovese).

Chigi Saracini, Castelnuovo Berardenga (SI) Die Besitzer dieses prächtigen Weinguts könnte man als Chianti-Superiore-Spezialisten bezeichnen. Sie produzieren einen verlockenden DOCG Chianti Colli Senesi.

Tenuta di Ghizzano, Ghizzano di Peccioli (PI) Eine der wenigen seriösen Kellereien des Chianti Colline Pisane (die ihre Weine lieber schlicht «Chianti» nennt). Gut gemachte, preisgünstige Weine: Veneroso, ein Super-Toskaner aus Sangiovese und Cabernet, sowie Nambrot (Merlot) sind ausgezeichnet.

Fattoria di Petrolo, Mercatale Valdarno (AR) Lucia Sanjust, eine der besten Winzerinnen von Arezzo, arbeitet im Team mit Giulio Gambelli, einem der begabtesten Erzeuger der Toskana. Lucia erzeugt guten Chianti Riserva, doch ihre großen Weine – Torrione (reinsortiger Sangiovese) und Galatrona (Merlot) – sind wahre Weinwunder.

Donatella Cinelli Colombini – Fattoria del Casato, Montalcino (SI) Hervorragende Erzeugerin von Brunello; auch sehr guter Chianti Superiore, auf den sie mit gutem Grund sehr stolz ist.

Weinbau ist in der Toskana seit den 60ern Big Business; manchmal findet man aber noch Spuren der Mischkultur – hier mit Oliven.

COLLI ARETINI

Villa Cilnia, Pieve al Bagnoro (AR) Mit Abstand die beste Kellerei des Gebiets, erzeugt seit 1974 exzellente Rotweine. Sehr gut der Chianti Colli Aretini (auch als Riserva) und der Super-Toskaner Vocato aus Sangiovese und Cabernet.

COLLI FIORENTINI

Podere Lanciola II, Impruneta (FI) Imprunetas beste und schönste Kellerei. Erzeugt angenehmen Chianti dei Colli Fiorentini (auch Riserva) und Terricci, einen köstlichen Super-Toskaner aus Sangiovese und Cabernet Sauvignon.

Le Calvane, Montagnana Val di Pesa (FI) Kaum bekannte, sehr zuverlässige Kellerei, erzeugt guten Chianti dei Colli Fiorentini: Quercione, gut ausgewogen und extrem trinkbar, noch besser Borro del Boscone, ein herausragender Cabernet Sauvignon, nicht körperreich, aber sehr elegant und harmonisch.

Castello di Poppiano, Montespertoli (FI) Berühmtes Weingut, seit dem 12. Jahrhundert in Besitz der Fürsten Guicciardini, über 120 Hektar Rebflächen. Erzeugt höchst beeindruckenden Chianti dei Colli Fiorentini Riserva – mild, elegant, erstaunlich konzentriert. Ebenfalls attraktiv der Tricorno, ein ungewöhnlicher Verschnitt aus Sangiovese, Nebbiolo, Barbera, Cabernet Sauvignon und Merlot aus dem Herzen der Toskana.

COLLI SENESI

Chigi Saracini, Castelnuovo Berardenga (SI) Mehrere Chianti Colli Senesi, darunter eine junge, leicht trinkbare, sehr preisgünstige Version.

Ficomontanino, Chiusi (SI) Heimat des Tutulus, eines der berühmtesten Chianti der Colli Senesi. Von hier stammt auch ein ausgezeichneter Super-Toskaner aus Cabernet Sauvignon, Lucumone – be-

Die Toskana liefert Italiens höchste DOC-Erträge; Maschineneinsatz ist gang und gäbe.

nannt nach einem alten Etruskerherrscher. Chiusi war einst eine der wichtigsten Etruskerstädte.

Castello di Farnetella, Sinalunga (SI) Geleitet von Giuseppe Mazzocolin (der «Seele» der großen Fattoria di Felsina im Chianti Classico) und dem Önologen Franco Bernabei. Hervorragend ist ihr Chianti Colli Senesi, beachtlich auch der exzellente rote Super-Toskaner Poggio Granoni, der Pinot Nero di Nubi und der erstaunliche, gelungene Sauvignon.

MONTALBANO

Enrico Pierrazzuoli, Capraia e Limite (PO) Bester Chianti Montalbano von einem der neuen toskanischen Erzeuger. Die rote Riserva ist mild, angenehm, mit leichtem Holzton. Die normale Version hat den sortentypischen Geschmack des hiesigen Sangiovese, dazu samtige Struktur und Fülle am Gaumen.

RUFINA

Marchesi de' Frescobaldi, Florenz Einer der klangvollsten Namen in der Welt des Weins, mit fast 1000 Hektar Rebflächen eines der größten Weingüter der Toskana. Typische Weine: Chianti Rùfina Riserva Montesodi, Chianti Rùfina Nipozzano und Mormoreto – ein Super-Toskaner aus Cabernet Sauvignon. Aus der DOC Pomino: Pomino Bianco Il Benefizio (Chardonnay und Pinot Bianco) und Pomino Rosso (Sangiovese mit einem Schuss Cabernet).

Tenuta di Bossi, Pontassieve (FI) Die Marchesi Bonaccorso und Bernardo Gondi erzeugen zusammen mit dem Önologen Carlo Corino die besten Rotweine von Rùfina: sehr guten, typischen Chianti Rùfina Riserva und Mazzaferrata (Cabernet Sauvignon), einen wuchtigen, konzentrierten Roten mit ausgezeichnetem Alterungspotenzial.

Fattoria Selvapiana, Pontassieve (FI) Der Chianti Rùfina Riserva Bucerchiale von Marchese Francesco Giuntini (unterstützt von dem Önologen Franco Bernabei) ist ein Klassiker – einer der ausgewogensten und langlebigsten Weine der Toskana, der wesentlich dazu beigetragen hat, dass dieses historische Weingut in den örtlichen «Weinadelsstand» erhoben wurde.

Fattoria di Basciano, Rùfina (FI) Reelle Ware ist in der Toskana immer stärker gefragt. So kann diese international noch wenig bekannte Kellerei punkten. Paolo Masi erzeugt guten Chianti Rùfina – angenehm, fruchtig, einfach – und beachtlichen Chianti Rùfina Riserva. Seine Stars sind jedoch zwei großartige Rote: der elegante Super-Toskaner I Pini (halb Sangiovese, halb Cabernet Sauvignon) und Il Corto – wunderschöner Sangiovese mit einem Tropfen Cabernet.

Chianti Classico

Chianti Classico steht für italienischen Wein schlechthin. Aber abgesehen von einigen weinbegeisterten Globetrottern wissen nur wenige, dass sich hinter dem berühmten Namen eine der schönsten Gegenden der Welt verbirgt. Das locker bewaldete Chianti mit seinen Weinbergen, Olivenhainen und Zypressen liegt im Herzen der geschichtsträchtigen Toskana mit ihrem reichen Kulturerbe. Die Hügel des Chianti Classico waren einst Schauplatz von Schlachten und Feldzügen. Heute dienen die Burgen und befestigten Klöster als prachtvolle Landsitze.

Der Legende zufolge beschlossen die Bürger von Florenz und Siena zu Beginn des 13. Jahrhunderts, ihren ewigen Kriegen ein Ende zu setzen und ihre jeweiligen Einflussbereiche festzulegen. Beim ersten Hahnenschrei sollten zwei Reiter – einer von Florenz, der andere von Siena aus – aufbrechen, und dort, wo sie aufeinander träfen, würde fortan die Grenze verlaufen. Der Sage nach ließen die Florentiner ihren Hahn hungern, so dass er sehr früh morgens zu krähen begann und die Florentiner lange vor Tagesanbruch losritten und fünfzehn Kilometer vor Siena bei Fonterutoli auf ihre Sieneser Erbfeinde stießen.

Somit erhielt die Republik Florenz einen großen Teil des Chianti und damit ein strategisch und wirtschaftlich bedeutendes Gebiet, denn die Burgen Brolio, Cacchiano und Badia a Coltibuono lagen im Bezirk Gaiole im Herzen des Chianti. Schon damals prägten Weinberge und Oli-

Weinberg der Tenuta Fontodi bei Panzano mitten im historischen Chianti-Classico-Gebiet.

venhaine das Landschaftsbild. Das Mikroklima war und ist optimal für den Weinbau. Abgesehen von der fast perfekten Symbiose zwischen steinigen, trockenen Böden und Reben tauchen die von den Kalkfelsen reflektierten Sonnenstrahlen die Landschaft in ein einzigartiges warmes Licht mit spektakulären Kontrasten. Die Hügel des Chianti bilden vom Meer ausgehend einen Bogen; sie sind warmen, feuchten Winden ausgesetzt. Aus den Bergen kommt kühle Luft. Die kalten Winterwinde kündigen sich mit den herbstlichen Regenfällen an, die den Zeitpunkt der Lese bestimmen. Hält das schöne Wetter bis Mitte Oktober an, wird der Wein vorzüglich, denn die Sonne verhilft ihm zu Harmonie und Wärme. Ist die Lese aber verregnet, ergibt sie fast ausnahmslos sauren und scharfen, kalten und blassen Wein. Wie auch immer – der Chianti ist für sich genommen faszinierend. Er ähnelt den Rotweinen des Nordens wie dem Burgunder.

Als 1716 Cosimo III. das Anbaugebiet für Chianti per Edikt festlegte, schuf er gewissermaßen lange vor ihrer Zeit eine DOC. Der Weitblick des Großherzogs schützte den Namen des Weins, der in der Folge zum berühmtesten Italiens wurde. Dieses «Patent» umfasste – und das ist vielleicht noch wichtiger – auch die Bezeichnung «Chianti Classico» für einen der größten Rotweine Italiens aus dem weiten Grenzgebiet der Provinzen Florenz und Siena. Für den Wein gelten seit 1984, als er die DOCG erhielt, strenge Auflagen. Der Aufstieg von der DOC zur DOCG hatte die für italienische Verhältnisse einzigartige Verringerung des zulässigen Ertrags von 11 000 auf nur 7500 Kilogramm Trauben pro Hektar zur Folge. Die DOCG-Bestimmungen führten auch weg von Zusätzen weißer Rebsorten (vor allem Trebbiano und Malvasia), die die Alterungsfähigkeit des Weins beeinträchtigen, hin zum Sangiovese – seit langem die wichtigste Rebsorte der Region –, der nun 85 bis 100 Prozent der im Chianti Classico DOCG verwendeten Trauben stellen kann.

Chianti Classico hat seine einstige Größe wiedererlangt und gilt heute als Inbegriff des italienischen Weins. In Jahrgängen wie 1985, 1988, 1990 und 1997 kann er mit einer Finesse und Harmonie aufwarten, die ihm so schnell kein anderer italienischer Rotwein nachmacht.

Olivenhain in San Régolo nahe des Chianti Classico. Die führenden Weinhäuser des Chianti erzeugen oft auch bestes Olivenöl.

Wichtige Erzeuger

Casa Emma, Barberino Val d'Elsa (FI)
Eine der innovativsten Kellereien der Region. Hervorragender Chianti Classico, auch als Riserva, und Soloio, ein roter IGT-Wein aus Merlot – kraftvolle, milde, konzentrierte Weine, ausgebaut in kleinen französischen Eichenfässern.

Isole e Olena, Barberino Val d'Elsa (FI)
Im Besitz von Gründer Paolo De Marchi, einem der Wegbereiter des Chianti; wird mit jedem Jahr besser. Sein Chianti Classico ist einer der besten und zuverlässigsten, selbst in unbedeutenden Jahren. Herausragend sind seine «innovativen» Weine. Der Cabernet Sauvignon zählt zu den fünf besten Weinen Italiens. Cepparello (reinsortiger Sangiovese) und Eremo (Syrah) gelten als viel versprechende Nachfolger.

Monsanto, Barberino Val d'Elsa (FI)
Weltberühmter Chianti Classico Riserva, bietet auch angenehmen, runden, barriquegereiften Chardonnay. Nemo – aus Cabernet Sauvignon – und Il Poggio Riserva – aus Sangiovese – sind einen Versuch wert.

Castellare, Castellina in Chianti (SI)
Der gut trinkbare und attraktive Chianti Classico dieses Weinguts fasziniert auf den ersten Schluck. Der in kleinen Fässern ausgebaute rote I Sodi di San Niccolò (Sangiovese und Malvasia Nera) und der Coniale (Cabernet Sauvignon) haben eine elegante Chianti-Struktur.

Castello di Fonterutoli, Castellina in Chianti (SI)
Im Besitz der Familie Mazzei, wurde in den letzten Jahren zu einer der besten Chianti-Kellereien und bietet ein verschlanktes Angebot: Chianti Classico Riserva – in guten Jahren tiefrot, mit vielschichtigem Bukett und großer Finesse –, Siepi (Sangiovese und Merlot) sowie köstlichen Jahrgangs-Chianti-Classico *(annata)*.

Castello di Lilliano, Castellina in Chianti (SI)
Unter Giulio Ruspoli Berlinghieri wurde Lilliano zu einem großen Weingut. Zuverlässige, reelle Weine von Chianti Classico Riserva und Annata bis zu Anagallis aus 85 Prozent Sangiovese und 15 Prozent Canaiolo.

Cecchi – Villa Cerna, Castellina in Chianti (SI)
Berühmte Großkellerei, erzeugt im Jahr einige Millionen Flaschen, die sich allesamt durch gleich bleibende Zuverlässigkeit auszeichnen. Renommierstücke des Angebots sind der Tafelwein Spargolo (Sangiovese), Chianti Classico, Villa Cerna Riserva, Chianti Classico Messer Piero di Teuzzo und Chianti Classico Riserva.

Nittardi, Castellina in Chianti (SI)
Ein neues Gesicht unter den Chiantis der Spitzenklasse. Chianti Classico Riserva – in den besten Jahren dicht rubinrot, mit Vanilleduft und angenehmem Röstaroma – ist ein runder, feiner Wein mit kraftvoller, geschmeidiger Struktur.

Rocca delle Macìe, Castellina in Chianti (SI)
Vorbildlicher Erzeuger eines traditionellen, hoch angesehenen Weinstils. Von hier kommen üppige Rote mit angenehmem Bukett, leicht trinkbar und mit abgerundetem Geschmack.

San Fabiano Calcinaia, Castellina in Chianti (SI)
Der Besitzer des Guts, der in Mailand ansässige Florentiner Financier Guido Serio, bietet eine Reihe solider Chianti Classico. Die Riserve stammen aus der Lage Cellole; Cerviolo ist ein umwerfender Roter aus Sangiovese mit 30 Prozent Cabernet Sauvignon.

Felsina, Castelnuovo Berardenga (SI)
Die Entwicklung dieser Kellerei in den letzten Jahren sorgte allgemein für Erstaunen – heute zählt sie zu den besten Erzeugern der Toskana. Ob Standardwein oder exquisite Riserva – die Qualität ist auch in unbedeutenden Jahren extrem hoch. Chianti Classico Riserva Rancia und Fontalloro – reinsortiger Sangiovese – reifen in kleinen Fässern aus französischer Eiche.

San Felice, Castelnuovo Berardenga (SI)
Eines der größten und besten Chianti-Weingüter. Breite Palette vorwiegend roter Weine aus Sangiovese; grandios der Vigorello aus Sangiovese und Cabernet Sauvignon und der Chianti Classico Poggio Rosso Riserva.

Marchesi Antinori, Florenz
Diese Kellerei ist das Werk des Marchese Piero Antinori – einer der «adeligen Väter» des italienischen Weins und wohl bester Weinerzeuger der Toskana. Sein Flaggschiff, Tignanello (80 Prozent Sangiovese, 20 Prozent Cabernet Sauvignon), ist für die Toskana, was Château Mouton-Rothschild für Bordeaux. Sein repräsentativster Wein, Solaia (80 Prozent Cabernet Sauvignon, 20 Prozent Sangiovese), ist einer der größten Rotweine Italiens. Außerdem: Chianti Classico Riserva, Badia a Passignano, Tenute del Marchese und Villa Antinori.

Agricoltori del Chianti Geografico, Gaiole in Chianti (SI)
Für exzellente, gleich bleibend zuverlässige Weine bekannte Genossenschaftskellerei. Starthilfe bei dem Aufsehen erregenden Qualitätssprung leistete der sehr erfahrene und überaus praktisch denkende Önologe Vittorio Fiore.

Marchese Piero Antinori, einer der «adeligen Väter» des italienischen Weins, mit seinen Töchtern Albiera und Allegra.

Badia a Coltibuono, Gaiole in Chianti (SI) Zuverlässigkeit und reelle Ware – so lautet das Motto dieses bekannten Weinguts von Familie Stucchi. Kellermeister Maurizio Castelli sorgt für gut strukturierte und sehr trinkbare Weine, darunter ein typischer Chianti als wunderbarer Begleiter zu Speisen.

Castello di Ama, Gaiole in Chianti (SI) Dieses Weingut ähnelt einem Bordeaux-Château: Das Haus steht inmitten der Weinberge, wo Sorten wie Merlot, Pinot Noir, Chardonnay und Sauvignon neben einheimischem Sangiovese, Trebbiano und Malvasia wachsen. Der Ausbau in traditionellen französischen Fässern bringt große Weine von internationalem Format hervor. Typisch sind Chianti Classico Bellavista und La Casuccia sowie Vigna l'Apparita (Merlot).

Castello di Brolio – Ricasoli, Gaiole in Chianti (SI) Brolios Comeback liegt der feste Entschluss zu Grunde, wieder die Hauptrolle zu spielen, die das Gut jahrhundertelang innehatte. Regie führt Francesco Ricasoli, der dem Weingut durch zahllose Kontroversen half und jetzt schon mit herausragenden Weinen wie dem roten Casalferro aus Sangiovese und Merlot sowie Chianti Classico Castello di Brolio aufwartet.

Castello di Cacchiano, Gaiole in Chianti (SI) Familienweingut der Ricasoli-Firidolfi mit jahrhundertealter Weintradition. Mit der Leitung ist der erfahrene junge Weinerzeuger Giovanni Ricasoli betraut. Seine wichtigsten Weine sind Chianti Classico Millennio Riserva und RF Castello di Cacchiano, ein barriquegereifter Roter aus Sangiovese und Canaiolo.

Riecine, Gaiole in Chianti (SI) Die kleine Kellerei ist heute in den Händen von Carlo Ferrini und Sean O'Callaghan und erzeugt seit über zwanzig Jahren einige der besten Weine der Region.

Sowohl Chianti Classico Riserva als auch La Gioia, ein reinsortiger Sangiovese, sind Meisterwerke.

Rocca di Montegrossi, Gaiole in Chianti (SI) Zu Marco Ricasolis Weinen zählen sehr moderner Chianti Classico und Geremia, intensiv fruchtiger Sangiovese.

Castello di Verrazzano, Greve in Chianti (FI) Diese Kellerei setzt seit einigen Jahren ihr offensichtliches Potenzial um. Ihr Chianti Classico Riserva ist durchwegs großartig, ebenso der Sassello, ein glänzender sortenreiner Sangiovese.

Nozzole, Greve in Chianti (FI) Ebenso wie Ruffino im Besitz der Familie Folonari. Pareto aus Cabernet Sauvignon ist einer der besten innovativen Weine der Region und den Besten seines Namens in der Toskana, in Kalifornien und Bordeaux ein würdiger Konkurrent. Ebenfalls herausragend der Chianti Classico La Forra Riserva.

Weinberg in Radda, Teil des historischen Guts Castello di Albola, heute im Besitz von Gianni Zonin.

Castello dei Rampolla, Panzano in Chianti (FI) Historisches Weingut, den heutigen Betrieb gründete vor dreißig Jahren Alceo di Napoli, einer der visionärsten Weinerzeuger der Region. Heute von Luca und Maurizia di Napoli geführt. Rückgrat der beiden repräsentativsten Weine ist Cabernet Sauvignon, beim Vigna di Alceo mit ein wenig Petit Verdot, beim Sammarco mit Sangiovese gemischt. Ebenfalls hervorragend der Chianti Classico Riserva.

La Massa, Panzano in Chianti (FI) Wie im Märchen: Der junge Neapolitaner Gianpaolo Motta arbeitete zuerst in der Kellerei von Castello dei Rampolla, machte sich selbstständig, investierte alles in sein Weingut und erzeugt heute den herausragenden Chianti Classico Giorgio Primo und Chianti Classico vom Feinsten.

Tenuta Fontodi, Panzano in Chianti (FI) Chianti Classico Vigna del Sorbo Riserva ist ein großer Wein, tief dunkelrot, mit komplexem Bukett, dem Duft von edlem Sangiovese sowie einer Idee Cabernet Sauvignon – ein Meisterwerk. Interessant auch Flaccianello della Pieve (reinsortiger Sangiovese) und Pinot Nero Case Via. Der dynamische Besitzer, Giovanni Manetti, vollbringt ein Wunder nach dem anderen.

Auf Strohmatten trocknen Trauben für den überall in der Toskana erzeugten Vin Santo («Heiliger Wein»). Einige der Besten kommen aus dem Chianti.

Vignamaggio, Greve in Chianti (FI) Angeblich malte Leonardo da Vinci sein berühmtestes Kunstwerk, die Mona Lisa, in einem der Räume der Villa von Vignamaggio. Moderne Kunstwerke sind der Chianti Classico Mona Lisa und Gherardino rein aus Sangiovese – Weine, die ihresgleichen suchen und regelmäßig Preise einheimsen.

Querciabella, Greve in Chianti (FI) Entwickelt sich mit seinem unverwechselbaren Weinstil zu einem der führenden Chianti-Classico-Erzeuger. Seinen Erfolg erklären erstklassiges Traubenmaterial und Barriqueausbau, der den Weinen eine reizvolle Vanillenote verleiht.

Carpineto, Greve in Chianti (FI) Am Carpineto ist nicht zuletzt sein Preis-Leistungs-Verhältnis vorbildlich. Neben einer Reihe vorzüglicher Chianti Classico – auch als Riserva – bietet man klassischen, in kleinen Fässern gereiften Cabernet Sauvignon.

Castello di Querceto, Greve in Chianti (FI) Der beste Rotwein dieses Erzeugers ist der Cignale aus Cabernet Sauvignon und geringen Zusätzen von Merlot – ein großartiger Wein, konzentriert, rund und elegant. Von diesem Weingut stammt auch ein guter Chianti Classico – vor allem erwähnenswert ist die Riserva.

Vecchie Terre di Montefili, Panzano in Chianti (FI) Der beste Wein der Kellerei, Anfiteatro, früher ein Chianti Classico Riserva, wurde vor einigen Jahren neu als *vino da tavola* eingestuft. Mit diesem Schritt stellt sich der charismatische und kunstfertige Roccaldo Acuti gegen den derzeitigen Trend.

Villa Cafaggio, Panzano in Chianti (FI) Die Weine dieser Cantina sind von durchgehend hoher Qualität; kraftvolle, komplexe Chianti Classico Riservas, eleganter, leicht trinkbarer Annata-Chianti-Classico und einige Super-Toskaner aus Sangiovese – reinsortig oder mit Cabernet Sauvignon: Cortaccio, San Martino und Solatio Basilica.

Melini, Poggibonsi (SI) Einer der Großen des Chianti Classico, exportiert
weltweit. Konsistente Qualität bei allen
Weinen, reelle Preise. Der preisgünstige
Chianti Classico I Sassi ist in allen Versionen köstlich – angenehm, weich,
nicht zu anspruchsvoll. Chianti Classico
Riserva, La Selvanella und Laborel können außergewöhnlich sein.

Ruffino, Pontassieve (FI) Eines der
führenden Weingüter Italiens, seit siebzig Jahren im Besitz von Familie Folonari, im Verlauf der letzten zehn Jahre
zur ultra-kommerziellen, hochmoder-
nen Kellerei für eine breite Palette erstklassiger Weine gewandelt. Großartiger
Chianti Classico, exquisiter weißer
Libaio aus Chardonnay und Pinot
Grigio, vorzüglicher Cabreo La Pietra
(barriquegereifter Chardonnay) und
kraftvoller Cabreo Il Borgo aus Sangiovese und Cabernet Sauvignon. In der
Tenuta di Santedame werden zwei weitere empfehlenswerte Rotweine erzeugt, Chianti Classico Santedame und
Romitorio aus Colorino und Prugnolo.

**Castello di Albola, Radda in Chianti
(SI)** Teils wegen seiner reizvollen Lage
erwarb Gianni vor einigen Jahren
dieses Weingut, das er zu früherem
Glanz erweckte. In der neu gebauten,
modernen Kellerei arbeitet heute Franco Giacosa an erstklassigen Weinen,
allen voran Acciaiolo, einem Sangiovese;
aber auch an gutem Chianti Classico
Riserva und Chardonnay Le Fagge.

**Castello di Volpaia, Radda in Chianti
(SI)** Den besonderen Stil seiner Weine
verdankt Castello di Volpaia auch seinen
sehr hoch gelegenen Weinbergen, aus
denen duftige, körperreiche Rotweine
stammen – etwa Chianti Classico
Riserva, Coltassala (Sangiovese) und
Balifico (Cabernet Sauvignon).

Montevertine, Radda in Chianti (SI)
Besitzer Sergio Manetti erzeugt keinen
Chianti Classico: Die DOCG-Vorschrif-
ten gehen ihm gegen den Strich. Seine
Sangiovese-Weine haben jedoch auch in

schlechteren Jahren Niveau – allen voran Le Pergole Torte, ein Wein mit attraktiver Finesse und Ausgewogenheit,
wenn auch von schwankender Komplexität. Montevertine Riserva und
Il Sodaccio mit ihrem gut entwickelten
Bukett sind nur knapp Zweitbeste.

Poggerino, Radda in Chianti (SI) Klei-
ne Kellerei im Besitz des kunstfertigen
Piero Lanza Ginori. Sein Chianti Clas-
sico Riserva Vigna di Bugialla ist ein
Traum – das Ergebnis akribischer Wein-
bergarbeit und des klugen Einsatzes von
Barriques. Einziger Wermutstropfen: Er
erzeugt nur ein paar Tausend Flaschen.
Sein Chianti Classico gehört Jahr für
Jahr zu den Besten.

**Antica Fattoria Machiavelli, San Ca-
sciano Val di Pesa (FI)** Nunzio Capur-
so, einer der «Gründerväter» des Chianti Classico und technischer Leiter der
Chianti-Spitzengüter Melini und Machiavelli des Gruppo Italiano Vini, verdient

unsere Hochachtung. Machiavellis beste
Weine sind Solatio del Tani (Cabernet
Sauvignon), Il Principe (Pinot Nero) und
Chianti Classico Fontalle Riserva.

Le Corti, San Casciano Val di Pesa (FI)
Eine der schönsten Villen des Chianti
Classico, im Besitz der Fürsten Corsini.
Der Wein liegt in den Händen des jungen Kellermeisters Duccio Corsini, seine Besten sind Chianti Classico Don
Tommaso und Cortevecchia, Letzterer
eine Riserva. Die Auswahl dürfte für einige Überraschungen gut sein.

La Sala, San Casciano Val di Pesa (FI)
La Sala und Besitzerin Laura Basonti
sind im Aufwind. Glanzstück ist Campo
all'Albero, dichter Sangiovese mit etwas
Cabernet Sauvignon. Der Chianti Classico Riserva ist noch etwas unkonzen-
triert, wird aber in ein paar Jahren in
Höchstform sein – kommen doch aus
San Casciano die weichsten, trink-
fertigsten Roten des Chianti Classico.

Auf diesem Straßenschild im
Chianti-Classico-Gebiet werden
die beiden wichtigsten regionalen Erzeugnisse angepriesen:
Wein und Öl. Letzteres wird oft
auch von vielen der hiesigen
Weinbaubetriebe erzeugt.

Montalcino

Das kleine Montalcino in der Provinz Siena ist seit dem Mittelalter für seinen Wein bekannt – vor allem für den süßen weißen Moscadello. Neben dem allgegenwärtigen Sangiovese – der wichtigsten Rebsorte des Chianti – wuchsen hier aber auch noch andere Reben, ehe die Reblaus einem erheblichen Teil der Weinberge den Garaus machte. Heute kommen aus diesem kleinen Anbaugebiet immerhin schon vier DOC-Weine.

Brunello di Montalcino

Der Charakter einiger großer italienischer Weine, wie wir ihn heute kennen – etwa von Chianti und Barolo –, kristallisierte sich in den sechziger Jahren des 19. Jahrhunderts heraus, zu jener Zeit, als der Staat Italien in seiner heutigen Form aus der Taufe gehoben wurde. Auch im Brunello di Montalcino wirkt das Erbe des Risorgimento – der Einigung Italiens – fort. Die Bekanntheit dieses Weins beschränkte sich allerdings bis vor wenigen Jahrzehnten nur auf eine kleine Elite von Weinliebhabern.

Seine Geburtsstunde schlug um das Jahr 1870, als der junge Ferruccio Biondi aus Garibaldis Feldzügen zurückkehrte. Er begann sich um das Familienweingut, die Fattoria del Greppo, zu kümmern und das Werk seines Großvaters Clemente Santi – Pharmazeut und Önologe aus Leidenschaft – weiterzuführen. Bereits Santi hatte festgestellt, in welchen spezifischen Merkmalen sich der Sangiovese von Montalcino von dem des Chianti unterschied. Biondi bestockte die von der Reblaus zerstörten Weinberge neu mit einem Klon des Sangiovese Grosso. Der Durchbruch gelang ihm schließlich, als er die Trauben reinsortig vinifizierte – und nicht, wie in anderen Gegenden der Toskana üblich, in einem Verschnitt weißer und roter Sorten. Sein Ziel war ein herausragender, alterungsfähiger Rotwein nach dem Vorbild der großen französischen und piemontesischen Roten. Biondi unterzog seine Weine nicht der in der Toskana üblichen zweiten Gärung, die ihnen Fruchtigkeit und Lebhaftigkeit verlieh, sondern ließ sie lange reifen – erst im Fass, dann in der Flasche.

Zeichen einstiger und jetziger Größe – Biondi-Santi steht seit Garibaldis Zeiten beim Wein in vorderster Front.

Montalcino brachte bereits im Mittelalter Wein hervor – damals oft Verschnitte aus mehreren Weingütern, heute setzt man auf Individualität.

Der große, nach Biondi Santi benannte Jahrgang 1888 – von dem es noch ein paar gut erhaltene Flaschen gibt – gilt als Geburtsstunde des Brunello di Montalcino. Dieser faszinierende Rotwein war bis in die siebziger Jahre kaum bekannt. In letzter Zeit kauften Geschäftsleute aus anderen Teilen Italiens viele lokale Weingüter auf und begannen Brunello in größerem Stil zu erzeugen. Heute ergeben Montalcinos über 1200 Hektar Rebflächen mehr als zwei Millionen Flaschen im Jahr.

Die Produktionsrichtlinien änderten sich mehrmals; derzeit erfordern sie eine mindestens vierjährige Reifung (fünf Jahre für die Riserva), davon mindestens zwei in Holz. 1980 erhielt Brunello die DOCG und darf nur in der Gemeinde Montalcino erzeugt werden.

Moscadello di Montalcino

Dieses winzige Gebiet erhielt erst kürzlich DOC-Status. Der Moscadello, eine geschichtsträchtige Montalciner Rebsorte, wurde in den letzten Jahren nur von wenigen Winzern angebaut. Heute kann Moscadello traditionell oder als Passito vinifiziert werden. Bei Letzterem stellt er sein verblüffendes Alterungspotenzial unter Beweis.

Rosso di Montalcino

Dieser Rotwein erfreut sich in letzter Zeit eines gewissen Ansehens. Er stammt – ähnlich dem Brunello – vom Sangiovese Grosso, allerdings aus den in jüngerer Zeit bepflanzten Lagen des Gebiets. Er ist weniger gewichtig als Brunello, reift nur ein Jahr im Fass und sollte vier bis fünf Jahre nach der Lese getrunken werden.

Rosso di Montalcino hat in Italien und auswärts überzeugte Anhänger. Ihn aber zu einem «jungen Brunello» hochzustilisieren wäre ein Fehler. Er ist in jeder Hinsicht ein Wein bester toskanischer Tradition, trinkbar, körperreich und alterungsfähig. Für lange Lagerung geeignete Rotweine sind hier allerdings immer noch die Ausnahme.

Sant'Antimo

Diese jüngste – 1996 eingerichtete – Dach-DOC des Gebiets ist nach der Abtei Sant'Antimo benannt. Gesetzlich vorgesehen ist eine breite Palette roter und weißer Weine, darunter Bianco aus Trebbiano, Malvasia und Chardonnay sowie Rosso aus Sangiovese, Malvasia Nera und Cabernet Sauvignon. Bedeutende reinsortige Weine erbringen die Rebsorten Cabernet Sauvignon, Merlot, Pinot Nero, Pinot Grigio, Sauvignon und Chardonnay. Daneben wird auch noch ein Vin Santo erzeugt.

Brunello – hier bei Montalcino – ist ein lagensensibler Sangiovese-Klon.

Wichtige Erzeuger

Altesino, Montalcino (SI) Eine der bedeutendsten Kellereien im Norden des Gebiets. Erzeugt Brunello und Rosso di Montalcino sowie zwei exzellente Super-Toskaner, Alte d'Altesi und Palazzo d'Altesi, in den besten Jahren auch die nach dem berühmten Anbaugebiet benannte Selektion Montosoli di Brunello.

Argiano, Montalcino (SI) Im Besitz von Noemi Cinzano, die mit dem großen italienischen Önologen Giacomo Tachis zusammenarbeitet. Sie erzeugt Brunello, Rosso und den ausgezeichneten Super-Toskaner Solengo aus Cabernet Sauvignon, Sangiovese, Syrah und Merlot.

Castello Banfi, Montalcino (SI) Das Gut mit 800 Hektar Rebflächen im Besitz der Familie Mariani ist für den Export italienischer Weine in die USA bekannt. Weine von durchwegs hohem Niveau: sehr zuverlässiger Brunello, äußerst angenehmer Rosso di Montalcino, zwei herausragende Super-Toskaner – Excelsus aus Cabernet und Merlot und Summus aus Sangiovese, Syrah und Cabernet – sowie in den besten Jahren Brunello Riserva Poggio all'Oro. Ebenfalls merken sollte man sich Sant'Antimo Centine, Moscadello Passito «B», Chardonnay Fontanelle, Merlot Mandrielle und Cabernet Tavernelle.

Fattoria dei Barbi, Montalcino (SI) Große Kellerei unter der Leitung von Stefano Cinelli. Berühmter Brunello, sehr angenehmer Rosso, in den besten Jahren die Selektionen Brunello Vigna del Fiore und Brigante dei Barbi, beide aus Sangiovese und Merlot.

Biondi Santi Il Greppo, Montalcino (SI) Hier stand die Wiege des Brunello. Das Gut – heute im Besitz von Franco Biondi-Santi – erzeugt klassischen Brunello Riserva, Brunello Annata und Rosso di Montalcino. Traditioneller Stil paart sich mit hervorragendem Alterungspotenzial – gegen die immer noch bestens trinkbare 1955er Riserva ist

der 1964er noch junges Gemüse. (Dass die Preise entsprechend sind, verwundert nicht.) Seit kurzem erzeugt und vermarktet Francos Sohn Jacopo Toskaner neuen Stils wie Sassoalloro aus Sangiovese, Rivolo (Sauvignon), Lavischio (Merlot) und Schidione (Sangiovese und Cabernet Sauvignon). Zu diesem Gut gehört auch die Cantina Montepo in der Maremma.

Campogiovanni, Montalcino (SI) Gehört ebenso wie die Chianti-Classico-Kellerei San Felice zur RAS-Gruppe. Ihr bester Wein ist der Brunello Riserva Vigna del Quercione – in guten Jahren einer der Allerbesten der Region.

Capanna, Montalcino (SI) Zuverlässige Quelle für exzellenten traditionellen Brunello di Montalcino, im Besitz von Patrizio Cencioni. Seine jüngsten Rotweine sind moderner, haben aber dennoch ein ausgezeichnetes Alterungspotenzial. Beachtung verdient der auch als Spätlese (Vendemmia Tardiva) erzeugte Moscadello di Montalcino.

Tenuta Caparzo, Montalcino (SI) Hat es ebenfalls zu regionalem Ruhm gebracht. Die 1968 gegründete Tenuta Caparzo wird heute von Nuccio Turone und dem Önologen Vittorio Fiore geleitet. Die Kellerei erzeugt gut gemachten Brunello und Rosso, in den besten Jahren auch den äußerst ausgewogenen Brunello aus der Lage La Casa. Ebenfalls gut der weiße Sant'Antimo Le Grance aus Sauvignon und Traminer.

Casanova di Neri, Montalcino (SI) Giacomo Neri gehört zur neuen Generation der Brunello-Erzeuger. Mit Hilfe des Önologen Carlo Ferrini macht er guten, modernen Brunello, in außergewöhnlichen Jahren auch die Selektion Cerretalto, einen der besten Brunello-Weine der Region.

Fattoria del Casato, Montalcino (SI) Kellerei von Donatella Cinelli Colombini, einst Mitbesitzerin der Fattoria dei Barbi und Präsidentin der Weintouris-

mus-Initiative Movimento per il Turismo del Vino. Sie bietet guten Brunello sowie die von einem Önologinnen-Team erzeugte Brunello-Selektion mit dem bezeichnenden Namen Prime Donne.

Castelgiocondo, Montalcino (SI) Großes Weingut der Marchesi de' Frescobaldi. Erzeugt Annata-Brunello und Riserva, Rosso di Montalcino und Lamaione, einen DOC-Sant'Antimo-Merlot.

Cerbaiona, Montalcino (SI) Der begeisterte Pilot Diego Molinari erzeugt einen traditionellen, etwas rustikalen Brunello – ein faszinierender, technisch beinahe perfekter Geniestreich.

Col d'Orcia, Montalcino (SI) Einer der klassischen Namen im Weinbau von Montalcino, erzeugt sehr zuverlässigen Brunello. Der ausgesprochen wuchtige Brunello Riserva stammt von Trauben aus der Lage Poggio al Vento; außerdem guter Rosso di Montalcino, hervorragender, duftiger Moscadello sowie IGT-Toscana-Weine: ein beachtlicher Cabernet Sauvignon und der verblüffende rote Olmaia.

Biondi Santi ist gegenwärtig in der Obhut von Franco Biondi-Santi. Spitzen-Brunellos wie seine erzielen sagenhafte Preise.

Costanti, Montalcino (SI) Andrea Costanti, ein intelligenter junger Brunello-Erzeuger, bringt in seinen Weinbergen in Colle al Matrichese im Osten des Anbaugebiets eleganten und angenehmen Brunello und Rosso hervor.

Fanti San Filippo, Montalcino (SI) Gut geführte, auf Brunello spezialisierte Kellerei. Ihr Rosso di Montalcino ist einer der Besten des ganzen Gebiets.

Tenuta Friggiali, Montalcino (SI) Exzellenter Brunello und Rosso aus der Lage Pietrafocaia bei Santa Restituta.

Eredi Fuligni, Montalcino (SI) Ausgezeichneter Brunello und Brunello Riserva aus Toplagen. Der Besitzer der Kellerei, der Universitätsprofessor Roberto Guerrini, ist ein Spezialist für fruchtigen Rosso di Montalcino Ginestreto – unerreicht in seiner Art.

Greppone Mazzi Tenimenti Ruffino, Montalcino (SI) Von Familie Folonari in ihrer stilvollen Villa geleitet, Teil der riesigen Tenimenti Ruffino. Weingärten in guter Lage mit steinigem Boden nahe denen von Biondi Santi erbringen stets anständigen, traditionellen Brunello.

Lisini, Montalcino (SI) Die lebhafte 83-jährige Elina Lisini, Besitzerin dieser historischen Kellerei in Sant'Angelo in Colle, erzeugt Brunello, Rosso und die in den besten Jahren traumhafte Brunello-Selektion Ugolaia.

Luce della Vite, Montalcino (SI) Jointventure von Familie Frescobaldi und den kalifornischen Mondavis. Ihr Luce ist ein roter Super-Toskaner aus Sangiovese und Merlot. Der Lucente aus ähnlichen Rebsorten sowie die Danzante-Linie sind weniger interessant. Mit Brunello wird nicht gepunktet.

Il Marroneto, Montalcino (SI) Mit der Unterstützung des Önologen Paolo Vagaggini erzeugen Alessandro und Antonello Mori sehr angenehmen und eleganten Brunello aus einem nur einein-halb Hektar großen Weingarten.

Mastrojanni, Montalcino (SI) Eine der besten Kellereien von Montalcino, nahe dem vornehmen Castelnuovo dell'Abate gelegen, geleitet von Antonio Mastrojanni zusammen mit dem Önologen Maurizio Castelli und dem fachkundigen Winzer Andrea Machetti. Üppiger Brunello Schiena d'Asino, San Pio aus Sangiovese und Cabernet Sauvignon, guter Rosso sowie «normaler» Brunello.

Nardi, Montalcino (SI) Anfang der neunziger Jahre erweckte die junge Besitzerin Emilia Nardi das historische, aber vom Alter gezeichnete Weingut zu neuem Leben. Anständiger Brunello

Die toskanische Tradition der zweiten Gärung wich im 19. Jahrhundert der Reifung in größeren Fässern.

und Rosso. Erst jüngst neu bestockte Lagen versprechen noch Besseres.

Siro Pacenti, Montalcino (SI) Der kompromisslose Giancarlo Pacenti gilt bei Brunello und Rosso als «Wunderkind». Weiche und charaktervolle Weine.

Pieve di Santa Restituta, Montalcino (SI) Im Besitz von Angelo Gaja. Sein Brunello di Montalcino Rennina erwies sich ab dem Jahrgang 1995 als äußerst viel versprechend.

Il Poggione, Montalcino (SI) Historisches Gut im Besitz der Familie Franceschi, von Pierluigi Talenti bis zu seinem Tod geleitet. Fabrizio Bindocci kann ihn zwar nicht ersetzen, sein zuverlässiger, gut gemachter Brunello und Rosso weisen ihn jedoch als würdigen Nachfolger seines Mentors Talenti aus.

Salvioni La Cerbaiola, Montalcino (SI) Einer der Großen des Brunello, auch außerhalb Italiens geschätzt. Mirella und Giulio Salvioni sind kompromisslos. Das Wenige, das sie produzieren, ist von beachtlicher Weichheit und Eleganz.

Talenti Pian di Conte, Montalcino (SI) Zuverlässige Kellerei, ihr Annata-Brunello, Brunello Riserva und Rosso di Montalcino sind gute, ehrliche Weine.

Val di Suga dei Tenimenti Angelini, Montalcino (SI) Besitzt Weinberge im berühmten Anbaugebiet Montalcino. Sein Bester, Spuntali, ist wundervoll: sehr dicht mit Reben bestockt, über fünfzig Jahre alt, in ausgezeichneter Lage. Aus den Trauben wird vorzüglicher Brunello gekeltert, der großes Alterungspotenzial aufweist. Brunello Vigna del Lago aus einer anderen Lage des Weinguts strotzt nur so vor beeindruckender Tiefe und Komplexität. Brunello Riserva und der Jahrgangs-Brunello gemahnen an diese beiden herausragenden Weine, reichen aber nicht an sie heran. Der Rosso ist passabel und trinkt sich angenehm.

Montepulciano

Hoch erzogene Reben vor Montepulciano; die Stadt besitzt reiche Kunstschätze und mit dem Vino Nobile eine der Stützen der italienischen Wein-Renaissance der sechziger Jahre.

Das mittelalterliche Städtchen Montepulciano – einst Mons Politianus – liegt auf einer Anhöhe zwischen Val d'Orcia und Valdichiana. Es ist nicht nur eines der Zentren toskanischer Kunst, sondern auch die Heimat eines der berühmtesten italienischen Rotweine, des Vino Nobile. Archäologische Funde datieren den Weinbau bereits in die Etruskerzeit. Montepulciano war schon im 8. Jahrhundert für seine vorzüglichen Rotweine berühmt.

Seinen Aufstieg nahm der Wein aus Montepulciano im 15. Jahrhundert, als der Humanist und Dichter Angelo Poliziano – ein gebürtiger Montepulcianer – an den Hof von Lorenzo de' Medici kam. Seinem Rat ist es wohl zu verdanken, dass der Wein bei den Medici und anderen toskanischen Adeligen so beliebt wurde, dass er – wegen seiner edlen Struktur und des Standes seiner Konsumenten – das Prädikat nobile erhielt. In seinem «Bacco (Bacchus) in Toscana» rühmte Francesco Redi Ende des 17. Jahrhunderts den Vino Nobile als «König aller Weine». Diese Beschreibung veranlasste Wilhelm II. von Oranien, eine Abordnung in die Toskana zu entsenden, um Vino Nobile und den berühmten Moscadello di Montalcino zu besorgen.

Vino Nobile di Montepulciano

Der Vino Nobile, wie wir ihn heute kennen, begann in den zwanziger Jahren in den Händen einer Gruppe von Winzern um Adamo Fanetti, den Besitzer der gleichnamigen Kellerei, Gestalt anzunehmen. Der Montepulcianer Sangiovese wies – ebenso wie Brunello – spezifische Merkmale auf, die diesem Klon seine eigene Bezeichnung Prugnolo Gentile einbrachten. Dieser ist Hauptbestandteil des Vino Nobile di Montepulciano, ergänzt von Canaiolo, Mammolo und weiteren heimischen roten sowie (wahlweise) geringen Anteilen weißer Rebsorten aus der Provinz Siena.

1966 wurde der Vino Nobile di Montepulciano im Zuge der italienischen Wein-Renaissance mit der DOC ausgezeichnet. Nach einer keineswegs glanzvollen Zeit erhielt er 1980 die DOCG und gewann in den folgenden Jahren seine angesehene Stellung unter den großen Rotweinen Italiens zurück. Neben den alten historischen Weingütern entstanden neue Kellereien, in denen man entschlossen daran ging, Vino Nobile di Montepulciano von hoher Qualität zu erzeugen. Das trug gemeinsam mit einer Reihe hervorragender Erntejahrgänge zur Festigung seines Rufs bei.

Rosso di Montepulciano

Der Rosso ist ein leicht trinkbarer Rotwein von mittelstarkem Körper und nicht allzu großer Lagerfähigkeit – ähnlich wie der Rosso di Montalcino, stilistisch jedoch vom Charakter der Region geprägt. Er ist das frischere, direktere Pendant zu seinem «großen Bruder», dem Vino Nobile di Montepulciano, mit dem er Anbaugebiet und Traubenmaterial gemein hat: hauptsächlich Prugnolo Gentile, dazu bis zu 20 Prozent Canaiolo Nero und andere rote Sorten.

Vin Santo di Montepulciano

Der toskanische Vin Santo fällt bei jedem Erzeuger anders aus – je nach verwendeten Rebsorten und Dauer ihrer Trocknung. Die Trauben werden dann zu einem Most gepresst, dessen Gärung auf natürliche Weise zum Stillstand kommt. Der Wein reift anschließend ohne weiteren Eingriff unterschiedlich lang in 250-Liter-Fässern.

Einzige Konstanten sind die ihm zugrunde liegenden Rebsorten: Malvasia und Trebbiano oder Sangiovese und Malvasia Nera für den als Occhio di Pernice – Rebhuhnauge – bezeichneten Rosé. Für Vin Santo gibt es DOCs in verschiedenen Gebieten. Am bedeutendsten sind Pomino (auch rot), Carmignano, Bolgheri, Elba und seit kurzem Chianti Classico und Montepulciano. Letzterer ist fast immer süßer und körperreicher als die übrigen.

Wichtige Erzeuger

Avignonesi, Montepulciano (SI) Der Vino Nobile verdankt seinen Status als einer der größten Roten Italiens weitgehend Alberto und Ettore Falvos Einsatz Anfang der achtziger Jahre. Vorzüglicher, zuverlässiger Vino Nobile und Riserva Grande Annata. Weitere Weine: die Super-Toskaner Grifi (Sangiovese und Cabernet), Desiderio (Merlot und Cabernet), Il Marzocco (Chardonnay) und Il Vignola (Sauvignon), hinreißender Vin Santo, auch als Occhio di Pernice.

Boscarelli, Montepulciano (SI) Historisches Weingut, seit vielen Jahren im Besitz der De Ferraris. Ihr Vino Nobile Riserva del Nocio ist einer der beeindruckendsten Weine der Region, ebenfalls exzellent der Standard-Vino-Nobile und der rote Super-Toskaner Boscarelli.

La Braccesca, Montepulciano (SI) Im Besitz der Marchesi Antinori; ausgezeichneter Vino Nobile Riserva und sehr interessanter Merlot.

La Calonica, Valiano di Montepulciano (SI) Die Weine dieser Kellerei werden immer besser. Ihr Besitzer Federico Cattani erzeugt eine Reihe sehr guter Gewächse, allen voran Vino Nobile, Rosso di Montepulciano und Girifalco, ein Super-Toskaner aus Sangiovese.

Fattoria del Cerro, Montepulciano (SI) Hochmoderne Kellerei im Besitz von Saiagricola, der Weinbaugesellschaft der SAI, einer der größten italienischen Versicherungen. Ausgezeichneter Vino Nobile Antica Chiusina, interessanter Vino Nobile und Rosso di Montepulciano.

Contucci, Montepulciano (SI) Schon am Ende der Renaissance erzeugten Alamanno Contuccis Vorfahren in dieser Gegend Wein. Die Kellerei befindet sich im monumentalen Palazzo Contucci, der teilweise aus dem 13. Jahrhundert stammt. Sein roter Nobile und Rosso di Montepulciano sind schöne Gewächse; Sansovino – auch aus

Rebschnitt bei der Fattoria del Cerro. Jedes Jahr wird ein Teil der Rebstöcke auf den 150 Hektar «aus dem Verkehr gezogen» und durch neue ersetzt.

Prugnolo Gentile – ist ebenfalls charakteristisch. Der Vin Santo ist ein exzellenter, ausgewogener Wein mit vollem Geschmack.

Fassati, Montepulciano (SI) Bekanntes Gut im Besitz von Fazi Battaglia. Salarco ist ein sehr vornehmer Vino Nobile. Zudem guter Rosso di Montepulciano.

Il Macchione, Montepulciano (SI) Der Vino Nobile Riserva von «Neuling» Robert Kengelbacher stammt aus Le Caggiole, einer der Toplagen der Region.

Lodola Nuova Tenimenti Ruffino, Valiano di Montepulciano (SI) Eine der besten Adressen für Rosso di Montepulciano, auch beeindruckender Vino Nobile.

Poliziano, Montepulciano Stazione (SI) Federico Carletti zählt zu den führenden Erzeugern von Vino Nobile. Seine Selektion Vigna dell'Asinone gibt es nur in den besten Jahren. Exzellenter Vino Nobile, guter Rosso di Montepulciano und Chianti zu vernünftigem Preis, sensationell der Super-Toskaner Le Stanze (Cabernet Sauvignon).

Redi, Montepulciano (SI) Das Gut ist eine historische Kellerei der Vecchia Cantina, einer der größten Sieneser Genossenschaften. Der Vino Nobile Briareo aus dieser Linie ist großartig, hervorragend auch der Vino Nobile Riserva.

Salcheto, Montepulciano (SI) Eines der interessantesten neuen Güter des Gebiets. Köstlicher Vino Nobile Riserva, sehr guter Vino Nobile und Rosso.

Trerose Tenimenti Angelini, Montepulciano (SI) Zuverlässige Kellerei. Ihr Vino Nobile Simposio ist ein konzentrierter, weicher Wein mit langem Abgang. Der Vin Santo braucht den Vergleich mit den Besten des Gebiets nicht zu scheuen, der Vino Nobile ist durchwegs gut.

Bei der Lagerung des oft ätherischen Dessertweins Vin Santo ist Nichteinmischung geboten.

Carmignano

Carmignano steht für einen der berühmtesten toskanischen Rotweine und für eines der traditionsreichsten Anbaugebiete der Region, das westlich von Florenz auch die Gemeinden Carmignano und Poggio a Caiano einschließt. 1990 erhielt es DOCG-Status. Diese Klassifikation gilt unter anderem für Carmignanos qualitativ hochwertige Riservas, die bis zum 29. September des dritten auf die Lese folgenden Jahres reifen müssen – bis zum Fest des heiligen Michael, des Schutzpatrons von Carmignano. Der Wein ist ein komplexes Gebilde: Er besteht zu 45 Prozent aus Sangiovese, der Rest ist ein Verschnitt aus Canaiolo Nero, Cabernet Franc, Cabernet Sauvignon und manchmal bis zu zehn Prozent Trebbiano Toscano, Malvasia Bianca und Canaiolo Bianco. Der körperreiche Rotwein ist

Weinberge der Tenuta di Capezzana. Hier wacht die Familie Bonacossi über den feinsten Carmignano.

anfangs ausgesprochen gerbstoffbetont, reift dann aber wunderschön. Ein Tipp für Genießer, die es genau wissen wollen: Carmignano passt ausgezeichnet zu gebratenem und gegrilltem Fleisch und sollte bei 18 °C in großen Gläsern kredenzt werden. Ein Neuzugang im Pantheon von Carmignano ist der Barco Reale, ein angenehm leichter, weniger inten-

siver, aber dennoch körperreicher Wein, der gerade einmal zwanzig Jahre alt ist. Gekeltert wird er aus den beliebtesten Rebsorten der Region, also aus Sangiovese, Canaiolo und Cabernet. Von Letzterer enthält er allerdings nicht mehr als 15 Prozent. Aus der DOC Carmignano kommen auch Rosato und ein wunderbarer Vin Santo.

Wichtige Erzeuger

Tenuta Cantagallo, Capraia e Limite (PO) Enrico Pierazzuoli ist zwar ein Newcomer in der Region, erzeugt aber schon seit längerem anständige, zuverlässige Weine innovativen Stils. Sein Bester ist Carmignano Le Farnete, ob Annata oder Riserva. Faszinierend der Carleto, ein reinsortiger Riesling.

Fattoria Ambra, Carmignano (PO) Beppe Rigoli genießt für seinen Besitz Fattoria Ambra in Carmignano hohes Ansehen. Rigoli erzeugt seit längerem zuverlässige, manchmal geradezu überragende Weine. In seiner beeindruckenden Carmignano-Palette finden sich Elzana Riserva, Le Vigne Alte Riserva und Vigna Santa Cristina in Pilli aus drei ver-

schiedenen Lagen des Guts. Der leichtere, sehr angenehm zu trinkende Barco Reale vervollständigt das Angebot.

Capezzana, Carmignano (PO) Die Capezzana-Kellerei und die Contini Bonacossi spielen in der Geschichte Carmignanos eine bedeutende Rolle. Die Weine waren immer schon für ihre Qualität und Zuverlässigkeit bekannt. Die Selektionen sind authentisch, manchmal herausragend. Spitzenweine sind zwei Carmignanos: der den Traditionen strenger verhaftete Villa di Capezzana Riserva und der Villa di Trefiano. Der Barco Reale ist ebenfalls ausgezeichnet, und der Ghiaie della Furba aus Cabernet Sauvignon, Cabernet Franc und Merlot hat sich einen Platz in dieser illustren Reihe redlich verdient.

Oben: Anders als andere große Rotweine der Toskana enthält Carmignano neben Sangiovese auch Cabernet Sauvignon.

Links: Die Riserva reift bis zum 29. September (Sankt Michael) des dritten auf die Lese folgenden Jahres.

San Gimignano

San Gimignanos «mittelalterliche Wolkenkratzer» sind ein Touristenmagnet. Von hier stammen einige der angesehensten Weine der Toskana.

Vernaccia di San Gimignano ist geschichtsträchtig – wie viele italienische Weine. Der Name stammt vermutlich vom lateinischen «vernaculum» («einheimisch»), was erklären würde, warum er in mehreren Regionen Italiens verschiedene Sorten bezeichnet. Die Marken, Südtirol und das ligurische Vernazza behaupten, die ursprüngliche Heimat des Vernaccia zu sein. Vernaccia di San Gimignano zählte jedenfalls schon um das Jahr 1000 zur toskanischen Weinprominenz. Zu einer Zeit, als man Weißwein dem Roten vorzog, konnte nur Vernaccia mit den berühmten «griechischen» Weinen des Südens mithalten.

Vernaccia di San Gimignano ist schon lange ein begehrter Wein. Ende des 13. Jahrhunderts war Papst Martin IV. angeblich so versessen auf Aal in Vernaccia, dass Dante Alighieri ihn in seiner Divina Commedia als einen der Unersättlichen im Fegefeuer porträtierte. Kaufleute aus Florenz und Venedig verkauften Vernaccia bis nach Nordeuropa. Im 14. Jahrhundert behauptete der englische Benediktinermönch Godfrey of Waterford, Vernaccia sei gesünder als die Weine Zyperns und Griechenlands und könne in großen Mengen getrunken werden: «Er ist von mäßiger Stärke, entwickelt sich sanft im Mund, streichelt die Nase, tut dem Kopf gut, ist mild am Gaumen und zugleich kraftvoll …» In seiner Lobeshymne «Bacco in Toscana» verhängte Francesco Redi 1685 einen Fluch über jene, die schlecht von Vernaccia sprechen.

Vernaccia wurde 1966 zum ersten DOC-Wein erkoren und erhielt 1993 die DOCG. Er zählt zu den interessantesten und charismatischsten Weißweinen Italiens. Im 13. Jahrhundert schuf Cecco Angiolieris ein viel zitiertes Bonmot über diesen Wein: «Wäre es griechischer Wein und nicht Vernaccia, er wäre uninteressant …»

Dem Vernaccia di San Gimignano wird sich voraussichtlich ein vorwiegend aus Sangiovese bestehender Rosso di San Gimignano zugesellen, sobald die entsprechenden Produktionsvorschriften genehmigt sind.

Wichtige Erzeuger

Melini, Poggibonsi (SI) Große Chianti-Kellerei, erzeugt hinreißenden Vernaccia di San Gimignano namens Le Grillaie. Der körperreiche Weiße hat großen Charakter und reift kurze Zeit in kleinen Fässern aus französischer Eiche.

Baroncini, San Gimignano (SI) Traditionsreicher Name, erzeugt Dometaia, einen Spitzen-Riserva, konventionellen Vernaccia Poggio ai Cannicci und herausragenden Vernaccia Brut im Tank. Der attraktive Chianti Colli Senesi rundet das Angebot ab.

Guicciardini Strozzi, San Gimignano (SI) Die Geschichte der Fattoria Cusona ist eng mit Vernaccia verknüpft. Familie Guicciardini Strozzi hat 60 Hektar Rebflächen, produziert viel und zuverlässig. Ihr Vernaccia di San Gimignano Perlato ist ein Gedicht.

La Lastra, San Gimignano (SI) Nadia Betti und Renato Spanu sind am Ruder dieses recht jungen Betriebs und zählen mit ihrem Vernaccia Riserva mit Recht zur Crème von San Gimignano. Beachtlicher Chianti Colli Senesi; der rote Rovaio aus Sangiovese, Cabernet Sauvignon und Merlot ist einen Versuch wert.

Mormoraia, San Gimignano (SI) Der barriquegereifte weiße Ostrea aus Vernaccia und Chardonnay zählt zu den interessantesten Weinen von San Gimignano. Innovativ und ohne falsche Ehrfurcht vor der Tradition, vielleicht sogar noch besser als der hinreißende Vernaccia di San Gimignano.

Giovanni Panizzi, San Gimignano (SI) König des Vernaccia di San Gimignano; den Thron verdankt er seiner Riserva: ein Traum von einem Wein, vielleicht der Beste des Gebiets – Lohn für seine umsichtige Weinbergs- und Kellerarbeit. Der Chianti Colli Senesi ist ebenfalls beeindruckend.

Ponte a Rondolino, San Gimignano (SI) Enrico Teruzzi trat als Retter des Vernaccia di San Gimignano auf, als dieser Ende der siebziger Jahre dem Vergessen anheim zu fallen drohte. Die durchwegs hohe Qualität seiner Weine wird Teruzzis Ruf weiterhin gerecht. Ausgezeichnet sind der Vernaccia Vigna a Rondolino sowie die Terre di Tufi – ebenfalls aus Vernaccia. Der weiß ausgebaute Sangiovese Carmen mit Zusätzen von Trebbiano, Vernaccia und Vermentino hat eine große Struktur.

San Donato, San Gimignano (SI) Umberto Fenzi und der junge Önologe Paolo Salvi erzeugen in Teamarbeit San Donatos Vernaccia di San Gimignano. Selezione wie Riserva sind hervorragend; beide zeugen sie von sachkundiger Kellerarbeit.

Signano, San Gimignano (SI) Die Vernaccias von Manrico und Ascanio Biagini galten immer schon als beachtlich innovativ, umso mehr, seit ihnen der junge Önologe Paolo Salvi als technischer Berater zur Seite steht. Der Ausbau in kleinen Holzfässern (Allier-Barriques) intensiviert Geschmack und Komplexität der Nase. Ihre Weine zählen sämtlich zu den Besten der Region.

Fratelli Vagnoni, San Gimignano (SI) Neuerdings macht in San Gimignano der Name Gigi Vagnoni die Runde. Sein Mocali Vernaccia aus der Lage Il Mulino gehört zu den Besten der Region – ein wuchtiger Wein mit guter Struktur und gutem Alterungspotenzial. Auch sein «gewöhnlicher» Vernaccia zählt zu den Besten seiner Kategorie – ein Musterbeispiel von zuverlässiger Qualität und seinen Preis voll und ganz wert.

Vernaccia war Italiens erster DOC-Wein. Eine Ertragsbeschränkung im Zuge der Verleihung der DOCG 1993 war seinem Ruf förderlich.

Bolgheri und nördliche Maremma

Cabernet-Sauvignon-Trauben auf dem Weg zur Sassicaia-Kellerei. Dieser zukunftsweisende italienische Rotwein erhielt als erster Wein eines einzelnen Guts den DOC-Status zuerkannt.

Bolgheri gilt als einer der «revolutionären Herde» für den Aufschwung des toskanischen Weins Ende der sechziger Jahre. In diesem zwischen Grosseto und Livorno gelegenen Gebiet schlug 1968 die Geburtsstunde des Sassicaia, eines Cabernet Sauvignon, mit dem der Aufstieg des italienischen Weins begann. Hinter dem Sassicaia standen Marchese Mario Incisa della Rocchetta und der Önologe Giacomo Tachis: Sie schufen in Italien – obendrein in einem Gebiet ohne wirkliche Weintradition – erstmals hinreißenden Rotwein aus französischen Reben, die nahe der tyrrhenischen Küste angebaut wurden. Der an Farbintensität jedem Sangiovese weit überlegene Sassicaia reifte in kleinen 225-Liter-Barriques aus französischer Eiche, die ersten 3000 Flaschen wurden unfiltriert abgefüllt.

Als der Sassicaia aufkam, gab es in der Region keine einzige DOC. Bolgheri brachte *vini da tavola* mit geografischer Bezeichnung hervor. Für Weißweine kamen Trebbiano und Malvasia in Frage, für Rote und Rosés Sangiovese. Cabernet Sauvignon galt nicht einmal als empfohlene Rebsorte. Die umwälzenden Veränderungen in Bolgheri griffen jedoch auf die ganze Toskana über, und heute ist die Region mit ihren modernst ausgestatteten Spitzenkellereien ein önologisches Eldorado.

Neben dem mit einer eigenen DOC ausgezeichneten Sassicaia kommen aus Bolgheri heute Bolgheri Rosso und Rosato – beide aus Cabernet, Merlot und Sangiovese – sowie Bolgheri Bianco aus Sauvignon Blanc und Trebbiano oder Vermentino. Bolgheri Sauvignon und Bolgheri Vermentino sind Weißweine der Spitzenklasse.

Nördlich davon, durch eine Hügelkette vom Meer abgeschirmt, liegt bereits in der Provinz Pisa die DOC Montescudaio. Sie ist noch nicht ganz in die Fußstapfen ihrer Nachbar-DOC getreten. Der hiesige Weiße ist ein klassischer, altmodischer Verschnitt von Trebbiano und Malvasia, der Rote besteht in überkommener Chianti-Manier aus Sangiovese mit Zusätzen weißer Sorten.

Dreißig Kilometer südlich von Bolgheri liegt bei Suvereto die junge DOC Val di Cornia, die noch vor wenigen Jahren so gut wie unbekannt war. Doch dann ließen einige experimentelle Weine aus Merlot, Cabernet Sauvignon und Sangiovese die Welt aufhorchen: Val di Cornia Bianco (Trebbiano und Vermentino) und Val di Cornia Rosso (Sangiovese, Cabernet, Merlot und Caniolo) zeugten vom enormen Potenzial dieses Gebiets, auf dessen sandigen Lehmböden rote Rebsorten ideale Bedingungen vorfinden.

Die Insel Elba, eine Zeit lang Napoleons unfreiwilliger «Wohnsitz», hat eine lange Weintradition. Ihr Aushängeschild ist der süße rote Aleatico aus der gleichnamigen Traube, die seit Jahrhunderten auf der Insel angebaut wird. Als einer der wenigen roten Süßweine Italiens hat er einen hohen Alkoholgehalt und eignet sich damit als Begleiter von Schokoladedesserts, denen es bekanntlich so schnell kein Wein recht machen kann.

Elba hat aber mehr als nur Aleatico zu bieten: Die hiesige DOC sieht auch Bianco aus Trebbiano und Rosso aus Sangiovese vor. Ansonica – die lokale Bezeichnung für Inzolia, die auch in Sizilien und entlang der toskanischen Küste gedeiht – stellt das Rückgrat des Ansonica dell'Elba, eines gut strukturierten, leicht salzig schmeckenden Weißweins, der hervorragend zu «alla marinara» bereiteten Inselgerichten passt. Es gibt ihn auch als Passito.

Wichtige Erzeuger

Tenuta Belvedere, Bolgheri (LI) Im Besitz der Marchesi Antinori. Weine von Profil und steigender Qualität; der berühmteste ist Guado al Tasso, ein Bolgheri Superiore aus Cabernet Sauvignon und Merlot. Bolgheri Vermentino und Bolgheri Rosato Scalabrone sind ernst zu nehmende Konkurrenten.

Le Macchiole, Bolgheri (LI) Schönes Weingut, von Besitzer Eugenio Campolmi jüngst um neue Lagen erweitert. Sein fruchtiger, tiefroter Bolgheri Rosso Superiore Paleo zählt zu den besten Weinen der Region.

Tenuta dell'Ornellaia, Bolgheri (LI) Ultramoderne Kellerei, einer der Top-Betriebe an dieser Küste, im Besitz von Marchese Lodovico Antinori. Besonders feine Weine, etwa Masseto (aus Merlot) und der bekannte Ornellaia aus Cabernet und Merlot.

Tenuta San Guido, Bolgheri (LI) Diesem Weingut und seinen Besitzern, Familie Incisa della Rocchetta, widmete Bolgheri schon manchen Trinkspruch – erschloss doch Marchese Mario Incisa mit dem Sassicaia das große Potenzial des Gebiets; 1994 wurde die DOC Bolgheri Sassicaia geschaffen. Sassicaia besteht vorwiegend aus Cabernet Sauvignon und zählt zu Italiens großen innovativen Roten. 1977, 1985, 1988, 1996, 1997 und 1998 sind Spitzenjahrgänge.

Grattamacco, Castagneto Carducci (LI) Piermario Meletti Cavallari ist einer der Bolgheri-Pioniere. Traditioneller Grattamacco und moderner Bolgheri Rosso Superiore, einer der berühmtesten Weine des Gebiets. Die letzten Jahrgänge sind qualitativ uneinheitlich.

Michele Satta, Castagneto Carducci (LI) Sehr feinfühliger Weinerzeuger, der sich nun ein einzigartiges Profil geschaffen hat. Bolgheri Rosso Piastraia und Vigna al Cavaliere gehören zu seinen besten Rotweinen.

Tenuta del Terriccio, Castellina Marittima (PI) In der Provinz Pisa unweit von Bolgheri gelegen, leistet der Betrieb unter Leitung von Gian Annibale Rossi di Medelana durchwegs Herausragendes, vor allem bei Rotweinen. Lupicaia ist eine der besten toskanischen Cuvées aus Cabernet Sauvignon und Merlot.

Sorbaiano, Montecatini Val di Cecina (PI) Die Fattoria im weitgehend unbekannten Montescudaio ist für gleich bleibend zuverlässige Weine bekannt. Ihr Rosso delle Miniere ist ein fantastischer, in kleinen Fässern gereifter Montescudaio Rosso.

Poggio Gagliardo, Montescudaio (PI) Mit ihrem komplexen, milden weißen DOC Montescudaio Bianco Vigna Lontana stellt Poggio Gagliardo unter Beweis, dass es in dieser Region mehr als nur Rotwein gibt.

Acquabona, Portoferraio (LI) Aus einer der berühmtesten Kellereien Elbas kommt der köstliche, edle Aleatico dell'Elba; der rote Süßwein erinnert an den französischen Banyuls.

Gualdo del Re, Suvereto (LI) Die bekannteste Cantina der ganz im Süden der Provinz Livorno gelegenen DOC Val di Cornia erzeugt eine Reihe guter, zuverlässiger Weine. Erste Wahl ist der konzentrierte Val di Cornia Gualdo del Re Riserva mit gutem Bukett und vorzüglichem Abgang.

Tua Rita, Suvereto (LI) Rita Tuas winzige Kellerei hat eine große Anhängerschar; ihren Ruf verdankt sie zwei außergewöhnlichen Weinen von internationalem Format: Redigaffi ist ein muskulöser Merlot mit wunderschöner Struktur, Giusto di Notri ein eleganter, robuster Verschnitt aus Cabernet Sauvignon und Merlot.

Ein Kellermeister überwacht die Edelstahl-Gärtanks der Hi-Tech-Kellerei Ornellaia in Bolgheri.

Südliche Maremma

Die hügelige Landschaft der Maremma Grossetana zählt heute zu den Herkunftsgebieten von toskanischem Qualitätswein. Hier entstanden in den vergangenen Jahren mehrere neue DOCs, zuletzt Monteregio di Massa Marittima, das neben Massa Marittima auch Gavorrano, Roccastrada und Roccatederighi auf den Colline Metallifere umfasst. Auch die DOC-Weine Monteregio Vermentino und Monteregio Rosso (hauptsächlich aus Sangiovese) können sich sehen lassen.

Nach dem weiter südlich gelegenen Gebiet von Morellino di Scansano heißt sowohl eine Rebsorte (eine Spielart des Sangiovese) als auch ein entschieden moderner Wein, der sich – in seiner heutigen Version – durch Klasse und zugleich leichte Trinkbarkeit auszeichnet. Einst war Morellino ein Süßwein aus teilgetrockneten Trauben *(appassito)*, der neben Sangiovese auch einen hohen Anteil an Alicante enthielt, einer Abart der Grenache oder Cannonau vermutlich spanischer Herkunft. Schließlich stand der kleine Stato dei Presidi, der den Monte Argentario und die Bezirke Orbetello und Talamone an der Küste von Grosseto umfasste, jahrhundertelang unter spanischer Herrschaft.

Weiter gibt es zwei unterschiedliche Weißweine: Ansonica Costa dell'Argentario stammt von den gleichnamigen Trauben aus Weinbergen am Rande der bekannten Badeorte Cala Galera und Porto Santo Stefano. Der körperreiche, beinahe salzige Wein ist ein ausgezeichneter Begleiter zu den reichlich gewürzten, in Öl, Knoblauch und Weißwein gekochten regionalen Gerichten alla marinara.

Der charakteristisch herbe Bianco di Pitigliano (Trebbiano und Malvasia) stammt aus dem Landesinneren, wo aus dem benachbarten Kirchenstaat vertriebene Juden jahrhundertelang Zuflucht fanden. Noch heute kommt aus Pitigliano Italiens bekanntester koscherer Wein.

Parrina gibt es in drei Versionen: Bianco (Trebbiano, Ansonica und Chardonnay), Rosso und Rosato (beide aus Sangiovese). Jede erinnert auf ihre Art an die oben beschriebenen Weißweine. Parrina wird jedoch weiter im Süden der Maremma erzeugt.

Trebbiano und Malvasia werden auf vulkanischen Böden nördlich des Lago di Bolsena angebaut und zu Bianco di Pitigliano verschnitten.

Elisabetta Geppetti, die «bessere Hälfte» des talentierten, gewissenhaften Teams von Le Pupille.

Wichtige Erzeuger

Le Pupille, Magliano in Toscana (GR)
Hübsches modernes Gut im Besitz der jungen Weinerzeugerin Elisabetta Geppetti aus der Maremma und ihres Mannes Stefano, einst Weinhändler. Ihr bester Wein, Morellino di Scansano Poggio Valente, ist ein körperreicher, in kleinen Fässern gereifter Rotwein aus nur einem Weinberg. Ebenfalls exzellent der Morellino di Scansano Riserva.

La Stellata, Manciano (GR) Clara Divizia und Manlio Giorni, die Besitzer von La Stellata, erzeugen zukunftsweisenden Bianco di Pitigliano. Nach dem an ihrem kleinen Weinberg fließenden Bach benannt ist der aus Trebbiano und Malvasia gekelterte Lunaia – ein einfacher, köstlicher Weißwein, fruchtig und angenehm im Geschmack, jung zu trinken.

Massa Vecchia, Massa Marittima (GR)
Aushängeschild ist der rote La Fonte di Pietrarsa – zwar kein DOC-Wein, aber ein großer, vollmundiger Cabernet Sauvignon, leicht trinkbar, dabei stark, mild und lagentypisch. Hier wird auch anständiger Terziere aus Alicante erzeugt.

Moris Farms, Massa Marittima (GR)
Die zwei Weingüter von Gualtierluigi Moris haben zusammen 400 Hektar, die Produktion dürfte in ein paar Jahren weiter wachsen. Der rote Avvoltore aus Sangiovese und Cabernet Sauvignon ist sein Bester und einer der großen Weine der Maremma. Sensationell auch sein Morellino di Scansano Riserva: wuchtig, rund, vielschichtig und typisch für die sehr mediterrane Region.

Villa Patrizia, Roccalbegna (GR) In einer Rotweinregion wie dieser ist es erfreulich, einmal einen Weißwein auf einem Spitzenplatz zu sehen – auch wenn Romeo Brunis erlesene Weiße keine DOCs sind. Alteta aus Chardonnay und etwas Sauvignon Blanc reift in kleinen Fässern und gelangt erst zehn Monate nach der Abfüllung in den Verkauf. Viel versprechend der rote Orto di Boccio, eine Cuvée aus Sangiovese, Cabernet Sauvignon und Merlot; auch zuverlässiger Morellino und Rosso.

Meleta, Roccatederighi (GR) Die eindrucksvolle, ultramoderne Kellerei von Erika Suter legt beredtes Zeugnis von den großen Investitionen ab, die in der Maremma getätigt werden. Ihre faszinierenden Weine erzeugt sie jenseits der DOC-Bestimmungen. Ihr bester Wein, der Rosso della Rocca, ist eine rubinrote Cuvée vorwiegend aus Cabernet Sauvignon, mit einer lebhaften Nase, interessantem Holz, Klasse und Konzentration – wozu bedarf es da eigentlich noch einer DOC?

Erik Banti, Scansano (GR) Pionier und Verfechter des Morellino di Scansano, lange bevor der Mammon die Maremma eroberte. Sein Cru Ciabatta ist ein regionaler Klassiker. Der ungemein ausgewogene Aquilaia – reinsortiger Alicante – und der Morellino di Scansano Riserva, ein wuchtiger, milder Roter, sind großartig lagentypisch.

Elyane & Bruno Moos, Soiana (PI)
Fontestina und Soianello, zwei attraktive Rote auf Sangiovese-Basis, sind keine DOC-Weine – leider, denn sie zählen gewiss zu den Spitzenweinen der Provinz. Sie stammen aus biologischem Anbau und beweisen damit – wie auch einige beachtliche Weine aus Burgund –, dass umweltbewusst erzeugter Wein durchaus Qualitätswein sein kann.

Lucca

Garten des Palazzo Pfanner (oben) und der Turm von San Frediano (rechts) über den Dächern von Lucca.

Das traditionell unabhängige Lucca im Nordwesten der Toskana ist für sein feines *extra-vergine*-Olivenöl berühmt. Weniger bekannt sind seine Weine, obwohl es hier zwei durchaus beachtliche DOC-Weine gibt: Der renommiertere, Montecarlo Bianco, ist ein interessanter Verschnitt, zu dem unter anderem Trebbiano Toscano, Sémillon, Pinot Grigio, Pinot Bianco, Sauvignon und Roussanne beitragen. Der Wein ist körperreich und weich und kann mehrere Jahre gelagert werden – kurz, ein typischer Wein des Mittelmeerraums wie auch jene der Provence oder des südlichen Rhône-Gebiets, wo Böden und Klima sehr ähnlich sind wie in Lucca.

Montecarlo Rosso ist traditioneller und ein Tafelwein par excellence. Auch in diesem Wein finden sich einige exotische Rebsorten: neben Sangiovese auch Ciliegiolo, Colorino, Malvasia Nera, Cabernet, Merlot und sogar kleine Mengen Syrah. Dieser Rotwein ist sehr körperreich und hat einen typischen, leicht bitteren Nachgeschmack. Auch Montecarlo Rosso weist eine Reihe von Ähnlichkeiten mit den Weinen Südfrankreichs auf, vor allem mit jenen aus der berühmten Appellation Châteauneuf-du-Pape bei Avignon. Erzeugt werden Bianco und Rosso in den Gemeinden Montecarlo, Altopascio, Capannori und Porcari in der Provinz Lucca.

Aus der DOC Colline Lucchesi schließlich, die nur die Orte Capannori und Porcari umfasst, kommen ebenfalls ein Rosso und ein Bianco. Ersterer ähnelt dem Chianti; man trinkt ihn am besten jung, auch wenn einige Jahrgänge gut altern. Der Bianco hat nicht den Körper und das Alterungspotenzial seines Konkurrenten aus Montecarlo.

Das Terroir von Lucca weist Ähnlichkeiten mit dem südlichen Rhône-Gebiet auf. Die Fattoria del Buonamico gilt allgemein als Maßstab für den hiesigen Bianco und Rosso.

Wichtige Erzeuger

Fattoria del Buonamico, Montecarlo (LU) Angesehenstes Weingut des Gebiets, bekannt für gleichmäßige Qualität, gilt als Maßstab für den Weinbau der Region. Die Weinberge wurden kürzlich neu angelegt. Der Montecarlo Rosso und Bianco sowie der Cercatoia Rosso aus Merlot und Cabernet zählen zu den besten Weinen der Region, konzentriert und weich, typisch für den aktuellen önologischen Trend, zugleich mit großem Alterungspotenzial.

Fuso Carmignani, Montecarlo (LU) Von Carmignanis Spitznamen «Fuso» – in etwa «Wirrkopf» – sollte man sich nicht täuschen lassen: Diese eigenwillige Persönlichkeit ist ein ausgezeichneter Weinerzeuger – und ein großer Jazz- und Blues-Fan. Sein bester Wein, For Duke, eine Cuvée aus Sangiovese und Syrah, ist Duke Ellington gewidmet, sein Montecarlo Bianco heißt Stati d'Animo («Moods»). Carmignani erzeugt auch Montecarlo Rosso Sassonero und einen Vin Santo namens Le Notti Rosse di Capo Diavolo («Die roten Nächte am Teufelskap»). Aber keine Angst – Fuso Carmignani ist zwar höchst unorthodox, aber ziemlich auf Draht.

Fattoria di Montechiari, Montecarlo (LU) Zwanzig Jahre Erfahrung, großes Ansehen – diese Kellerei setzt in der Region Lucca Maßstäbe. Ihr Montecarlo Rosso ist vorzüglich, ihre Super-Toskaner sind herausragend. Auch guter Cabernet, Pinot Nero und Chardonnay – allesamt moderne Weine, das Ergebnis von qualitätsbewusstem Anbau und modernen Kellereimethoden, eher ungewöhnlich in einem für extrem traditionelle Weine bekannten Gebiet.

Fattoria del Teso, Montecarlo (LU) Geschichtsträchtiger Name im Gebiet von Lucca, größtes Weingut der Montecarlo-Zone, gut ausgestattet. Auf seinen dreißig Hektar dominieren heimische Rebsorten. Der Spitzenwein der Kellerei mit dem klingenden Namen Anfiteatro di Lucca ist ein Montecarlo Rosso: sehr traditionell, nichtsdestotrotz faszinierend, intensiv und hoch aromatisch.

Vigna del Greppo, Montecarlo (LU) Die berühmte Kellerei verkörpert die besten Weinbautraditionen des Gebiets. Ihr Aushängeschild ist der Montecarlo Rosso Carlo IV Riserva, kraftvoll und mit exzellentem Alterungspotenzial.

Wandanna, Montecarlo (LU) Dieses Weingut sollte man im Auge behalten, denn Müßiggang kennt man bei Familie Fantozzi nicht. Terre dei Cascinieri ist einer der besten, ja vielleicht der beste Montecarlo Rosso, sehr gut ihr Montecarlo Bianco Terre della Gioiosa, hervorragend der Super-Toskaner Virente aus Merlot und Cabernet. Außerdem Montecarlo Rosso Terre della Gioiosa, der viel versprechende «kleine Bruder» des Terre dei Cascinieri, sowie der weiße Labirinto (Sauvignon), angenehm, weich und mit exotischem Aroma.

Umbrien

Zahllose archäologische Funde bezeugen, dass Umbriens Weinbautradition nicht erst mit den Römern begann. Vielmehr begeisterten sich die Römer für die Weine, die sie in Umbrien vorfanden. Das waren neben wenigen Roten und Rosés größtenteils Weiße, die in Mischkultur zusammen mit anderen Pflanzen angebaut wurden.

Im Mittelalter hatten die Süßweine aus Orvieto einen Ehrenplatz an der päpstlichen Tafel, man schätzte die Milde und die robuste Frucht des Sagrantino. Im Vergleich zu den Nachbarregionen Toskana und Latium blieb Umbrien lange Zeit isoliert, bis vor kurzem weinbautechnische Neuerungen und eine breite Palette preisgünstiger Weine die Region aus ihrem Dornröschenschlaf erweckten.

Weinerzeugung und Weinstile

Mittlerweile sind über 20 Prozent der umbrischen Produktion von knapp einer Million Hektoliter pro Jahr DOC- oder DOCG-Weine, allen voran die DOCGs Torgiano Rosso Riserva und Sagrantino di Montefalco sowie die stetig wachsende Anzahl hervorragender DOCs. Die Erhebung zur DOC dürfte in allernächster Zukunft der IGT Umbria bevorstehen, Umbriens Pendant zu den Super-Toskanern – Musterbeispiel ist der Cervaro della Sala.

Im weiten Norden der Region sind vier DOCs beheimatet. Die Genossenschaften, die die lokale Weinszene beherrschen, produzieren traditionellerweise angenehme, anständige, preiswerte Weine, die allerdings bisweilen konzentrationsschwach ausfallen. Die DOCs Colli Altotiberini und Colli Perugini erzeugen Bianco aus Trebbiano, Rosso und Rosato aus Sangiovese (in den Colli Altotiberini mit etwas Merlot), die junge DOC Assisi bringt reinsortigen Grechetto und einen Novello hervor.

Die Neudefinition der DOC Colli del Trasimeno gestattet den dortigen Erzeugern eine breitere Palette von Weinen und macht auch innovativeren Tafelweinen den DOC-Status zugänglich. Neben Sangiovese gibt es nun auch Rosso mit einem hohen Anteil an Gamay Perugino und Zusätzen von Ciliegiolo, Merlot und Cabernet. Beim Scelto («ausgewählt») darf der Ertrag 9 Tonnen pro Hektar nicht übersteigen, die Riserva ist vielfältig und komplex.

Aus der DOC Novello stammt ein Vin Santo toskanischer Art, ein Verschnitt aus Trebbiano, Grechetto, Verdicchio und Verdello, wahlweise mit Pinot Bianco oder Grigio. Der Bianco – auch als Scelto erhältlich – besteht aus 40 Prozent Trebbiano, dazu Chardonnay, Pinot Bianco und Grigio sowie Grechetto. Sortenrein tritt Letzterer als Colli del Trasimeno Grechetto auf.

Umbriens Erzeuger machen mit ihrem ausgewogenen Angebot heimischer und internationaler Sorten den großen Weinbauregionen Italiens Konkurrenz. Mit Bann belegt sind Trebbiano und andere charakterlose Hochertragsreben; sie haben jahrelang die Weinerzeugung in Mittelitalien geprägt. Besonders erfolgreich ist das Anbaugebiet Torgiano mit seinen zahlreichen Weißwein- und Rotweinstilen und dem marktbeherrschenden legendären Weingut Lungarotti. Weiter im Süden bei Foligno erstreckt sich das ertragreiche Montefalco-Gebiet.

Die rund um Montefalco gelegene DOC Colli Martani steht in erster Linie für Grechetto. Zu ihr gehört das Teilgebiet Grechetto di Todi mit seinem ziemlich körperreichen und charaktervollen Wein. Colli Martani Sangiovese und Colli Martani Trebbiano sind die Hauptstützen der Produktion von Torgiano.

In Terni spielt der weiße Orvieto die Hauptrolle, er gilt in seinem traditionellsten Anbaugebiet als Classico; zwei rote DOCs – Rosso Orvietano und Lago di Corbara – geben seit kurzem dem lokalen Angebot Auftrieb. Die südlichste DOC Colli Amerini bringt einen Bianco aus Trebbiano und Grechetto, einen Rosso aus Sangiovese sowie angenehmen Malvasia dei Colli Amerini hervor, der in Stil und Geschmack den Weinen Latiums ähnelt.

Boden, Klima und Anbaumethoden

Umbrien besteht aus Berg- und Hügelland, Flüssen und Seen und erstreckt sich vom bis zu 1500 Meter hohen Westabhang des Apennin in Richtung tyrrhenische Küste. Nach Norden und Osten hin bildet der Apennin eine Wasserscheide. Hier entspringt der Tiber, der die Region längs durchfließt und ihr – zusammen mit seinen Nebenflüssen – atmosphärische Luftströme aus Süden und Westen zuführt. Die Berge gehen nach und nach in fluss- und seenreiche Hügel und Hochebenen über. Wichtigster See ist der Trasimenische See, das viertgrößte Binnengewässer Italiens. Nur sechs Prozent des Gebiets sind Flachland.

Die Böden variieren sehr stark; die ihnen zugrunde liegenden Gesteinsformationen stammen aus unterschiedlichen Epochen. Wein gedeiht an den Flanken der Hügel, die dem mäßigeren tyrrhenischen Mittelmeerklima ausgesetzt sind und von den Flüssen und vom Trasimenischen See die richtige Feuchtigkeitsmenge erhalten. Mischkultur spielt in der Region nirgends mehr eine Rolle. Die Reben der bedeutenden Zonen werden bereits seit einigen Jahren nach Guyot und Kordon erzogen, was eine höhere Pflanzdichte ermöglicht.

Sonnenblumenfelder in Umbrien. Die Region hat einen zurückhaltenden Charme, mit ihren Weinen allerdings rückt sie ins Rampenlicht.

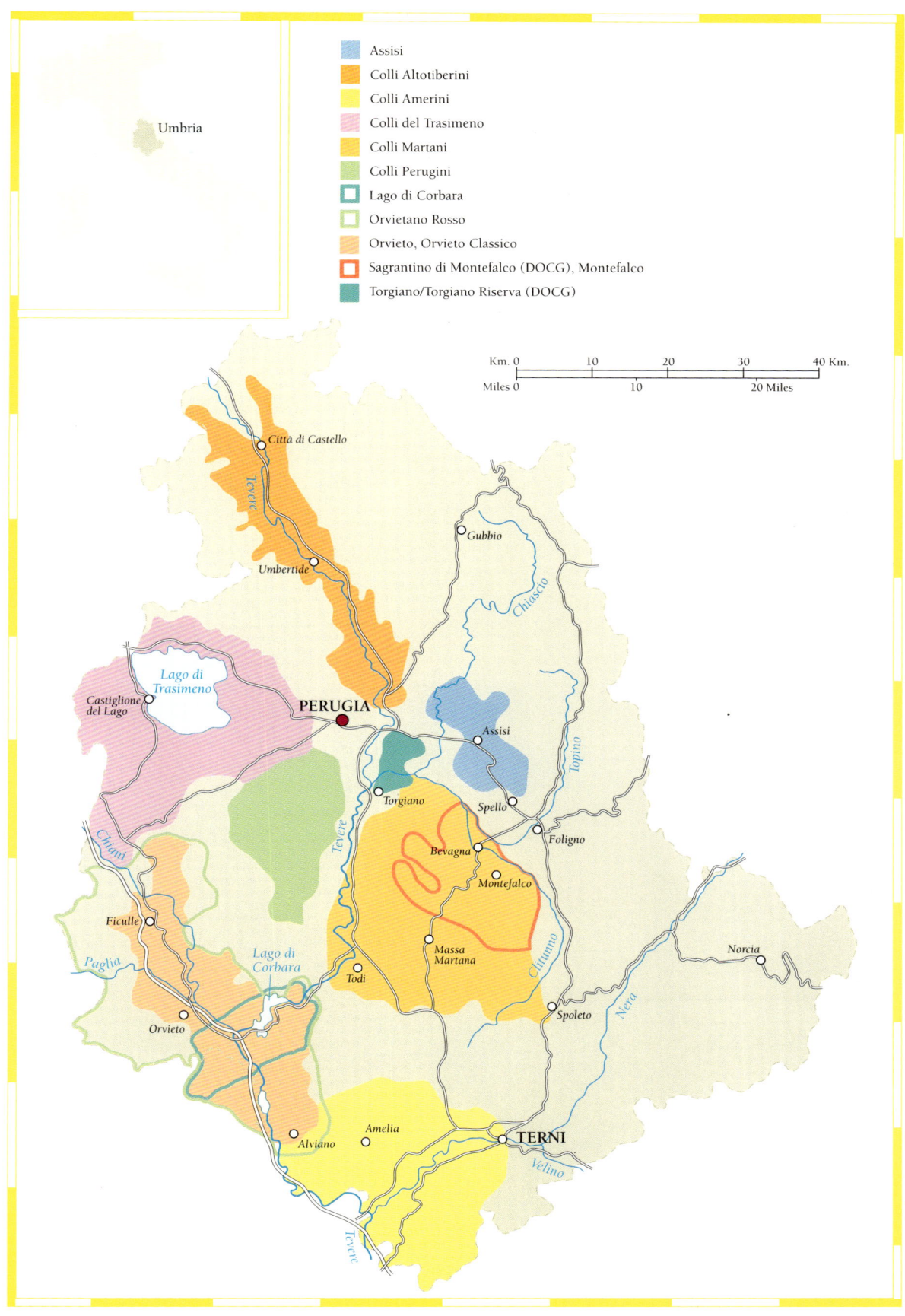

■	Assisi
■	Colli Altotiberini
■	Colli Amerini
■	Colli del Trasimeno
■	Colli Martani
■	Colli Perugini
☐	Lago di Corbara
☐	Orvietano Rosso
■	Orvieto, Orvieto Classico
☐	Sagrantino di Montefalco (DOCG), Montefalco
■	Torgiano/Torgiano Riserva (DOCG)

Umbria

Km. 0   10   20   30   40 Km.
Miles 0   10   20 Miles

Citta di Castello

Gubbio

Umbertide

Lago di
Trasimeno

Castiglione
del Lago

PERUGIA

Assisi

Torgiano

Spello

Bevagna

Foligno

Montefalco

Ficulle

Lago di
Corbara

Todi

Massa
Martana

Norcia

Orvieto

Spoleto

Amelia

Alviano

TERNI

Paglia

Chiani

Tevere

Clitunno

Topino

Chiascio

Nera

Vélino

Tevere

Orvieto und Lago di Corbara

Der Weißwein aus dem alten, auf einem Hügelrücken gelegenen Orvieto war Auslöser für den Aufschwung Umbriens. Im Chianti ist er seit langem beliebt.

Orvieto ist ein mittelalterliches Städtchen wie aus dem Bilderbuch. Die über die Jahrhunderte mit vulkanischen Ablagerungen angereicherten Kalktuffböden des Umlands ergeben ausgezeichneten Wein. Zum weiten Anbaugebiet Orvieto gehört auch ein Teil der Provinz Viterbo in Latium. Die Weine, die unmittelbar bei Orvieto im historisch bedeutendsten Teilgebiet erzeugt werden, dürfen das begehrte Prädikat «classico» auf dem Etikett führen. Am weitesten verbreitet ist der trockene Orvieto Secco, aber auch *abboccato* (halbtrocken), *dolce* (süß) und *amabile* (lieblich) ist er gar nicht so selten anzutreffen.

Im Altertum rühmte man die Tafelweine der Region auf der ganzen Apenninenhalbinsel; lange Jahre war Orvieto das Flaggschiff des umbrischen Weins. Selbst die großen Betriebe des Chianti tendierten dazu, mit Orvieto ihre Palette roter Weine um einen Weißwein von guter Qualität zu erweitern. Nachdem es eine Zeit lang um den Orvieto recht still geworden war, wird er heute wieder verstärkt und in erstklassiger Qualität erzeugt. Trebbiano (hier Procanico genannt), Verdello, Grechetto, Drupeggio und/oder Malvasia Toscana ergeben einen leichten Weißwein mit intensivem Fruchtaroma, der ausgesprochen angenehm zu trinken ist. Der Trebbiano-Anteil wurde allerdings wie so oft zugunsten «edlerer» Sorten – Grechetto, internationale Reben sowie kürzlich identifizierte Procanico-Klone – verringert.

Die Schaffung der neuen DOC Orvietano Rosso (oder Rosso Orvietano) war schon länger vorherzusehen, hatten doch Weinerzeuger seit Jahren das Rotweinpotenzial der Region an lagetypischen großen Rotweinen unter Beweis gestellt. Der Rosso ist in seiner Zusammensetzung ziemlich «frei»: 70 Prozent macht ein Verschnitt aus Aleatico, Cabernet Franc, Cabernet Sauvignon, Canaiolo, Ciliegiolo, Merlot, Montepulciano, Pinot Nero und Sangiovese aus; dazu kommen bis zu 30 Prozent Barbera, Cesanese, Colorino und sogar piemontesischer Dolcetto. Doch damit nicht genug – als Orvietano Rosso gilt auch reinsortiger Wein jeder der folgenden Rebsorten: Aleatico, Cabernet Franc, Cabernet Sauvignon, Canaiolo, Ciliegiolo, Merlot, Pinot Nero oder Sangiovese. Die DOC setzt der Fantasie der Weinerzeuger keine Grenzen.

Innerhalb des Orvieto-Gebiets liegt das eigenständige Teilgebiet Lago di Corbara. Diese DOC umfasst die Gemeinden von Baschi und eines Teils von Orvieto. Der Boden ist reich an rotem Lehm, Kalktuff und kleinen Kieseln und somit ideal für körperreiche Rotweine. Der Rosso – ein komplexer Sortenmix – ähnelt dem Orvietano Rosso. Auch hier können reinsortige Weine aus Cabernet Sauvignon, Merlot und Pinot Nero erzeugt werden.

Ein Überblick über die Region wäre nicht komplett ohne die Erwähnung eines der größten Weinerzeuger Italiens: Antinori. Sein riesiges Weingut Castello della Sala in Ficulle gleicht einem eindrucksvollen Weinforschungslabor, das in den vergangenen zwanzig Jahren einige der interessantesten Weine Italiens hervorgebracht hat, allen voran Cervaro, einer der größten Weißen des Landes, der ohne weiteres mit den großen Burgundern und den muskulösen Chardonnays Kaliforniens und Australiens mithalten kann. Kein Wunder, dass sich die anderen Erzeuger der Region von Antinoris Erfolgen anspornen lassen – der Aufwärtstrend ist heute nicht mehr zu bremsen.

Wichtige Erzeuger

Cantina Sociale dei Colli Amerini, Amelia (TR) Riesiges Gut, aus dem fast die gesamte Produktion der DOC Colli Amerini stammt. Seine charakteristischen, sauberen Weißen und Roten machten diesen Teil Süd-Umbriens berühmt. Exzellent sind der Rosso Superiore Carbio und der Merlot Olmeto.

Barberani-Vallesanta, Baschi (TR) Die Trauben für diese Weine wachsen oberhalb des Lago di Corbara, das Angebot reicht vom Orvieto Classico bis zum Orvieto Classico Superiore Calcaia (ein köstlicher süßer Botrytis-Wein). Einen Versuch wert sind auch der rote Foresco, Pomaio, der Sauvignon Blanc und Moscato Passito Villa Monticelli.

Monrubio, Castel Viscardo (TR) Diese bis vor kurzem als Vi.C.Or bekannte Großgenossenschaft erzeugt gute Weißweine und beachtlichen Olmaia aus Merlot, Pinot Nero, Cabernet Sauvignon und Cabernet Franc.

Tenuta di Salviano, Civitella del Lago (TR) Wunderschönes Gut im Besitz der Fürsten Corsini mit 60 Hektar Rebflächen am Ufer des Lago di Corbara. Hervorragende Weine von Orvieto Classico Salviano bis zu Lago di Corbara Turlò; eleganter Vin Santo.

Castello della Sala, Ficulle (TR) Piero Antinoris Weine zählen dank ständiger Forschung und modernster Kellerei zu den Besten Italiens. Am berühmtesten ist Cervaro: Chardonnay mit geringen Mengen Grechetto, elegant, intensiv und konzentriert. Muffato ist ein köstlicher, hoch konzentrierter Süßwein aus edelfaulem Sauvignon und Gewürztraminer.

Bigi, Orvieto (TR) Größte Kellerei in Orvieto, Teil des Gruppo Italiano Vini. Rund drei Millionen Flaschen im Jahr, darunter ausgezeichneter Orvieto Vigneto Torricella und interessante Grechetto- und Sangiovese-Tafelweine.

Decugnano dei Barbi, Orvieto (TR) Der hiesige Orvieto Classico ist seit langem für seine dezente Raffinesse bekannt. Traditionellen Weinen steht der moderne rote «IL» gegenüber, im Barrique ausgebaut und von Aufsehen erregender Tiefe. Ebenfalls interessant der Pourriture Noble, ein eleganter süßer Weißer und der erste umbrische Wein, der aus botrytisbefallenen Trauben erzeugt wurde.

Le Velette, Orvieto (TR) Wenige Kilometer von Orvieto entferntes Weingut – eines der führenden der Region – mit 95 Hektar Spitzenlagen. Von hier stammen einige der besten weißen Orvietos sowie der vorzügliche rote Calanco aus Sangiovese und Cabernet Sauvignon: gut strukturiert, sehr fein und elegant.

Palazzone, Orvieto (TR) Giovanni Dubinis Weine – etwa Campo del Guardiano und Terre Vineate – zählen zu den Besten in Orvieto. Ebenfalls ausgezeichnet der rare Muffa Nobile, der komplexe Orvieto Vendemmia Tardiva (Spätlese) sowie Armaleo, ein fantastischer Cabernet Sauvignon.

La Palazzola, Stroncone (TR) Stefano Grilli, der Besitzer dieses wunderschönen Gutes, erzeugte in den letzten Jahren einige der interessantesten Weine Umbriens: traditionelle Sorten wie Verdello oder «importierte» wie Pinot Nero, und das auf durchwegs hohem Niveau. Die Palette umfasst traditionell erzeugten Spumante Brut, guten Riesling, faszinierende Vendemmia Tardiva (Spätlese) und großen Rubino.

Ein Mann – viele Weine: Der Weinberater Riccardo Cotarella ist einer der talentiertesten Söhne Umbriens.

Torgiano und Montefalco

Die beiden umbrischen DOCG-Weine – gehaltvolle, körperreiche Rote mit gutem Alterungspotenzial – stammen aus dem Hügelland im Zentrum der Region. Torgiano Rosso (Riserva) erhielt 1990 als Erster DOC- und DOCG-Status. Er wird aus Sangiovese und geringen Zusätzen von Canaiolo aus den Hügeln rund um Torgiano gekeltert. Die Riserva muss mindestens drei Jahre im Fass reifen und einen Alkoholgehalt von 12,5 Prozent aufweisen. Fast die gesamte Produktion liegt in den Händen der Cantina des kürzlich verstorbenen Giorgio Lungarotti; sie kommt erst zehn Jahre nach der Lese auf den Markt. Den wenigen Versuchen anderer Kellereien, DOC- und DOCG-Torgianos herzustellen, war kein großer Erfolg beschieden.

Torgiano Rosso Riserva della Vigna Monticchio entwickelt während seiner jahrelangen Alterung auf der Flasche ausgeprägte Aromen und feine Tiefe. Er passt sehr gut zu gebratenem Fleisch; als Begleiter schwarzer Trüffelgerichte ist er unschlagbar. Der DOC-Wein Torgiano Bianco besteht hauptsächlich aus Trebbiano und etwas Grechetto; er kann mehrere Jahre in der Flasche gelagert werden, vor allem, wenn er aus einer guten Lage stammt und in kleinen Eichenfässern gereift ist. Torgiano Rosso aus Sangiovese und Canaiolo kennt man besser unter dem Namen Rubesco. Aus denselben Rebsorten wird auch ein angenehmer Rosato gemacht, der zusammen mit jenen aus Assisi und Bolgheri zu den Besten Mittelitaliens zählt.

Eine Reihe weiterer Weine aus Torgiano galten zunächst als experimentell, wurden jedoch mittlerweile mit der DOC ausgezeichnet. Der Chardonnay ist ein ziemlich unkomplizierter Wein; er reift in neuem Holz und sollte jung getrunken werden. Pinot Grigio und Welschriesling erwecken den Eindruck, viel weiter aus dem Norden und nicht aus Torgiano zu stammen. Das liegt an den sorgfältig entwickelten Vinifikationsmethoden. An Cabernet Sauvignon und Pinot Nero hingegen erweist sich das Rotweinpotenzial des Gebiets. Die Krönung ist Lungarottis San Giorgio – eine prachtvolle Cuvée aus Cabernet Sauvignon, Canaiolo und Sangiovese. Aus diesem Haus kommt auch eine weitere erfolgreiche Cuvée, der Vessillo.

Schließlich hat Torgiano auch noch schmackhaften Torgiano Spumante Metodo Classico aus Chardonnay und Pinot Nero zu bieten.

Montefalco

Das Anbaugebiet des zweiten umbrischen DOCG-Weins, des Montefalco Sagrantino, liegt rund zwanzig Kilometer von Torgiano entfernt. Seit dem Mittelalter bereitet man diesen großen Rotwein aus Sagrantino-Trauben; sie stammen aus den von Trockenmauern umgebenen Weingärten der Stadt Montefalco und wurden einst von den Nonnen des Klosters zu Messwein gekeltert – daher der Name. Früher erzeugte man nur süße Weine; mittlerweile sind es meist trockene, die gut altern. Dem jungen und experimentierfreudigen Marco Caprai gelangen in den letzten Jahren einige meisterliche Versionen des legendären Weins – dank sorgsamer Klonenwahl und Ersatz der traditionellen Palmetta-(Fächer-)Erziehung durch Cordonerziehung und hohe Pflanzdichte. Durch starkes Zurückschneiden senkte er den Hektarertrag drastisch – das Ergebnis: alkoholstarker Rotwein mit Weltklasse-Konzentration und ausgeprägten Polyphenolen. Die traditionelle Passito-Version wird zunehmend seltener und teurer.

Ob trocken oder süß, Montefalco Sagrantino reift mindestens dreißig Monate, davon zwölf im Holzfass. Sein Anbaugebiet umfasst Montefalco sowie Teile von Bevagna, Castel Ritaldi und Giano nell'Umbria. Aus der DOC Montefalco kommt auch ein Rosso der Superlative, der aus Sangiovese und Sagrantino gekeltert wird und nach mindestens dreißigmonatiger Reifung als Riserva bezeichnet werden darf. Der frische, duftige Bianco besteht aus Grechetto und Trebbiano.

Die Lage Monticchio gehörte Giorgio Lungarotti, dem jüngst verstorbenen Magier des Torgiano Rosso.

Wichtige Erzeuger

Cantine Lungarotti, Torgiano (PG)
Der kürzlich verstorbene Giorgio Lungarotti war der große alte Mann des umbrischen Weins, aber auch unter der Leitung von Teresa Serofini Lungarotti zählen die Weine der Familie zu den berühmtesten Italiens. Die Firma beging jüngst das 30-jährige Jubiläum ihres Flaggschiffs Rubesco (Torgiano Rosso). Ihr Glanzstück, der rote Torgiano Riserva Vigna Monticchio, reift zehn Jahre in Fass und Flasche. Dieser edle Wein hat ein elegantes, ätherisches Bukett, viel Körper, Finesse und Komplexität.

Pieve del Vescovo, Corciano (PG) Führende Kellerei der Colli del Trasimeno. Iolanda Tinarelli erzeugt ausgezeichnete Weine – vom fruchtigen, jungen und duftigen Rosso bis zum meisterlichen Lucciaio, einer großen Cuvée aus Sangiovese, Gamay und Canaiolo mit dem Körper eines Super-Toskaners.

Arnaldo Caprai – Val di Maggio, Montefalco (PG) Musterbeispiel für Umstellung und Modernisierung. Arnaldo Caprai und sein Sohn Marco definierten mit dem Weinmacher Attilio Pagli den Sagrantino di Montefalco neu und präsentierten ihn nach jahrelangen Investitionen und Versuchen der Welt. Den starken, fruchtigen Charakter und die polyphenolstarke Struktur des Sagrantino verkörpert am besten die außergewöhnliche Selektion 25 Anni, tief und ausgewogen. Ebenfalls exzellent sind Rosso di Montefalco und Cabernet Sauvignon dell'Umbria.

Antonelli – San Marco, Montefalco (PG) Filippo Antonelli zählt zu den besten Interpreten von Montefalco. Seine Weine lassen so manches etwas behäbige lokale Gewächs weit hinter sich. Sein Sagrantino ist körperreich, gehaltvoll und selbstbewusst, der Sagrantino Passito wohl der Beste der Region. Ebenfalls ausgezeichnet der Rosso di Montefalco.

Oben: Eine Legende und ihr Museum: Torgianos großer alter Mann, der jüngst verstorbene Giorgio Lungarotti.

Rechts: Chardonnay-Lese in Torgiano. Diese Rebsorte ist hier recht erfolgreich, sofern der Wein in Eiche ausgebaut wird.

Latium

Wein aus Latium genoss während der Römerzeit hohes Ansehen. Namhafte Gewächse waren Caere (der heutige Cerveteri), Setinum (aus Sezze in der Provinz Latina) und Albanum von den Ufern des Albanersees. Ihr Ruf überdauerte ungebrochen das Mittelalter sowie die Zeit des Kirchenstaates und reicht bis in die Gegenwart. Die besten Weine stammen von weißen Trauben. Die Produktion der vergangenen Jahrzehnte war quantitätsorientiert, die Qualität hingegen schwankte stark. Heute zeichnet sich eine deutliche Trendumkehr ab: Ermutigende Signale kommen etwa aus den Gebieten Castelli Romani (südöstlich von Rom), Cerveteri, Aprilia und auch aus dem an Umbrien grenzenden Gebiet.

Die trockenen, wasserdurchlässigen vulkanischen Böden der besten Anbaugebiete sind ideal für große Rotweine. Die bislang interessantesten sind Cabernet Sauvignon, Merlot und Syrah, aber die Zukunft könnte die eine oder andere Überraschung parat haben.

Weinerzeugung und Weinstile

Mit einer Jahresproduktion von über drei Millionen Hektoliter – davon 16 Prozent DOC-Weine – liegt Latium italienweit an sechster Stelle. Das Image dieser Weine (vorwiegend Weiße, weniger als ein Fünftel Rote) ist schlechter als das anderer aufstrebender Regionen.

Latium ist für trockenen Weißwein aus seinem wichtigsten Anbaugebiet Castelli Romani bekannt. Für die gesamte Region gilt eine Basis-DOC mit Bianco, Rosso und Rosato. Der Weiße besteht aus Trebbiano und Malvasia di Candia, der Rote aus Sangiovese, Cesanese, Montepulciano, Merlot und Nero Buono di Cori. Einziger Rotwein unter den Weißen der Castelli Romani ist der Velletri aus Sangiovese, Cesanese, Montepulciano, Merlot und Ciliegiolo, als robuster Rosso oder als Riserva ausgebaut.

Der bekannteste Wein Latiums ist jedoch Frascati – zugleich einer der berühmtesten und traditionsreichsten Italiens. Er wird aus Malvasia di Candia, Trebbiano Toscano und Greco meist trocken ausgebaut, manchmal *amabile* oder *cannellino* (süß) sowie bei über 11,5 Prozent Alkohol als Superiore. Viele andere DOC-Weine der Region werden aus ungefähr denselben Rebsorten wie Frascati hergestellt und haben auch ähnliche Geschmacksmerkmale.

Das riesige Gebiet Castellana liefert Weiße, die dem Frascati und dem Marino ähnlich sind, jedoch etwas säurebetonter und fruchtiger: Zagarolo, Genazzano und Cori Bianco aus Malvasia und Trebbiano. In Cori wird aus Nero Buono di Coro und Montepulciano ein Rosso erzeugt.

Östlich davon liegt das Gebiet Cesanese mit seinen drei DOCs Olevano Romano, Affile und Piglio. Ihre Rotweine sind manchmal perlend, lieblich oder süß, im Wesentlichen sehr traditionell, ja rustikal. Die trockenen und süßen Versionen passen zur regionalen Küche und zu traditionellem Weihnachtsgebäck wie Pangiallo.

Zum Meer hin erstreckt sich die Pontinische Ebene. Hier liegt die DOC Aprilia mit Weißen aus Trebbiano, Rosés aus Sangiovese und Roten aus Merlot. Sorten und Stile erinnern an Romagna und Veneto – und von dort kamen auch die Arbeiter, die in den dreißiger und vierziger Jahren die trockengelegten Sümpfe zu kultivieren begannen. Die DOC Circeo ist in gewisser Hinsicht eine Erweiterung von Aprilia und bringt ähnliche Weine hervor.

An der Küste nördlich von Rom liegen Cerveteri und Tarquinia. Beide Gebiete erzeugen Bianco aus Trebbiano und Malvasia sowie Rosso aus Sangiovese, Montepulciano und Cesanese. In Bianco Capena – im Landesinneren östlich des Lago di Bracciano gelegen – herrschen immer noch Malvasia und Trebbiano vor, ebenso nördlich davon in Vignanello, wenn auch hier Greco bereits aufholt. Neben Greco di Vignanello und Bianco bringt dieses Gebiet fruchtigen Rosso und Rosato aus vorwiegend Sangiovese und Zusätzen unter anderem von Ciliegiolo hervor.

Weiße und Rote aus den üblichen Verschnitten Trebbiano/Malvasia und Sangiovese/Montepulciano kommen aus den – in den Provinzen Rom, Rieti und Viterbo gelegenen – Colli dalla Sabina und Colli Etruschi Viterbesi. Letztgenannte DOC produziert Weiße aus Grechetto und Moscatello sowie Rote aus Canaiolo, Merlot und Violone (wie Montepulciano hier heißt). Aus der bekannten DOC Lago di Bolsena stammen der seltene, süße rote Aleatico di Gradoli – auch als gespriteter Liquoroso – sowie der legendäre Est! Est!! Est!!! di Montefiascone.

In Latium liegt auch ein Teil des Anbaugebiets Orvieto; dessen Wein wird im Kapitel «Umbrien» beschrieben.

Boden, Klima und Anbaumethoden

Die Hügel und Ebenen Latiums erstrecken sich zwischen dem Tyrrhenischen Meer einerseits und den Bergen des Landesinneren andererseits. Die Region durchziehen entlang der Küste vier große Vulkansysteme – in einigen der größten Krater liegen Seen. Die Küstenebene von Latium als Fortsetzung der Ebene von Tuscia (Viterbo) endet bei Civitavecchia in den Monti della Tolfa. Das Hügelland und besonders die kaliumhaltigen vulkanischen Lava- und Tuffböden sind ideal für den Weinbau.

Blick von der Spanischen Treppe über die Ewige Stadt. Um Rom liegen mehr Weinbaugebiete als in der Umgebung jeder anderen Stadt der Welt.

Die klimatischen Verhältnisse sind vor allem durch die Nähe zum Meer geprägt. Im Landesinneren in Richtung Apennin sind die Niederschläge und die Temperaturschwankungen ausgeprägter, wenn auch das Apenninenmassiv diese Gebiete gegen die wesentlich kälteren Winde aus dem Nordosten abschirmt.

Die in Latium heimischen Rebsorten setzten sich gegen Trebbiano und Malvasia di Candia durch. Nach jahrelanger Vernachlässigung geht es nun wieder aufwärts. Auch bei den Genossenschaften, in deren Hand das Gros der regionalen Weinerzeugung liegt, zeichnet sich eine deutliche Richtungsänderung ab.

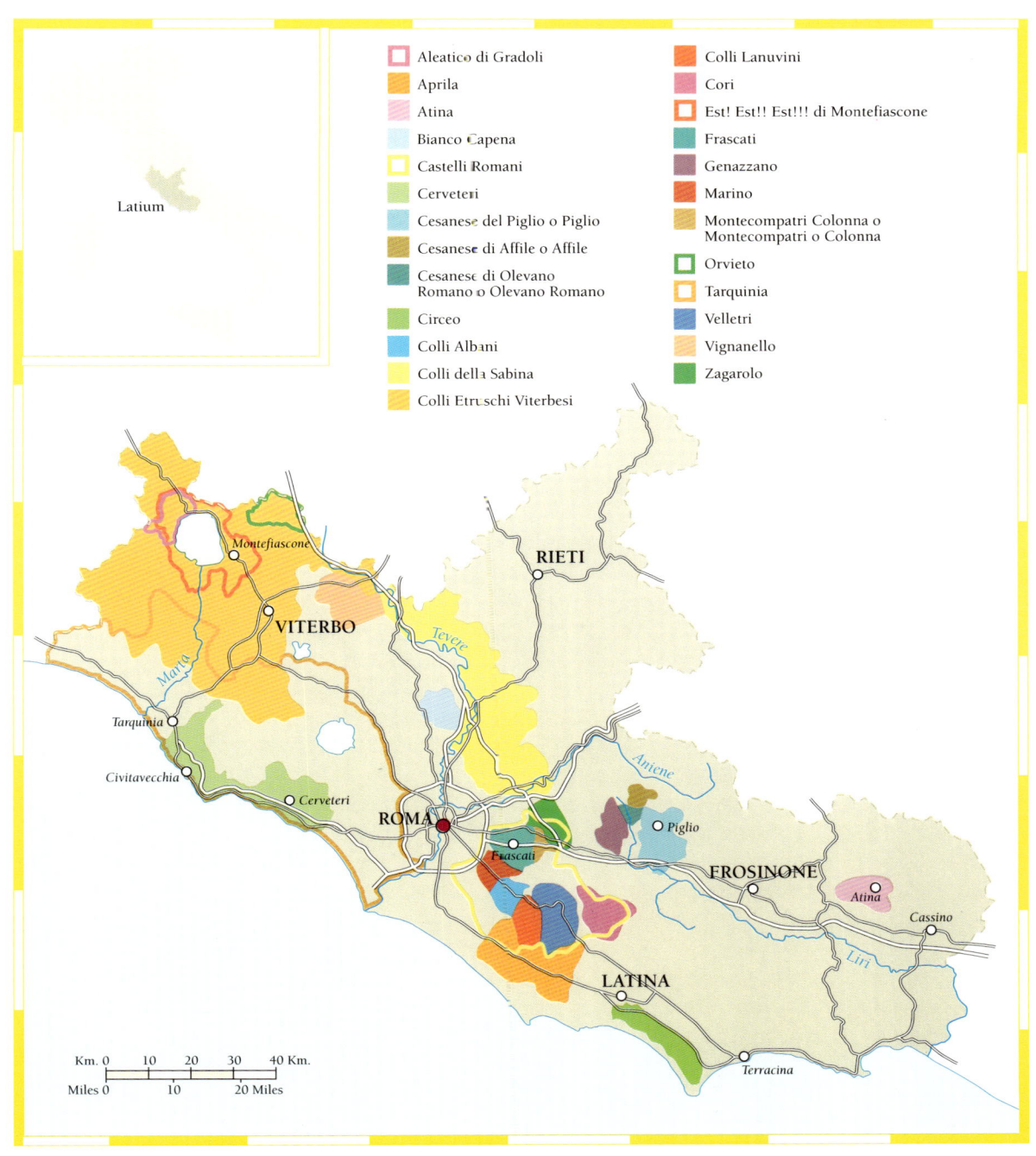

- Aleatico di Gradoli
- Aprila
- Atina
- Bianco Capena
- Castelli Romani
- Cerveteri
- Cesanese del Piglio o Piglio
- Cesanese di Affile o Affile
- Cesanese di Olevano Romano o Olevano Romano
- Circeo
- Colli Albani
- Colli della Sabina
- Colli Etruschi Viterbesi
- Colli Lanuvini
- Cori
- Est! Est!! Est!!! di Montefiascone
- Frascati
- Genazzano
- Marino
- Montecompatri Colonna o Montecompatri o Colonna
- Orvieto
- Tarquinia
- Velletri
- Vignanello
- Zagarolo

Latium

Montefiascone

RIETI

VITERBO

Tevere

Marta

Tarquinia

Civitavecchia

Cerveteri

Aniene

Piglio

ROMA

Frascati

FROSINONE

Atina

Cassino

Liri

LATINA

Terracina

Km. 0   10   20   30   40 Km.

Miles 0   10   20 Miles

Est! Est!! Est!!! und nördliches Latium

Colle Bonvino im Gebiet des Est! Est!! Est!!! Wie andere römische Weine hielt auch er einen langen Dornröschenschlaf, aus dem er vor kurzem wach geküsst wurde.

Kaum ein Wein hat eine so faszinierende Geschichte wie der Est! Est!! Est!!! aus dem Dörfchen Montefiascone in der Provinz Viterbo. Um das Jahr 1100 kam der flämische Bischof und Weinliebhaber Johan Defuk im Gefolge des deutschen Kaisers Heinrich V. nach Italien. Der Bischof sandte seinen Diener Martin voraus: Er sollte für ihn Quartier in Gasthöfen suchen, die guten Wein ausschenkten. Wenn Martin fündig wurde, schrieb er «Est!» an die Tür, lateinisch für «es ist» oder «es gibt» – guten Wein nämlich. In Montefiascone am Ufer des Lago di Bolsena und unweit der päpstlichen Residenz stieß Martin auf so guten Wein, dass er gleich dreimal «Est!» an die Tür des Gasthofs schrieb. Statt nach Hause zurückzukehren, blieb der Bischof in Montefiascone, um ausgiebig dem dortigen Wein zuzusprechen. Lange war es Brauch, an seinem Todestag eine Flasche Wein über sein Grab zu gießen. Erst die puritanische Gegenreformation des 17. Jahrhunderts machte dieser Tradition ein Ende. Später machte

auch Goethe auf seiner italienischen Reise Bekanntschaft mit dem guten Weißwein aus Latium.

Später sank Est! Est!! Est!!! zur Bedeutungslosigkeit herab – wenn er auch in Rom weiter in Mengen getrunken wird. Sein Comeback verdankt er der Initiative einer Handvoll qualitätsbewusster Erzeuger. Sie setzten auf beste Lagen, niedrige Erträge, beste Klone von Trebbiano, Malvasia und Rossetto (der hiesige Name des Trebbiano Giallo) und moderne Technologie. Großen Anklang fand auch die köstliche Passito-Version aus edelfaulen Trauben.

An den Ufern des Lago di Bolsena bei Ciradoli zeigt sich bei kleineren Winzern langsam wieder wachsendes Interesse an Aleatico – einst eine in ganz Mittel- und Süditalien verbreitete Rebsorte, der in den neuen DOCs wie Colli Etruschi Viterbesi, Sabina und Tarquinia von den Behörden großzügige Erträge zugestanden werden, nicht selten über zehn Tonnen pro Hektar, manchmal bis zu fünfzehn. Das Ergebnis sind zwar keine herausragenden

Stile, aber durchaus anständige Alltagsweine. Dennoch stammen aus dieser Gegend einige der berühmtesten Weine der Region, etwa der rote Montiano von Falesco (vorwiegend aus Merlot). Die Rotweine – teilweise auch die Weißen – von Cervéteri beweisen, dass neu angelegte Weinberge, drastische Ertragsbeschränkung und moderne Vinifizierungsmethoden zu Ergebnissen führen können, die noch vor zehn Jahren unvorstellbar gewesen wären.

Weitere Lagen in diesen Gebieten warten nur darauf, dass sich Erzeuger um ihr Potenzial verdient machen.

Zum Anbinden der Reben verwenden die Winzer am liebsten Weidenruten.

Wichtige Erzeuger

Mazziotti, Bolsena (VT) Flaminia Mazziotti, ihr Mann Alessandro Laurenzi und der Önologe Gaspare Buscemi erzeugen Est! Est!! Est!!! in zwei Versionen: frischen Annata mit vollem, fruchtigem Bukett und Canuleio, eine interessante, lang im Keller gereifte Selektion.

Cantina Cooperativa di Cerveteri, Cerveteri (RM) Kellerei und Weinberge wurden von Riccardo Cotarella, einem der talentiertesten und energischsten Önologen Italiens, erneuert. An der Spitze einer endlosen Reihe von Weinen stehen der hauptsächlich aus Malvasia und Trebbiano gekelterte Cerveteri Bianco Vigna Grande und der Cerveteri Rosso Vigna Grande aus Sangiovese, Montepulciano und Merlot.

Mottura, Civitella d'Agliano (VT) Sergio Motturas Weingut liegt im zu Latium gehörenden Teil der DOC Orvieto. Seine Weine sind faszinierend, vor allem Grechetto Latour a Civitella und Muffo, Letzterer aus botrytisbefallenen Trauben. Ebenfalls interessant sind Orvieto Vigna Tragugnano und Mottura Metodo Classico Spumante.

Falesco, Montefiascone (VT) Das noch junge Weingut hat bereits Weltruhm erlangt, um den es so mancher Große des italienischen Weins beneidet. Spitzenwein von Riccardo Cotarellas Gut ist der Montiano, ein Merlot von großer Weichheit und Geschmeidigkeit, der nur in wenigen Jahrgängen erzeugt wird. Auch gute Weißweine, darunter der Est! Est!! Est!!! Vendemmia Tardiva aus edelfaulen Trauben, in französischen Fässern gereift – ein kleines Wunder.

Cantina Oleificio Sociale di Gradoli, Gradoli (VT) Eine der wenigen Kellereien, die Aleatico erzeugt, einen köstlichen, süßen Rotwein, der einst weit verbreitet war, heute aber nur in geringen Mengen erzeugt wird. Als – gespriteter – Liquoroso hat er einen Alkoholgehalt von 17,5 Prozent; den Titel Riserva verdient er sich durch mindestens dreijährige Lagerung (davon zwei Jahre in der Flasche).

Frascati und die Castelli Romani

Die Weine dieser Region sind geprägt durch die Nähe zu Rom und seinen Touristenhorden. Anonyme Weiße aus den Castelli in den traditionellen Flaschen finden in den Trattorien der Hauptstadt ein gemachtes, wenn auch nicht gerade erlesenes Nest. Das hat sich als ein fragwürdiger Segen für die hiesigen Weinerzeuger erwiesen. Dabei haben die Hänge der erloschenen Vulkane in den Castelli Romani früher hervorragende Rot- und Weißweine hervorgebracht. Da und dort scheint die alte Größe noch durch – etwa beim Fiorano Rosso, den Fürst Ludovisi Boncompagni vor den Toren Roms erzeugt, einem der progressivsten italienischen Weine der sechziger Jahre.

In den fünfziger und sechziger Jahren strebte man jedoch vor allem nach Quantität, und die damals gepflanzten Sorten Malvasia di Candia und Trebbiano Toscano bilden immer noch den Grundstock fast aller DOC-Weißweine der Region. Die Behörden gestatten vielfach wahnwitzige Hektarerträge von über sechzehn Tonnen. Die dafür nötigen Anbaumethoden machen jeden Anspruch auf qualitativ hochwertiges Lesegut zunichte. Dennoch ist das Niveau von «Massenweinen» wie Frascati und Marino hoch genug, um ihnen weltweite Verbreitung zu sichern.

Der König der Castelli-Romani-Weine ist der Frascati. Er stammt aus den Weinbergen der Gemeinden Frascati, Grottaferrata und Monteporzio Catone sowie aus einer kleinen Enklave am Rand des noch zu Rom gehörenden Vororts Colle Mattia. Bei den Einwohnern der Region genießt der Frascati Kultstatus, und auch in Rom selbst ist er der beliebteste Weißwein. Von Schriftstellern, Dichtern und Küchenchefs gleichermaßen gerühmt, ist er ein unverzichtbarer Begleiter zu vielen traditionellen lokalen Spezialitäten wie etwa Artischocken und Lamm.

Traditionsgemäß sollte Frascati auf den Schalen gären, was goldenen Wein von etwas rustikalem, adstringierendem Stil ergibt. Er passt vorzüglich zu Fleischgerichten, ist aber nicht sehr reisefreudig und im Sommer rasch schal. Ganz anders präsentieren sich jedoch oft die Weine, die man immer noch in den Gasthäusern der Castelli Romani kredenzt: leichte, kühle, farblose und säurearme Erzeugnisse von streng kalkulierenden Genossenschaften.

Zum Glück legt die «neue Schule» Wert auf Weine mit vollem Geschmack – wuchtig und alkoholstark, größtenteils aus heimischen Rebsorten wie Malvasia del Lazio (auch als Malvasia Puntinata bekannt), Cacchione, Bellone, Bonvino, Greco und vielleicht ein wenig Chardonnay oder Sauvignon Blanc, aber sehr wenig Malvasia di Candia und Trebbiano Toscano. Dieser Stil kommt am besten beim Vigna Adriana, dem Frascati Superiore von Castel de Paolis, zum Ausdruck, der einen Alkoholgehalt von bis zu 14 Prozent erreicht; ebenso beim Santa Teresa von Fontana Candida – jenem Betrieb, der entscheidend zum spektakulären Qualitätsanstieg des letzten Jahrzehnts beitrug.

Ein frischer Wind hat das Umland von Castelli erfasst – allen voran Frascati und Marino. Wenn die Entwicklung anhält, wird man mit diesen Anbaugebieten in wenigen Jahren eine Reihe kraftvoller, körperreicher Weißer ver-

Blick zur Piazza di Spagna. Seinem Charme, seinen Villen und der Nähe zu Rom verdankt Frascati eine große Fangemeinde.

Grotte, Tempel oder Keller? Eine eher unübliche Art der Weinlagerung pflegt man im Weingut Sotteranea in Frascati.

binden. Einer der bahnbrechenden Betriebe in Marino ist Di Mauro-Colle Picchioni: Seine Weißweine zeugen mit jedem Jahr von wachsender Sorgfalt, wenn sie auch aufgrund der niedrigeren Lage und der geringeren Besonnung nicht die für Frascati typischen fruchtigen Aromen entwickeln. Es ist sicher kein Zufall, dass aus diesen Lagen einer der größten Rotweine des Gebiets kommt: Vigna del Vassallo, ein wunderbarer Wein im Bordeaux-Stil.

Innovation bedeutet in Latium Rückbesinnung auf die vielen traditionellen roten und weißen Rebsorten. Ende des 19. Jahrhunderts war der säurereiche Verdicchio (auch Trebbiano Verde) in Latiums Weingärten heimisch, außerdem Greco – vermutlich der heutige Grechetto di Todi – sowie verschiedene Trebbiano-Spielarten, Bellone, Malvasia del Lazio, Moscato, Passerina und Pecorino. Zu den roten Rebsorten zählten Cesanese Comune und Cesanese di Affile, Greco Nero und Aleatico, dazu eine Reihe seltenerer Reben wie Abbuoto und Nero Buono di Cori, um nur einige zu nennen. Diese Rebsorten gelten aufgrund ihrer schwankenden Erträge oft als problematisch, können aber für das Aroma von Bedeutung sein.

In Zukunft könnten aus der kaum den Kinderschuhen entwachsenen DOC Castelli Romani Weine eher einfachen, unmittelbaren Stils kommen, aus den klassischen Anbaugebieten dagegen charismatischere Weine. Frascati strebt gar die DOCG an. Diese Zielsetzung mag in DOCs wie Montecompatri Colonna und Marino realistisch sein. In anderen gestaltet sich die Lage schwieriger – etwa in den Colli Lanuvini oder den Colli Albani. Das Potenzial ist vorhanden, daneben besteht aber die Gefahr, charakterlose Variationen ewig gleichen Zuschnitts hervorzubringen. Die Qualität von Weinen wie Zagarolo und Velletri Bianco wiederum wird sich nur durch drastische Ertragssenkung und Herabsetzung des Anteils von Trebbiano und Malvasia di Candia steigern lassen.

Die Forschung sowie die Abkehr von den derzeitigen Gepflogenheiten haben sehr erfolgreiche Weine hervorgebracht: Süßweine wie Frascati Cannellino und Vendemmia Tardiva, fassgereifte Rotweine aus internationalen Sorten wie Di Mauros Vigna del Vassallo und Quattro Mori von Castel de Paolis. Das Potenzial der Region ist jedenfalls noch lange nicht zur Gänze ausgeschöpft.

Wichtige Erzeuger

Casale Marchese, Frascati (RM) Seit der Önologe Sandro Facca hier ange-heuert hat, nennt die Kellerei einen der besten Weißen von Frascati ihr Eigen, gekeltert aus erstklassigen Reben von Spitzenlagen. Der Besitzer, Salvatore Carletti, hat auch ein Faible für die Mal-vasia del Lazio, aus der er den sehr sau-beren Cortesia erzeugt. Interessant auch der Rosso Casale Marchese aus Montepulciano, Merlot und Cesanese.

Castel de Paolis, Grottaferrata (RM) Mit Hilfe des Mailänder Universitätspro-fessors Attilio Scienza bepflanzte Giulio Santarelli die elf Hektar Rebfläche Ende der achtziger Jahre neu – mit neuen Sor-ten und mittels moderner Technologie. Heute eines der besten Güter der Castelli Romani mit bahnbrechenden Weißweinen, allen voran der Frascati Campo Vecchio. Die Selektion Vigna Adriana ist komplexer und strukturier-ter. Vorzüglich ist der rote Quattro Mori aus Syrah, Cabernet, Merlot und Petit Verdot.

Paola di Mauro – Colle Picchioni, Marino (RM) Paola Di Mauro und Sohn Armando erzeugen mit Unterstüzung des Önologen Riccardo Cotarella auf ihrem kleinen Gut einige der besten Weine Latiums. Der Beste ist der rote Vigna del Vassallo aus Merlot und Caber-net mit gut entwickeltem Bukett und weichem, ausgewogenem Geschmack. Leichter ist der Collo Picchioni Rosso aus Montepulciano, Merlot, Cabernet Sauvignon und Cesanese. Der beste Weißwein ist der holzgereifte Vignole aus Malvasia del Lazio, Trebbiano und Sauvi-gnon Blanc. Zwei Marino DOCs: der vergleichsweise körperreiche Selezione Oro mit seinem komplexen Bukett und der leichte, attraktive Etichetta Verde.

Beim alljährlichen Weinfest in Marino in den Albanerbergen südlich von Rom spenden die Brunnen Wein statt Wasser.

Gotto d'Oro, Marino (RM) Vor fünfzig Jahren nahm Gotto D'Oro in Marino den Betrieb auf. Heute produzieren die modernen Kellereien in Frattocchie einige Millionen Flaschen Frascati und Marino im Jahr, sie setzen Maßstäbe für die Castelli Romani; auch anständiger Malvasia del Lazio.

Tenuta Le Quinte, Montecompatri (RM) Francesco Papis Weingut an der Grenze zwischen Montecompatri und Colonna erzeugt hinreißende Weine aus den besten Klonen heimischer Reben, was Bukett und Weichheit seines prächtigen Montecompatri Colonna Superiore Virtù Romane erklären dürfte.

Fontana Candida, Monteporzio Catone (RM) Erster Abfüller und Händler von Frascati, exportiert heute im Jahr weltweit 7,5 Millionen Flaschen. Der Frascati Superiore Santa Teresa ist einer der Top-Weine der Castelli Romani: eine aromatische Lektion in sanfter Verführung zu einem sehr vernünftigen Preis. Höchst interessant ist auch Malvasia del Lazio della Linea Terre dei Grifi aus der heimischen Puntinata.

Villa Simone, Monteporzio Catone (RM) Piero Costantini erwarb das Gut Anfang der achtziger Jahre. Seine Weißweine mit mittelstarker Struktur, ebensolchem Körper und leicht fruchtigem

Bukett zollen Tradition wie Moderne Tribut. Den Stil des Frascati Superiore verkörpern der einfache, direkte Annata, Vigna dei Preti mit seinem ausgewogenen Bukett und der saubere, frische Vigneto Filonardi. Der süße Frascati Superiore Cannellino ist ein Genuss.

Conte Zandotti, Roma Eines der traditionsreichsten Weingüter von Frascati mit dreißig Hektar Malvasia del Lazio, Trebbiano und Bellone. Stellt einen der überzeugendsten Frascatis und eleganten Frascati Superiore Cannellino her, weich und konzentriert. Der neue Kellermeister Marco Ciarla ist noch für einige Überraschungen gut.

Die offizielle Anerkennung von Rekorderträgen verleitete viele Frascati-Produzenten zur Erzeugung netter, aber belangloser Weine.

Ciociaria und südliches Latium

Die Weine des Hügellands werden heute industriell erzeugt, aber ihre Aromen sind nicht so einfach zu zähmen.

In diesem Teil Latiums liegen die drei DOCs Cesanese di Olevano Romano, Cesanese di Affile – in der Provinz Rom – sowie Cesanese del Piglio in der Provinz Frosinone. Die Gegend zwischen Monti Prenestini und Affilani einerseits und Ciociaria andererseits ist wie geschaffen für Rotwein. Sie muss die in sie gesetzten Erwartungen allerdings erst erfüllen: Aus den beiden erstgenannten DOCs wird kaum Wein in Flaschen abgefüllt, obwohl Cesanese di Olevano Dolce in Rom zu den beliebtesten Weinen zählt;

Piglio ist eine schwer zu kultivierende Rebsorte, sie enthält zwar viel Frucht, Zucker und Tannin, ist aber in der Flasche sehr instabil. Ihr Rotwein eignet sich zu Gebratenem und Gegrilltem, eigenständig muss er sich aber erst profilieren.

In Ciociaria liegt Atina – eine junge DOC, obwohl hier schon seit über hundert Jahren französische Sorten wie Cabernet, Merlot und Sauvignon angebaut werden. Im nördlich von Cassino gelegenen kleinen Ort Atina pflanzte der italienische Agronom Pasquale Visocchi im 19. Jahrhundert Rebsorten, die ihm auf seiner Reise durch Frankreich aufgefallen waren. Der einzige bedeutende Erzeuger dieses Gebiets ist Giovanni Palombo; sein Erfolg spornt allerdings andere an – wenn auch etwas spät. Seine in Eiche ausgebauten Weine, der rote Colle della Torre und Rosso delle Chiaie (Merlot und Cabernet, Letzterer dazu mit Syrah) und der weiße Bianco delle Chiaie (Sauvignon/Sémillon), sind der Lohn für seine Geduld. Es sind attraktive Weine von sauberem, modernem Stil – Musterbeispiele für Latiums Kampagne zur Qualitätssteigerung.

Die neue DOC Circeo umfasst die an der Küste von Südlatium gelegenen Orte San Felice Circeo, Terracina, Latina und Sabàudia. Aus dieser Region stammen verschiedene Weine einfachen Stils: vom Bianco über Variationen des Themas Malvasia–Trebbiano bis zu Trebbiano, Rosso, Rosé und Sangiovese.

Schließlich sollen auch die Weine von Latina nicht unerwähnt bleiben – eines Gebiets, dem vielleicht mehr als manch anderem das Experiment und die eigene Identität am Herzen liegen. Das Zentrum der Region ist das Weingut Casale del Giglio di Borgo Montello, im Besitz von Antonio Santarelli. Seit Anfang der achtziger Jahre dient das 1968 gegründete Gut als Versuchszentrum. Dank der Vorarbeit hoch qualifizierter wissenschaftlicher Berater wie Attilio Scienza erzeugen die Santarellis und Kellermeister Paolo Tiefenthaler heute Weine von beachtlicher Tiefe. Wurden früher nur Trebbiano, Sangiovese und Merlot aus der DOC Aprilia angebaut, so werden die jüngsten Experimente dem neuesten Stand der Forschung der Alten und Neuen Welt gerecht – ein Unterfangen von unschätzbarem Wert. Die Awning-Reberziehung wurde aufgegeben. Heute ergeben Reben mit niedrigem Ertrag, die in Küstennähe dicht gepflanzt werden, exquisite Rot- und Weißweine internationalen Stils.

Wer ein Glas Shiraz, Madreselva oder Mater Matuta von Casale del Giglio genießt, sollte bedenken, dass die Zukunft hier erst vor kurzem begonnen hat.

Wichtige Erzeuger

Colacicchi, Anagni (FR) Familie Trimani, ursprünglich aus Rom, baut auf ihrem kleinen, wunderschönen Gut heimischen Cesanese neben Cabernet Sauvignon und Merlot an. Vor allem aus Letzteren besteht Rosso Torre Ercolana, ein bedeutender Wein, der gut für lange Reifung in neuer Eiche geeignet ist.

Giovanni Palombo, Atina (FR) Ein Neuzugang in Latiums Weinerzeugung. Seine Weine weisen saubere stilistische Reife auf. Herausragend Colle della Torre mit der großen Eleganz und Konzentration eines Bordeaux sowie Bianco delle Chiaie aus Sauvignon Blanc und Sémillon.

Casale del Giglio, Borgo Montello (LT) Aprilia ist nicht ideal für große Weine. Aber nach über zehn Jahren der Bemühungen erzeugen Antonio Santarelli und Kellermeister Paolo Tiefenthaler eine breite Palette von Weinen, allen voran Madreselva, eine Cuvée aus Bordeaux-Reben, Mater Matuta aus Syrah und Petit Verdot, Antinoo aus Chardonnay und Viognier sowie ausgezeichneten Shiraz.

Massimi Berucci, Piglio (FR) Manfredi Massimi Berucci ist der Top-Erzeuger der kleinen DOC Ciociara. Sein Cesanese del Piglio ist tanninreich und üppig mit frischen weinigen Noten. In den besten Jahrgängen wird er nach der Lage als Cru Casale Cervino bezeichnet.

Dem Feld weit voraus: Manfredi Berucci ist die treibende Kraft hinter den Weinen von Ciociaria.

Süditalien

Den Süden der italienischen Halbinsel rühmten Vergil in seinen «Georgica», Horaz in seinen Gedichten, Plinius der Ältere und der Jüngere, Columella und viele andere als größte Weinregion des Altertums. Kampanien erzeugte den berühmtesten Wein der Antike, den Falerner. Aber auch die Weine Siziliens, Kalabriens, der Basilicata und Apuliens wurden zum Gegenstand lateinischer Lobeshymnen. Die Araber waren von der Harmonie zwischen Reben und Böden dieser Regionen so angetan, dass sie den Weinbau förderten und Reberziehungssysteme vervollkommneten. Unter der harten, Jahrhunderte währenden muslimischen Herrschaft über diesen Teil Italiens durfte die einheimische Bevölkerung – gegen Bezahlung einer Steuer – weiterhin Wein erzeugen.

Heute verläuft im Süden so etwas wie die neue Weingrenze, wenn auch Innovation und Modernisierung hier viel langsamer greifen. Veraltete Produktionssysteme, eine Unzahl wenig qualitätsbewusster Genossenschaften und die Angewohnheit, Wein im Fass zu verkaufen, verhinderten lange Zeit Verbesserungen in Apulien, Kalabrien, Kampanien und der Basilicata. Nicht dass diese Regionen minderwertige Weine hervorgebracht hätten – im Gegenteil, der hiesige Wein wurde jahrzehntelang tankweise nach Norden verschifft, um in Norditalien und im Ausland anämische Cuvées aufzupeppen.

Aber erst mit der Einführung des DOC-Systems in den sechziger Jahren beschlossen die Winzer, ihren vielfach bereits seit Jahrtausenden berühmten Weinen Namen und Profil zu verleihen – so etwa Asprinio di Aversa, Cirò, Fiano di Avellino, die Weine der Halbinsel Sorrent oder Primitivo di Manduria, um nur einige zu nennen. Angesichts der brennenden Sonne und der vielen süßen Weine aus rosinierten Trauben vergisst man gern, dass Teile dieser südlichen Weinregionen sehr hoch gelegen und rauem Klima ausgesetzt sind – man denke etwa an das kampanische Irpinia, Vulture in der Basilicata oder die Apenninenregion Kalabriens. In diesen heißen Gebieten liegen die Weinberge zumeist im Hügelland, das ideale Bedingungen für Qualitätsweinbau aufweist.

In die siebziger Jahre fielen die Pioniertaten von Visionären wie Antonio Mastroberardino in Irpinia und Leone de Castris in Apulien, in den achtziger Jahren rief ein weiterer Trupp von Vorkämpfern die Erzeuger zur Eroberung der neuen, qualitätsorientierten Märkte auf. Zu dieser zweiten Generation sachkundiger, innovativer Winzer gehörten Cosimo Taurino und Severino Garofano, Librandi und Calò, Paternoster und D'Angelo sowie die Weingüter Feudi di San Gregorio und Villa Matilde.

Abseits der Pionierleistungen dieser Erzeuger wird das Potenzial von Süditaliens Weinen zumindest im Hochqualitätsbereich immer noch nicht ausgeschöpft – hier ist noch viel zu tun. Aus dem Süden kommen 21 Prozent des italienischen Weins, der Anteil von DOC-Weinen an der Gesamtproduktion dieser Regionen ist jedoch niedriger als anderswo: 1997 waren es in Kampanien unter 3 Prozent, keine 4 Prozent in Apulien, nur 2,4 Prozent in der Basilicata und in Kalabrien weniger als 5 Prozent. Süditalien leidet weiterhin unter den Auswirkungen der kurzsichtigen Agrarpolitik der italienischen Regierung und der Europäischen Union, die den Anbau von Hochertragssorten förderte und Weinbau auch in dafür wenig geeigneten Gebieten subventionierte. Diese Maßnahmen gingen völlig an jenen Weinbaugebieten vorbei, die geringere Erträge, aber Weine von hoher Qualität hervorbrachten. Hochwertige Weinberge und das historische *alberello*-System wichen weiteren Erziehungsformen oder fielen dem Bauboom zum Opfer.

Aber der Süden ist dabei, sich wieder zu fangen: Unter der Führung einiger renommierter Erzeuger beginnen die hiesigen Winzer, ihre historischen Rebsorten und Weinberge mit modernen Methoden wiederzubeleben. Wer weiß, vielleicht liegt in Süditalien nicht nur die Wiege, sondern auch die Zukunft des italienischen Weinbaus.

Die Villa Rufolo bei Ravello an der Amalfi-Küste, nicht nur vom Klima her ein heißer Tipp für innovative Weine aus Süditalien.

Kampanien

Die kampanische Küste erstreckt sich über 460 Kilometer. Ihre vulkanischen Böden brachten die größten Weine der Antike hervor.

Es gibt selten leidenschaftlichere Weinerzeuger als die Menschen im sonnenverbrannten Kampanien. In kaum einem anderen Weinbaugebiet genossen die Weine über Jahrhunderte hinweg ein solches Ansehen. Die hiesigen Weinberge brachten einige der größten Weine der Antike hervor. Aus Reben, die seit tausenden von Jahren in dieser Region gedeihen, werden einige ausgezeichnete Weiß- und Rotweine erzeugt.

In dieser Region wurden die großen Weine des alten Roms – Falerner, Greco, Faustinianer und Caleno – nach Methoden erzeugt, die sich über das gesamte römische Imperium ausbreiteten. Der Wein wurde in wasserdichten Tonfässern – so genannten «dolia» – vergoren, in große Amphoren abgefüllt und europaweit verschifft. Die frühe internationale Verbreitung ist heute noch erkennar: Die in Kampanien üblichen Reben in Aversa-Reihen findet man auch beim portugiesischen Vinho Verde, und das im Aostatal gebräuchliche Pergelsystem ähnelt mit seinen Terrassenlagen dem der Amalfi-Küste.

Weine und Weinstile

Kampanien zählt zu den innovativsten und erfolgreichsten Regionen Italiens. Die Vielfalt seiner Böden und Klimate sorgt bei Weinen derselben Rebsorte für eine Unzahl von Stilen. Fast durchwegs heimische Reben (direkte Ab-

kömmlinge von Vitis Hellenica, Aminea Gemina, Apiana und Alopecis, von denen bereits die antiken Schriftsteller berichten) sind die Bindeglieder zwischen den verschiedenen Denominazioni der Region.

Weiße Rebsorten wie Greco, Fiano, Biancolella und Falanghina und rote wie Piedirosso und Aglianico sind die Basis der DOC-Weine, die nur vier bis fünf Prozent der Jahresproduktion von über zwei Millionen Hektoliter ausmachen: Falerno del Massico Bianco und Sant'Agata dei Goti Bianco aus der ungemein produktiven Falanghina, Greco di Tufo und Capri Bianco aus Greco, eleganter, komplexer Fiano di Avellino und Cilento Bianco hauptsächlich aus Fiano. Aglianico spielt die Hauptrolle bei den Rotweinen Taurasi (dem einzigen DOCG-Wein Kampaniens), Cilento Rosso, Aglianico del Taburno, Campi Flegrei Rosso, Capri Rosso und Ischia Rosso.

Diese Fülle von Weinen und Anbaugebieten verteilt sich über ein weites Stück Land. Wein wächst an der Küste und – unter anderen klimatischen Bedingungen – im Landesinneren. Klimatisch gleicht Irpinia im September und Oktober dem Piemont, die Amalfi-Küste dagegen Sizilien. Weine aus Falanghina sind in Küstennähe äußerst mild, im Landesinneren dagegen duftig und eher säurebetont. Rotweine aus Aglianico altern generell gut. Zwischen dem Tanninbiss eines Taurasi aus Avellino und der Samtigkeit eines Falerno del Massico Rosso liegen jedoch Welten.

Piedirosso ist typisch für das Küstengebiet und ergibt feine, geschmeidige stille Weine und rote Perlweine wie Gragnano und Lettere della Penisola Sorrentina. Sehr ungewöhnlich ist der leichte, säurereiche weiße Asprinio di Aversa. Die gleichnamigen Reben werden in Casertano bis zu fünf Meter hoch an Bäumen *(ad alberata)* erzogen.

Boden, Klima und Anbaumethoden

Die Küste Kampaniens erstreckt sich über 460 Kilometer, dazu kommen Berg- und Hügelland und unzählige Klimate und Bodenarten. Die Region lässt sich in zwei parallel zur Küste verlaufende Streifen teilen: Das Landesinnere durchzieht der Apennin; an der Küste liegen der Monte Màssico, der erloschene Vulkan Roccamonfina, die vulkanischen phlegräischen Felder mit dem Vesuv, die Berge von Lattari, Picentini und Alburni sowie das felsige Hügelland von Cilento. Hier herrscht Kontinentalklima. Auf den Hochebenen und an den Flanken des Apennin regnet es häufiger. In den gebirgigen Gebieten Sannio und Avellinese ist das Klima kontinental und ideal für hoch qualitative Weine.

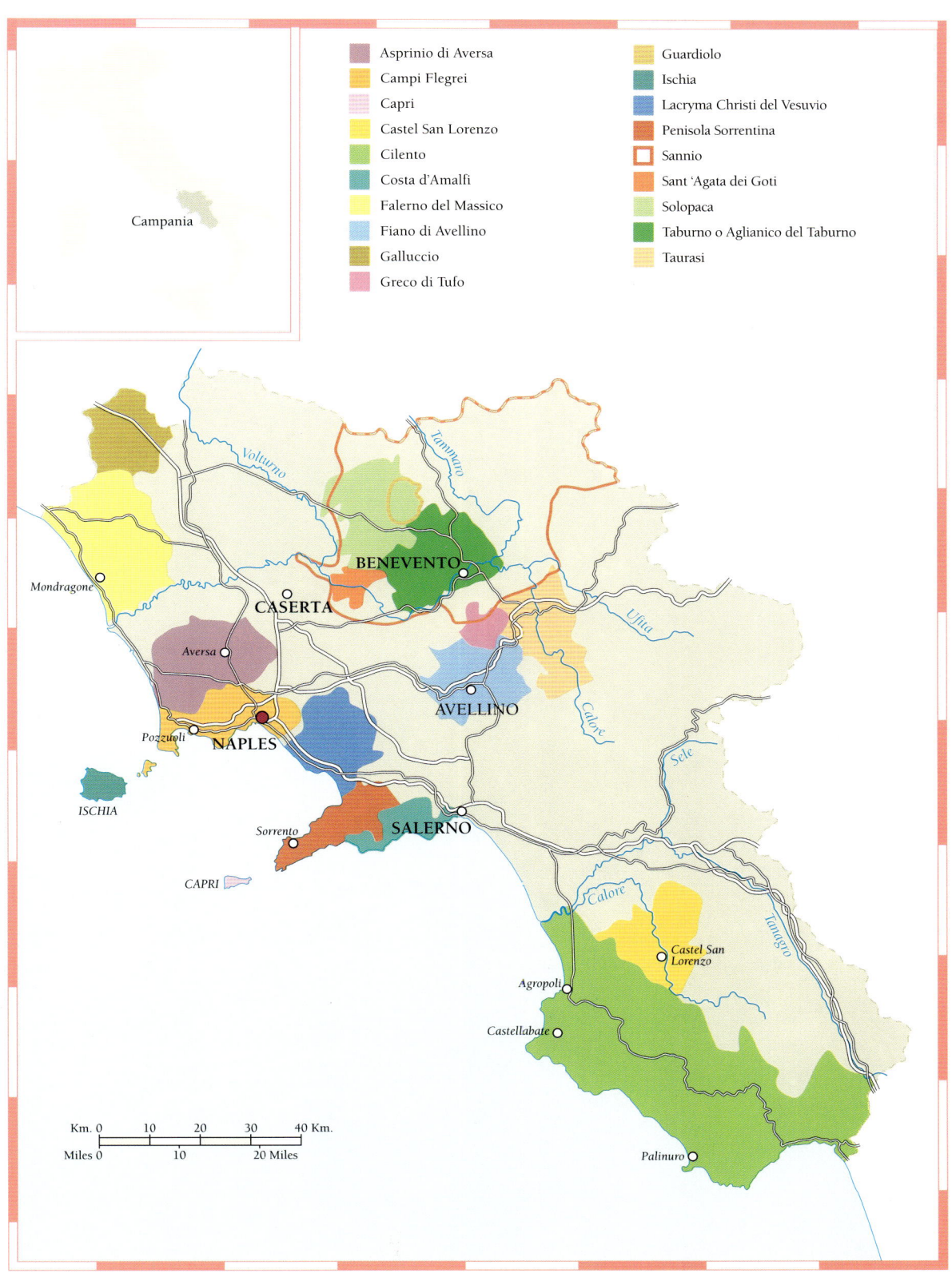

Campania

Asprinio di Aversa	Guardiolo
Campi Flegrei	Ischia
Capri	Lacryma Christi del Vesuvio
Castel San Lorenzo	Penisola Sorrentina
Cilento	Sannio
Costa d'Amalfi	Sant 'Agata dei Goti
Falerno del Massico	Solopaca
Fiano di Avellino	Taburno o Aglianico del Taburno
Galluccio	Taurasi
Greco di Tufo	

Mondragone

CASERTA

Aversa

Pozzuoli

NAPLES

ISCHIA

CAPRI

Sorrento

SALERNO

BENEVENTO

AVELLINO

Volturno

Tammaro

Ufita

Calore

Sele

Calore

Tanagro

Castel San Lorenzo

Agropoli

Castellabate

Palinuro

Km. 0   10   20   30   40 Km.
Miles 0   10   20 Miles

Irpinia und Sannio

Seit Antonio Mastroberardino in den siebziger Jahren in Irpinia eine wahre Weinbaurevolution auslöste, geht es mit dem Gebiet rasant bergauf. Mastroberardino schuf atemberaubende Weiß- und Rotweine und bewies, dass man mit innovativen Methoden stilvolle Weine erzeugen kann. Für das Übrige sorgten die Rebsorten und die natürlichen Gegebenheiten Kampaniens. Heute gibt es hier viele große Namen. In der lebendigen und fortschrittlichen Region werden alte Reben durch neue ersetzt. Irpinia scheint entschlossen zu sein, seine schon jetzt hervorragende Weinpalette weiter zu verbessern.

Dieser Unternehmergeist erfasste auch die umliegenden DOCs Sannio und Taburno, Sant'Agata dei Goti und Solopaca sowie Guardia Sanframondi, die Heimat des Guardiolo. Die Bestimmungen schützen oft weiterhin die italienischen Mainstream-Reben. Gewitztere Winzer setzen jedoch schon seit einiger Zeit auf Sorten wie Greco, Fiano, Falanghina, Piedirosso und Aglianico.

Auch bei der Erzeugung werden neue Wege eingeschlagen – mit erstaunlichem Erfolg. Taurasi etwa ist ein umwerfender Wein – der einzige DOCG-Wein Kampaniens. Er wird im hügeligen Teil von Irpinia aus Aglianico (mindestens 85 Prozent) erzeugt. Die normale Version muss wenigstens drei Jahre reifen, davon ein Jahr im Fass, die Riserva mit einem Mindestalkoholgehalt von 12,5 Prozent reift vier Jahre, davon 18 Monate im Fass. Taurasi ist ein konzentrierter, komplexer, sehr finessenreicher Rotwein, sanft, mit reichhaltigen Beerennoten und hohem Tanningehalt. Er hat sich seinen Platz in der vordersten Front der wuchtigen italienischen Rotweine redlich verdient.

Weinberge bei Avellino. Fiano ergibt die besten Weißweine des Südens, doch man bemüht sich auch um die Förderung anderer lokaler Sorten.

Angelo Mastroberardino und sein Sohn in ihrem Weinkeller. Antonio rüttelte in den frühen siebziger Jahren Irpinia aus seiner Lethargie.

Wichtige Erzeuger

Antonio, Carlo e Pietro Mastroberardino, Atripalda (AV) Irpinias Pioniere erzeugen jährlich zwei Millionen Flaschen, zur Hälfte Greco di Tufo – auch Lagenwein aus Vignadangelo – und Nuova Serra. Ausgezeichnet sind die Lagen-Fianos Radici und Vignadora. Der Taurasi – vorwiegend aus Aglianico –, auch als Riserva und aus der Lage Radici, ist einer der besten Roten Süditaliens.

De Lucia, Guardia Sanframondi (BN) Eine der besten Kellereien der Region, geführt von den Cousins De Lucia mit Unterstützung von Riccardo Cotarella. Ihr Aglianico del Sannio hat intensive Beerenaromen, elegante Tannine und würzige Obertöne. Bemerkenswert sind auch der Falanghina del Sannio mit attraktiver Frische und Fruchtaromen und ein duftiger, fruchtiger Sannio Greco.

Terredora di Paolo, Montefusco (AV) Im Besitz Walter Mastroberardinos und seiner Söhne, die sich jüngst – mit einigen der besten Lagen von Irpinia – aus dem Familienverband lösten. Beneidenswerte Kellerei, großartig der Lagen-Fiano di Avellino Terre di Dora, Greco di Tufo Loggia della Serra und der elegante, komplexe Taurasi Fatica Contadina.

Ocone, Ponte (BN) Hier zählen Forschung und Experiment. Prächtige Lagen am Fuß des Monte Taburno, wo Domenico Ocone traditionelle kampanische Sorten – Greco, Aglianico, Piedirosso und Falanghina – für seine Sannio- und Taburno-DOC-Weine anbaut. Der Taburno Diomede ist einer der interessantesten Aglianicos der Region.

Mustilli, Sant'Agata dei Goti (BN) Initiierte in den Achtzigern das Falanghina-Revival. Exzellente traditionelle DOC-Weine: Sant'Agata dei Goti Greco di Primicerio, Falanghina und Rosso Conte Artus aus Aglianico sowie Piedirosso.

Feudi di San Gregorio, Sorbo Serpico (AV) Dank ausgewählter Lagen und sorgfältiger Klonenwahl einer der besten Erzeuger Italiens. Der Önologe Riccardo Cotarella kreiert außergewöhnliche Weine: ungemein konzentrierten, raffinierten Taurasi – vermutlich der Beste, den es je gab; Campanaro – weißer, in neuem Holz ausgebauter Fiano – und Serpico aus Aglianico, Piedirosso und Sangiovese: üppig und intensiv.

Antonio Caggiano, Taurasi (AV) Brachte jüngst einige der interessantesten modernen Weine Kampaniens heraus: verführerischen Taurasi Vigna Macchia dei Goti und weißen Fiagrè aus Fiano und Greco, Taurì aus Aglianico und Piedirosso mit intensiver Gewürznote.

Campi Flegrei, die Halbinsel Sorrent, die Inseln im Golf von Neapel und Cilento

Blick über die Bucht von Neapel zum Vesuv – eine der atemberaubendsten Landschaften Italiens.

Während sich der traditionelle Weinbau der Nachfrage des Handels nach weißen Sorten beugte, besann sich eine Handvoll Erzeuger auf das traditionelle Erbe. Man kultivierte Rebsorten und Weine, die schon bei den Griechen beliebt waren, welche Ischia gegen 770 v. Chr. besiedelt hatten. In dem Maße, wie sich der Schwerpunkt des italienischen Weinbaus in den vergangenen Jahren Richtung Süden verlagerte, wurden auch innerhalb Kampaniens die südlichen Anbaugebiete neu entdeckt und belebt.

Die Campi Flegrei, die phlegräischen Felder, mit ihrer eigentümlichen Naturschönheit und ihren atemberaubenden Ausblicken bilden eine komplexe, von vulkanischer Tätigkeit geformte Landschaft. Zu dem sieben Gemeinden umfassenden Gebiet gehört auch Pozzuoli bei Neapel mit Böden aus Kalk- und Lapillituffen, vulkanischer Asche und Bimsstein. Es ist guter Boden für den Weinbau, aber schlechter für die Reblaus, so dass hier Reben ungepfropft als Direktträger wachsen. Der Bianco wird aus Falanghina, Biancolella und Coda di Volpe (die antike Alopecis), der Rosso aus Piedirosso, Aglianico und Olivella erzeugt, Falanghina und Piedirosso auch reinsortig.

Zu den Campi Flegrei gehören auch die Inseln Procida und Ischia. Biancolella ist Ischias wichtigste Rebsorte und bringt fleischige, duftig-fruchtige Weißweine hervor – insbesondere am Monte Epomeo, wo sich die Weinbauern bei der Traubenlese mit zahnradbetriebenen Gefährten von Terrasse zu Terrasse fortbewegen. Forastera ist ein gut strukturierter Wein, der mehrere Jahre lang in der Flasche reift. Piedirosso hingegen ist ein köstlich fruchtiger Rotwein mit einer leichten Tanninnote; gekühlt passt er ausgezeichnet zu Fischgerichten. Ischia Bianco und Rosso sowie köstliche *vini da tavola* wie der duftige, geschmeidige Verdolino vervollständigen Ischias ansehnliches Weinsortiment.

Capri bietet anständigen Rosso vorwiegend aus Piedirosso sowie gefälligen, mediterranen Bianco aus Falanghina, Greco und Biancolella. Aus denselben Rebsorten besteht der Bianco der Halbinsel Sorrent, einer der schönsten Gegenden auf dem Festland; deren Rosso wird als Perlwein aus Piedirosso, Aglianico, Olivella und Sciascinoso verschnitten. (Hier zollt man den internationalen Rebsorten keinerlei Tribut!) Der Rosso wird als Lettere oder Gragnano bezeichnet, wenn er aus einer der beiden gleichnamigen Gemeinden kommt. Er passt wunderbar zur kräftig gewürzten neapolitanischen Küche.

Vor nicht allzu langer Zeit verdrängten Irpinia, Màssico und Sannio die Küstengebiete (mit Ausnahme Ischias) aus dem Rampenlicht. Asprinio di Aversa galt mit seiner extrem hohen Erziehung und seinem säurereichen Vinho-verde-artigen Wein als altmodisch. Lettere und Gragnano waren in die Hände von Baulöwen gefallen, und in Cilento regierten immer noch Trebbiano und Barbera. Dass die Weine dieser Gebiete entweder für den Eigenbedarf erzeugt oder en gros verkauft wurden, ist zwar nicht verwunderlich, aber beschämend.

Vorzüglich für den Weinbau eignet sich die tyrrhenische Küste von der Toskana bis Kalabrien: Die Sonne sorgt für vollreife Trauben, Regen ist kaum ein Problem – ein Paradies für große Rotweine (wie sich in Bolgheri zeigte).

Dieselben Rebsorten bilden das Rückgrat von Bianco und Rosso der Costa d'Amalfi; sie können den Namen der ausgezeichneten Teilgebiete Furore, Ravello oder Tramonti tragen. Die Amalfi-Küste ist das Bindeglied zwischen den Provinzen Neapel und Salerno. Die Qualität ihrer Weine ist in jüngster Zeit enorm gestiegen.

Das derzeit aufstrebende Gebiet der Region ist Cilento im Süden der Provinz Salerno. Den meisten Weinfreunden ist es noch unbekannt. Atemberaubend ist die Küste von Cilento. Landeinwärts erstreckt sich das Gebiet bis an die Grenze zur Basilicata. Die Landschaft ist weitgehend unberührt, und so kann man bis heute die Überreste der antiken Städte Paestum und Elea Velia bewundern. Ein Großteil der wunderbaren Gebirgslandschaft im Landesinneren ist heute ein Nationalpark. Der hiesige, ziemlich rustikale Wein dient üblicherweise dem Eigenverbrauch. Die 1989 eingerichtete DOC Cilento sieht jedoch eine breitere Palette von Stilen vor: Rosso aus Aglianico, Piedirosso und – seltsamerweise – Barbera, Rosato aus denselben Rebsorten wie Rosso und dazu Sangiovese, reinsortigen Aglianico sowie Bianco aus Fiano, Trebbiano und Greco.

Das Land ist ideal für große Weißweine aus Fiano, die in vielen Fällen reicher und verführerischer sind als ihre Verwandten aus Irpinia. Noch besser sind seine großen Rotweine, ob aus Aglianico, Piedirosso, Cabernet Sauvignon oder Merlot. Seltsam muten die Bestimmungen hinsichtlich Barbera und Trebbiano an, zumal diese nur mäßige Resultate erbringen.

Dasselbe gilt für die kleine DOC Castel San Lorenzo (ebenfalls Provinz Salerno); aus dieser stammt aber ein interessanter Moscato sowie Bianco aus Trebbiano und Malvasia, der an die Weine der Toskana und Latiums erinnert. Ferner gibt es den Barbera Castel San Lorenzo und wenig überzeugenden Rosso aus Barbera und Sangiovese, den man zum Glück kaum außerhalb seiner Heimat findet.

Aufsehen erregende Landschaften, gute Böden – aber nur wenige Weine Capris erheben sich über den Durchschnitt.

Wichtige Erzeuger

San Giovanni, Castellabate (SA) Großartige Weinberge hoch über der Küste; das junge Weingut erzeugt Fiano der IGT Paestum mit beachtlichem Körper und Eleganz, Beweis des fantastischen Potenzials von Cilento.

D'Ambra Vini d'Ischia, Forio (NA) Corrado und Andrea d'Ambra widerstanden den Baulöwen und bauen weiter wunderbare Trauben für ihre Weine an: Biancolella Tenuta Frassitelli, Biancolella Vigne di Piellero, Forastera Vigna Cimentorosso und Per'e Palummo della Tenuta Montecorvo; sie zählen zu den besten Weinen Süditaliens.

Cuomo, Furore (SA) Marisa Cuomo und ihr Mann Andrea Ferraioli erzeugen mit moderner Kellereitechnik aus handgelesenen Trauben die ganze Palette der Weine der Costa d'Amalfi. Rosso Riserva (Piedirosso und Aglianico aus Furore oder Ravello) vereint hohe Fruchtkonzentration mit sehr sauberem, langem Abgang. Die Weißweine aus Furore und Ravello haben ein faszinierendes Aroma.

De Conciliis e Figli, Prignano Cilento (SA) Beratung durch qualifizierte Önologen, kluge Kellereitechnik, sorgsame Traubenwahl: damit erzeugen Bruno de Conciliis und seine Geschwister exzellente Weine. Temparubra aus Aglianico und Sangiovese hat reiche Beerenaro-

men – und einen vernünftigen Preis. Vigna Perella aus Fiano ist einer der Besten von Cilento, honigduftend und mit gutem Abgang.

Cantine Grotta del Sole, Quarto (NA) Gennaro Martusciello, einer der namhaftesten Erzeuger Kampaniens, blieb bei einigen seiner ältesten Rebsorten und Weinen. Der «önologische Archäologe» erzeugt wunderbare Weiße und Rote – von Lettere und Gragnano von der Halbinsel Sorrent bis zum Piedirosso von den Campi Flegrei.

Montevetrano, San Cipriano Picentino (SA) Montevetrano kam 1995 aus dem Nichts und gilt heute als einer der bes-

ten Roten, die Süditalien je hervorgebracht hat. Diesen eleganten Wein aus Aglianico, Merlot und Cabernet Sauvignon erzeugt Silvia Imparato zusammen mit Riccardo Cotarella. Er erzielt bei limitierter Auflage Preise, die gutem Bordeaux nicht schlecht anstünden.

Luigi Maffini, San Marco di Castellabate (SA) Ambitionierter Erzeuger, der bei der Auswahl von Spitzentrauben keine Kompromisse eingeht. Sein roter Cenito aus Aglianico und Piedirosso weist unglaubliche Wucht und Konzentration auf; der weiße Kràtos (Fiano) und der rote Klèos (Aglianico und Piedirosso) sind bezaubernde, geschmeidige, duftige Weine.

Caserta und Il Massico

Sessa Arunca liegt im Schatten des alles überragenden Monte Massico. Von seinen Hängen stammte der berühmteste Wein des antiken Rom, der Falerner.

Der berühmteste Wein des alten Rom war der Falerner. Seine Herkunft ist legendenumwoben: So soll ein alter Mann namens Falerno einst dem Gott Bacchus – der sich nicht zu erkennen gab – Obdach gewährt haben. Zum Dank schuf Bacchus an den Hängen des Monte Màssico die schönsten Weinberge, die noch Plinius d. Ä., Martial, Horaz und Cicero rühmten. In seinem Satyricon schil-

dert Petronius Arbiter das berühmte Gastmahl des Trimalchio, bei dem die Weinsklaven *(haustores)* über hundert Jahre alten Falerner kredenzten. Die Weine der Antike hatten einen extrem hohen Alkoholgehalt und wurden daher meist mit Wasser verdünnt. Der Falerner war jedoch so hervorragend, dass Kenner ihn unverdünnt tranken. Dem Schriftsteller Plinius zufolge war guter Falerner der einzige Wein, der zu brennen begann, wenn er an eine offene Flamme gehalten wurde.

Je nach der Höhenlage der Weinberge unterschied man mindestens drei verschiedene Falerner-Stile: den leichteren, weniger geschätzten Wein aus tieferen Lagen, den süßeren, harmonischen Falerner aus dem Gut Faustinianum eines gewissen Faustinus, auf halber Höhe des Monte Màssico gelegen, und schließlich den eher trockenen, nüchternen Caucinum aus den höchsten Lagen. Antiker Falerner stammte üblicherweise von der weißen Aminea Gemina (dem jetzigen Greco). Der heutige Falerno del Massico kann *rosso* oder *bianco* sein. Letzterer wird durchwegs aus Falanghina erzeugt.

Auch zweitausend Jahre, nachdem seine Weine die großen Dichter und Herrscher begeisterten, bringt Süditalien herausragende Weine hervor. Auf wasserdurchlässigen, kalktuffhaltigen Vulkanböden und begünstigt durch die Nähe zum Meer sowie durch die warmen Luftströme aus den Hügeln wachsen gesunde, vollkommen reifende Trauben. Das Land eignet sich besonders gut für Weißweine. Falanghina, die für die DOC Falerno gesetzlich festgelegte Rebsorte, brachte in jüngster Zeit konzentrierte, milde Weine hervor.

Atemberaubend sind allerdings die Roten. In seinem Element ist hier der Aglianico. Er kam mit griechischen Siedlern ins Land; sein Name leitet sich von «vitis hellenica» ab. Die Rotweine von Taurasi sind eher nüchtern, aber im warmen Küstenklima bringt diese Sorte nach Pflaumen und Beeren duftende Weine hervor. Sie sind konzentriert, mild, dabei tanninreich und haben ein frisches Säurespiel, das ihnen ein glänzendes Alterungspotenzial mitgibt. In letzter Zeit entstanden in Barriques aus neuer Eiche raffinierte Versionen von eindrucksvoller Eleganz und mit subtilen Nuancen.

Nach den Produktionsvorschriften dürfen dem Falerno auch andere rote Sorten zugesetzt werden: Piedirosso (in Teilen Kampaniens Per'e Palummo genannt) sorgt für Frucht und Frische. Der außerhalb Apuliens seltene Primitivo hat Milde und Wucht. Er kann auch reinsortige Weine wie den Falerno del Massico Primitivo ergeben.

Die neue DOC Galluccio umfasst das Hügelland rund um den erloschenen Vulkan Roccamonfina. Die an Spurenelementen und Kalium reichen Lavaböden und das gemäßigte Klima ergeben hier Weine von intensivem Bukett und beachtlicher Finesse. In Anlehnung an das benachbarte Falerno sind in Galluccio Rosso und Rosato – vor allem aus Aglianico – sowie Bianco aus Falanghina gesetzlich vorgesehen. Dass es sich um ein wahrhaft ideales Weinbaugebiet handelt, kann man an der vorzüglichen Terra di Lavoro, einer roten Cuvée aus Aglianico, Piedirosso, Cabernet und Merlot, sehr angenehm erfahren.

In Sessa Arunca im Herzen der DOC Falerno del Massico liegt der Familienbetrieb Fontana Galardi (unten links). Dieses Bild zeigt die Kirche des Ortes.

Berühmt seit der Antike: Familienbetrieb Fontana Galardi; mit im Team ist Riccardo Cotarella.

Wichtige Erzeuger

Villa Matilde, Cellole (CE) Maria Ida und Salvatore Avallone bleiben mit dem Lagenwein Vigna Caracci – exzellentem Weißen aus Falanghina – und dem fantastischen Roten Vigna Camarato aus Aglianico und Piedirosso der Falerno-Tradition treu. Ebenfalls zu empfehlen ist der Falanghina di Roccamonfina.

Fontana Galardi, Sessa Aurunca (CE) Der umwerfende Terra di Lavoro zeugt vom enormen Potenzial Nordkampaniens. Maria Luisa und Roberto Selvaggi, Dora und Arturo Celentano sowie Francesco Catello lassen sich von Riccardo Cotarella beraten; ihre Cuvée aus Piedirosso, Aglianico, Cabernet und Merlot passt mit ihrer Wucht und Tiefe zu den großen Roten des Südens.

Villa San Michele, Vitulazio (CE) Giulio Ianninis Weine aus gepflegtesten Lagen in Terre del Volturno sind alle IGTs; einige zählen zu den Besten der Region: der charakteristische, würzige Greco, der blumige, trockene Falanghina, der marmeladig-fruchtige Aglianico. Auch Rote aus Piedirosso und Spumante Metodo Classico Don Carlos, brotig, mit langem Abgang.

Apulien

Apulien, der Absatz des italienischen Stiefels, ragt ostwärts ins östliche Mittelmeer. Hier trafen seit der Steinzeit immer wieder die unterschiedlichsten Kulturen aufeinander. Zu den Apuliern, einem indoeuropäischen Volk illyrischer Herkunft, gehörten die Stämme der Dauner und Peucetier in Nord- und Mittelapulien sowie die Messapier und Salentiner weiter im Süden.

Schon 2000 v. Chr. war Weinbau in Apulien weit verbreitet. In der Folge kam es zur friedlichen Kolonisierung der Region durch griechische Siedler, die die heutigen Städte Taranto, Gallipoli und Otranto gründeten. Mit ihren fortschrittlichen Weinbaumethoden legten sie den Grundstein für den Ruhm des antiken apulischen Weins.

Taranto wurde zur wichtigsten Stadt Großgriechenlands. Allerdings widersetzten sich die italischen Stämme des Hinterlands den griechischen Eindringlingen und behielten ihre Bräuche und Sprache bei. Ihre Unterwerfung und schließlich Assimilierung gelang erst den Römern, nachdem der Feldherr Pyrrhus die Region erobert hatte.

Brindisi – damals der bedeutendste Hafen für den Osthandel – war durch die wichtigste römische Heeresstraße, die Via Appia, mit Rom verbunden. Der Eroberung durch die Römer folgte die Invasion der Gothen, Byzantiner, Araber und Lombarden. Ab dem Jahr 1000 unserer Zeitrechnung begann für Apulien unter der Normannenherrschaft eine relativ friedliche Zeit des Wohlstands und der kulturellen Entwicklung, die in der ersten Hälfte des 13. Jahrhunderts unter Friedrich II. ihren Höhepunkt erreichte.

400 Jahre später erlebte Apulien unter den Bourbonen eine neue Blütezeit und exportierte Wein und Öl nach ganz Europa. Im Risorgimento begann dann ein Wachstumsprozess, der bis heute unverändert anhält. Nach der verheerenden Reblauskatastrophe des 19. Jahrhunderts wurden die Weingärten zwar neu angelegt – aber ausschließlich im Hinblick auf Qualität. Zu einer Trendumkehr kam es erst in jüngster Zeit durch die Bemühungen qualitätsbewusste Winzer. Seit dem Zweiten Weltkrieg zählt Apulien durch die Verbesserung der Verkehrswege und der Wasserversorgung und nicht zuletzt durch Landumverteilung und -entwicklung zu den produktivsten Landwirtschafts- und Weinbaugebieten Italiens.

Boden, Klima und Anbaumethoden

Apulien grenzt an Molise, Kampanien und die Basilicata und ist von der Adria und dem Ionischen Meer umgeben. Als einzige südliche Region Italiens ist es nicht vom Apennin durchzogen. Der Subapennin, der zum Teil über 1100 Meter Höhe erreicht, nimmt weniger als zwei Prozent der Fläche Apuliens ein. Der Rest besteht zu 40 Prozent aus Hügelland und zu 50 Prozent aus fruchtbaren Ebenen.

Die von Norden nach Süden ineinander übergehenden Gebiete Gargano, Tavoliere, Murge und Salento unterscheiden sich geografisch kaum voneinander. Gargano – der «Sporn» des italienischen Stiefels – erhebt sich als Vorgebirge aus Kalk und Eruptivgestein an der ansonsten flachen Küste und weist mediterrane Vegetation auf. Olivenbäume und Aleppokiefern bilden die Foresta Umbra. Apulien hat keine größeren Flüsse; Wasserknappheit war hier immer schon ein Problem. Die Flüsse Fortore und Ofanto an beiden Rändern der Tavoliere-Ebene entspringen im kampanischen Apennin und münden in die Adria. Sie sind jedoch nicht besonders eindrucksvoll. Die übrigen Wasserläufe sind kaum mehr als Bäche. Das Aquädukt von Sele führt Trinkwasser aus Kampanien nach Apulien. Das Land wird bis zum Fortore, der die Grenze zu Kampanien bildet, bewirtschaftet.

Weingärten und Trulli – steinerne Rundhäuser – bei Martina Franca. In Apulien, einer der flachsten Regionen Italiens, herrscht oft Wasserknappheit.

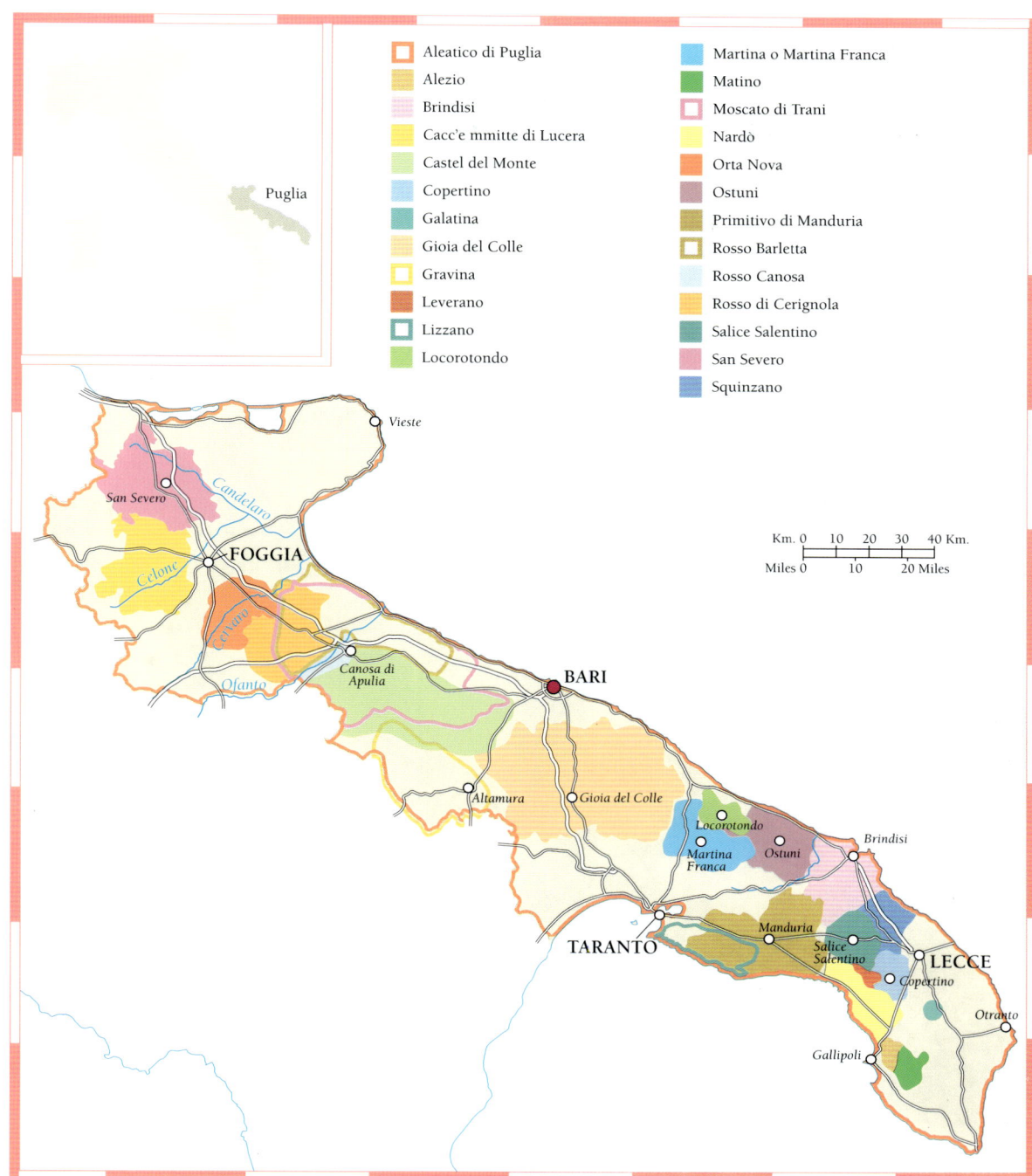

Puglia

Aleatico di Puglia	Martina o Martina Franca
Alezio	Matino
Brindisi	Moscato di Trani
Cacc'e mmitte di Lucera	Nardò
Castel del Monte	Orta Nova
Copertino	Ostuni
Galatina	Primitivo di Manduria
Gioia del Colle	Rosso Barletta
Gravina	Rosso Canosa
Leverano	Rosso di Cerignola
Lizzano	Salice Salentino
Locorotondo	San Severo
	Squinzano

Vieste

San Severo

Candelaro

Celone

FOGGIA

Cervaro

Ofanto

Canosa di Apulia

BARI

Km. 0   10   20   30   40 Km.

Miles 0   10   20 Miles

Altamura

Gioia del Colle

Locorotondo

Martina Franca

Ostuni

Brindisi

TARANTO

Manduria

Salice Salentino

LECCE

Copertino

Otranto

Gallipoli

Apuliens Klima steht unter dem Einfluss der Adria und des Ionischen Meers. Vor allem in den Küstengebieten regnet es so gut wie nie, meist nur in den Wintermonaten. Die Temperaturen schwanken nur geringfügig, können allerdings im Sommer im Flachland bis zu 45 °C erreichen.

Die gebräuchlichsten Reberziehungssysteme sind *tendone* (glücklicherweise im Aussterben begriffen), Guyot und *cordone speronato* (Cordonerziehung). Letztere ist vor allem in den nördlichen Provinzen üblich. Im Süden bringt das von den antiken Griechen eingeführte *alberello*-System immer noch vorzügliche Trauben hervor.

Die wichtigsten Rebsorten sind im Norden der Region Montepulciano, Uva di Troia, Trebbiano Toscano, Bombino Bianco und Bombino Nero. Im Itriatal dominieren Verdeca und Bianco d'Alessano, weiter im Süden gedeihen Negroamaro, Primitivo (in den USA als Zinfandel bekannt) und Malvasia Nera. 80 Prozent der Rebflächen sind mit roten Rebsorten bestockt.

Castel del Monte

Castel del Monte bei Andria, erbaut im 13. Jahrhundert unter Friedrich II. v. Hohenstaufen.

Castel del Monte ist nach der eindrucksvollen achteckigen Burg benannt, die Friedrich II. bei Andria errichten ließ – neben dem Mosaik in der Kathedrale von Otranto und den barocken Kirchen von Lecce eines der Prunkstücke der Architektur Apuliens. Das Gebiet liegt in der Provinz Bari in Mittelapulien und senkt sich vom Murge-Hochplateau sanft zur Ebene von Bari und zur Küste ab. Das Landesinnere bietet mit seinem relativ gemäßigten Klima und seinem Temperaturspektrum gute Bedingungen für Weine mit elegantem Bukett.

Rosso Barletta und Rosso Canosa macht man aus Uva di Troia – reinsortig oder mit Zusätzen von Malbec, Sangiovese und Montepulciano (Barletta) beziehungsweise Sangiovese und Montepulciano (Canosa). Die erzeugten Mengen sind minimal, die Weine ziemlich belanglos.

Ganz anders die seit 1971 bestehende DOC Castel del Monte, die sich mit ihren großartigen Weinbergen und Erzeugern kürzlich als erstklassiges Weinbaugebiet etabliert hat. Neben Bianco (aus Pampanuto) und Rosso erzeugt man hier einen gelungenen Rosato, bei dem man Uva di Troia nicht nur wie im Norden des Gebiets mit Sangiovese und Montepulciano, sondern zusätzlich mit Aglianico und

sogar Pinot Nero verschneidet. Der versuchsweise Anbau neuer Rebsorten auf roten Böden mit kalkhaltigem Untergrund ergibt ausgezeichnete reinsortige Weine. Am viel versprechendsten ist wohl Aglianico, aber auch Cabernet, Chardonnay, Sauvignon, Pinot Nero und Pinot Bianco sind vorzüglich. Daneben hat dieses Gebiet noch viele hervorragende Schaumweine zu bieten.

Ebenfalls aus der Provinz Bari stammt der köstliche weiße Moscato di Trani, einer der interessantesten Dessertweine Süditaliens. In den hügeligen Murge werden Malvasia Bianca und Greco zum delikaten weißen Gravina verschnitten. In einem kleinen Gebiet an der Grenze zwischen den Murge und der Provinz Taranto mischt man mindestens neun Rebsorten zu Gioia del Colle. Hier hat auch der Primitivo seinen ersten Auftritt. Diese Rebsorte ist aus Apulien nicht wegzudenken; sie bildet das Rückgrat des hiesigen Rosso und wird reinsortig zu – erraten! – Primitivo ausgebaut, dem mit Abstand interessantesten Wein des ganzen Gebiets.

Außerdem kann gemäß den Weingesetzen auch ein süßer Aleatico erzeugt werden, der als Liquoroso auf bis zu 18,5 Prozent Alkohol aufgespritet werden darf.

Wichtige Erzeuger

Rivera, Andria (BA) Eine der ältesten und auf den internationalen Märkten erfolgreichsten Kellereien Apuliens. Von hier stammen die besten Weine der DOC Castel del Monte. Familie de Corato erzeugt vorzüglichen Castel del Monte Rosso Riserva: Il Falcone, eine beeindruckende, barriquegereifte Cuvée aus Montepulciano und Uva di Troia, zeichnet sich in jedem Jahrgang durch vielschichtiges Bukett, Konzentration, raffinierten Geschmack und ungemein langen Abgang aus. Alle Weine dieser Kellerei – vom Moscato di Trani Piani di Tufara bis zum Castel del Monte Rosé – sind gut gemacht und interessant; Chardonnay und Aglianico entwickeln sich viel versprechend.

Santa Lucia, Corato (BA) Traditionsreiches Weingut im Besitz von Familie Perrone Capano, geleitet von Vater Giuseppe und Sohn Roberto. Sie erzeugen anständige Weine der DOC Castel del Monte. Ihr Rosso – insbesondere die Riserva – ist ausgezeichnet.

Torrevento, Corato (BA) Das Weingut der Liantonios expandiert rasant. Derzeit werden 25 Hektar Rebflächen bewirtschaftet, weitere 10 Hektar gehen demnächst «in Produktion», etwas später noch einmal 25 Hektar. Das vermittelt einen Eindruck von dieser dynamischen, kürzlich mit modernster Technik ausgestatteten Kellerei, die sich unter Kellermeister Lino Carparelli der Produktion von Spitzenweinen verschrieben hat. Seine Weine sind hervorragend, vor allem der Moscato di Trani Dulcis in Fundo und der rote Torre del Falco.

Botromagno, Gravina di Puglia (BA) Ihr Gravina Bianco gilt als einer der Besten des Gebiets und ist vielleicht der beste apulische Weiße aus heimischen Trauben. Außerdem Silvium – ein interessanter Rosé – und in guten Jahren der körperreiche rote Pier delle Vigne.

Cantina del Locorotondo, Locorotondo (BA) Bekannt ist diese aufstrebende Kellerei zwar für ihre DOC-Locorotondo-Weine, sie zeigte jedoch in jüngster Zeit auch eine gute Hand für Rote wie Casale San Giorgio (Negroamaro und Primitivo) und Primitivo di Manduria.

Vigneti del Sud, Rutigliano (BA) Die apulische Filiale des Weingiganten Antinori, der das ungeheure Potenzial von Klima und Terroir Apuliens erkannte. Das in Florenz ansässige Unternehmen besitzt in dieser Region derzeit zwei Weingüter: eines mit 100 Hektar Rebflächen in Minervino Murge in der DOC Castel del Monte, ein zweites mit über 500 Hektar in San Pietro Vernotico im Herzen des Weinbaugebiets Salento. Vigneti del Sud erzeugt in Minervino zwei ausgezeichnete Weine: den reinsortigen Chardonnay Tormaresca Bianco und die Cuvée Tormaresca Rosso; beide Weine sind äußerst preisgünstig.

D'Alfonso del Sordo, San Severo (FG) Diese Kellerei ist zwar in einem nicht unbedingt für gut strukturierte, moderne Weine bekannten Gebiet gelegen, erzeugt jedoch einige vorzügliche Rotweine mit großer Persönlichkeit wie Montero und Casteldrione. Neuer Star der Kellerei ist die in Eichenfässern gereifte Cuvée Gianfelice d'Alfonso del Sordo aus Sangiovese, Montepulciano und Uva di Troia.

Nugnes, Trani (BA) Möglicherweise der beste Interpret des kostbaren und eher seltenen Moscato di Trani, der hier in einer achtbaren, traditionellen Version erzeugt wird.

Die neue Anlage der Cantina Sociale Locorotondo vermittelt einen Eindruck von den Ausmaßen moderner Kellereiausrüstung.

Salento

Die beachtlichste Entwicklung nahm Apuliens Weinbau in den letzten Jahren auf der Halbinsel Salent im Süden der Region, wo sich das Murge-Plateau zu den Ebenen von Tavoliere und Terra d'Otranto absenkt. Viele Faktoren sorgen hier für ausgezeichnete Weine: Das Land ist zwar trocken, aber die warmen Winde vom Ionischen Meer mischen sich mit den kühleren von der Adria. Roterdeböden über Kalkfelsen und starke Temperaturschwankungen zwischen Tag und Nacht sorgen für das Gedeihen der Reben und verleihen den Weinen aromatische Finesse. In *alberello*-Form erzogene Primitivo, Negroamaro und Malvasia Nera ergeben bei sehr niedrigen Erträgen ausgezeichnete Ergebnisse. Neue Rebstöcke werden an niedrigen Spalieren erzogen und teils traditionell händisch, teils maschinell bearbeitet.

Salent ist vor allem die Heimat des Negroamaro, der mit seinem verblüffenden Potenzial das Rückgrat fast aller hiesigen Roten und Rosés stellt: Alezio, Salice Salentino Rosso, Lizzano, Brindisi, Squinzano, Copertino, Nardò, Leverano, Matino und Galatina – einzige Ausnahme ist der hervorragende Primitivo di Manduria. Mit möglichen Zusätzen von Malvasia Nera, Montepulciano, Sangiovese oder Bombino Nero ergibt Negroamaro Rotweine von explosiver Kraft und so intensiver Farbe, dass am Glas beinahe Flecken zurückbleiben. Die Rosés – mit festem Körper, Kraft und ausgeprägter Frucht, Frische und Langlebigkeit – zählen zweifellos zu den Besten Italiens.

In Salice Salentino entstanden kürzlich einige erfolgreiche innovative Weine, darunter ein Bianco (Chardonnay) und ein Pinot Bianco, beides körperreiche, weiche Weine, sowie zahlreiche reinsortige Rot- und Weißweine, in denen traditionelle Rebsorten wie Negroamaro, Malvasia Nera und Aleatico Gelegenheit erhalten, ihr Potenzial unter Beweis zu stellen.

Das Kloster San Niccolò e Cataldo bei Lecce. Die Architektur der Region spiegelt deren historisch bedingte Kulturenvielfalt wider.

Wichtige Erzeuger

Rosa del Golfo, Alezio (LE) Eine der bekanntesten Kellereien Apuliens. Der jüngst verstorbene Mino Calò entwickelte feine, elegante, intensiv fruchtige Weine, Nachfolger ist sein Sohn Damiano. Rosa del Golfo ist einer der besten italienischen Rosés. Auch exzellenter roter Portulano und vorzügliche Weiße.

Sinfarosa, Avetrana (TA) Ein Musterbeispiel für das Comeback des Primitivo di Manduria. Gregory Perrucci und dem Team von der Accademia dei Racemi gelang mit ihrem Primitivo di Manduria Zinfandel einer der besten Roten Apuliens, wenn nicht Italiens. Perruccis Geheimnis: moderne, qualitätsorientierte Kellereimethoden und über vierzig Jahre alte, in *alberello*-Form erzogene Reben. Sein Wein hat Klasse, Eleganz und Komplexität, ungeheure Konzentration und eine Fülle würziger Noten.

Cantina Sociale Copertino, Copertino (LE) Eine der Großen des Salentiner Weinbaus. Die Kellerei erzeugt unter der Leitung des erfahrenen Önologen Severino Garofano anständigen, strukturierten, kraftvollen Copertino und exzellenten, aromatischen Chardonnay.

Masseria Monaci, Copertino (LE) Seit Jahren für vorzügliche Rotweine wie Copertino Eloquenzia, Primitivo I Censi und Simposia bekannt. Auch hier ist Severino Garofano am Werk. Außerdem gute Weißweine sowie Santa Brigida, ein interessanter Rosé.

Cosimo Taurino, Guagnano (LE) Auch nach Cosimo Taurinos Tod eine starke Präsenz im apulischen Weinbau. In den siebziger Jahren leisteten Taurino und Severino Garofano (er arbeitet für einige der besten Kellereien der Region) mit niedrigen Erträgen, überreifen Trauben und Lagenweinen Pionierarbeit. Der imposante Patriglione (reinsortiger Negroamaro) avancierte in den USA zum Kultwein, der rote Notarpanaro ist einer der Besten der Region. Alle Weine

dieses Guts sind beachtlich, vom Chardonnay del Salento bis zum Top-Rosé.

Agricole Vallone, Lecce Die Schwestern Vallone erzeugen hervorragende Weine; ihr Star gilt als «Amarone des Südens»: Der rote Graticciaia aus leicht getrockneten Negroamaro-Trauben ist gehaltvoll, freundlich, konzentriert, komplex und sehr lagerfähig. Betreut werden ihre Weine von – erraten! – Severino Garofano. Außerdem elegante Rote wie Brindisi Vigna Flaminio, exzellenter Salice Salentino Vereto sowie Corte Valesio, ein faszinierender südlicher Sauvignon Blanc.

Conti Zecca, Leverano (LE) Eines der beeindruckendsten Weingüter Apuliens, 300 Hektar Reben in Familienbesitz, eine Jahresproduktion von rund einer Million Flaschen. Antonio Romano, Önologe und Leiter der Kellerei, und sein Berater Giorgio Marone erzeugen nach substanziellen Veränderungen am Weingut nun ausgezeichnete Weine wie Nero (Negroamaro, Malvasia Nera und Cabernet), Leverano Malvasia Vigna del Saraceno und Salentino Cantalupi, allesamt herausragend und dazu noch erstaunlich preisgünstig.

Felline, Manduria (TA) Spielte beim Comeback Apuliens eine wichtige Rolle. Familie Perrucci arbeitet mit dem berühmten Weinberater Roberto Cipresso zusammen. Ihre 33 Hektar Reben – vor allem Primitivo, Negroamaro, Cabernet Sauvignon und Merlot – werden durchwegs in *alberello*-Form erzogen. Ihr Vigna del Feudo ist einer der besten apulischen Rotweine der letzten Jahre, ihr Primitivo di Manduria zählt zu den Besten seiner Art. Alberello ist eine großartige Cuvée aus Negroamaro und Primitivo und ebenfalls ein ungeheurer kommerzieller Erfolg.

Severino Garofano (links),
Cosimo und Francesco Taurino
bei der Begutachtung der Pläne
für die neue Taurino-Kellerei.

Pervini, Manduria (TA) Die Brüder Perrucci sind die treibende Kraft hinter der Accademia dei Racemi, einem Verband kleiner Kellereien, die durch Zusammenschluss vor dem Untergang gerettet werden konnten. Heute erzeugen sie mit Hilfe bekannter Önologen (neben ihrem Hausönologen Fabrizio Perruccio) gut gemachte, moderne Weine. Pervinis Sortiment umfasst ausgezeichnete Weine wie den Primitivo di Manduria Archidamo, den roten Salento Bizantino und den süßen Primitivo Primo Amore aus der DOC Manduria.

Masseria Pepe, Maruggio (TA) Diese Kellerei im Besitz von Alberto Pagano ist ebenfalls Mitglied der Accademia dei Racemi. Pagano hat etliche schöne Weinberge im Küstengebiet der DOC Manduria und erzeugt mehrere Versionen von Primitivo di Manduria, etwa den fleischigen Dunico mit faszinierenden mediterranen Aromen.

Leone de Castris, Salice Salentino (LE) Eine der international bekanntesten Kellereien Apuliens. Ihr Flaggschiff ist der elegante, körperreiche Salentino Rosé Five Roses. Breites Angebot, unter anderem der kraftvolle, komplexe Salice Salentino Riserva Donna Lisa.

Francesco Candido, Sandonaci (BR) Eines der besten Güter Apuliens, großes Weinsortiment: Zu den Roten zählen Duca d'Aragona (Negroamaro und Montepulciano) und Cappello di Prete (Negroamaro und Malvasia Nera). Auch gut gemachte Weiße und Rosés.

Castel di Salve, Tricase (LE) Die vorzügliche Kellerei von Francesco Marra und Francesco Winspeare zählt zur Crème des apulischen Weinbaus. Von ihren 36 Hektar Rebflächen stammen Sangiovese Volo di Alessandro, Negroamaro Amecolo und Priante – allesamt mit Recht erfolgreich.

Basilicata

Verwitterte Mauern von Matera. Die Römer zerstörten die Basilicata auf einem Rachefeldzug, die Normannen jedoch erkannten ihren strategischen Wert.

Die Basilicata ist seit uralter Zeit besiedelt. In Venosa (dem römischen Venusia, dem Geburtsort von Horaz) fand man eine der bedeutendsten steinzeitlichen Siedlungen Italiens. Um das Jahr 1200 v. Chr. wurde das Gebiet von den anatolischen Lykiern erobert – daher der zweite Name der Basilicata, Lukanien –, die eine hoch entwickelte Kultur schufen. In den Samnitenkriegen waren sie zunächst Bundesgenossen Roms und wechselten dann auf die Seite Pyrrhus' und Hannibals, woraufhin die Römer sämtliche lukanischen Städte zerstörten. Als sich die Lukanier später mit Spartakus verbündeten, reagierte Rom mit Repressionen und Isolation und schließlich mit der Annexion Lukaniens und Kalabriens.

Im 11. Jahrhundert begriffen die Normannen die Bedeutung der Basilicata mit ihrem Zugang zum Tyrrhenischen Meer und zum Golf von Taranto und machten Melfi zur Hauptstadt. Hier tagte 1059 und 1089 das Konzil der katholischen Kirche. Den Namen «Basilicata» erhielt das Gebiet, als es im Zuge der darauf folgenden Rezession unter die Herrschaft eines Vertreters des byzantinischen Basileus (König) geriet.

Boden, Klima und Anbaumethoden

Die Basilicata erstreckt sich über rund 10000 Quadratkilometer zwischen Kampanien und Apulien im Norden und Kalabrien im Süden. Sie ist eine der gebirgigsten Regionen Italiens: Nur acht Prozent ihrer Oberfläche sind eben; die meisten Weinberge befinden sich im Hügelland im Norden. Die am weitesten verbreitete Rebsorte in dieser Gegend ist der Aglianico del Vulture.

Weitere Weinbaugebiete liegen in der Umgebung von Matera, in Flusstälern und in der Küstenebene um Metaponto. Die Böden bestehen meist aus spärlich bewachsenen Kalk- und Sandsteinfelsen.

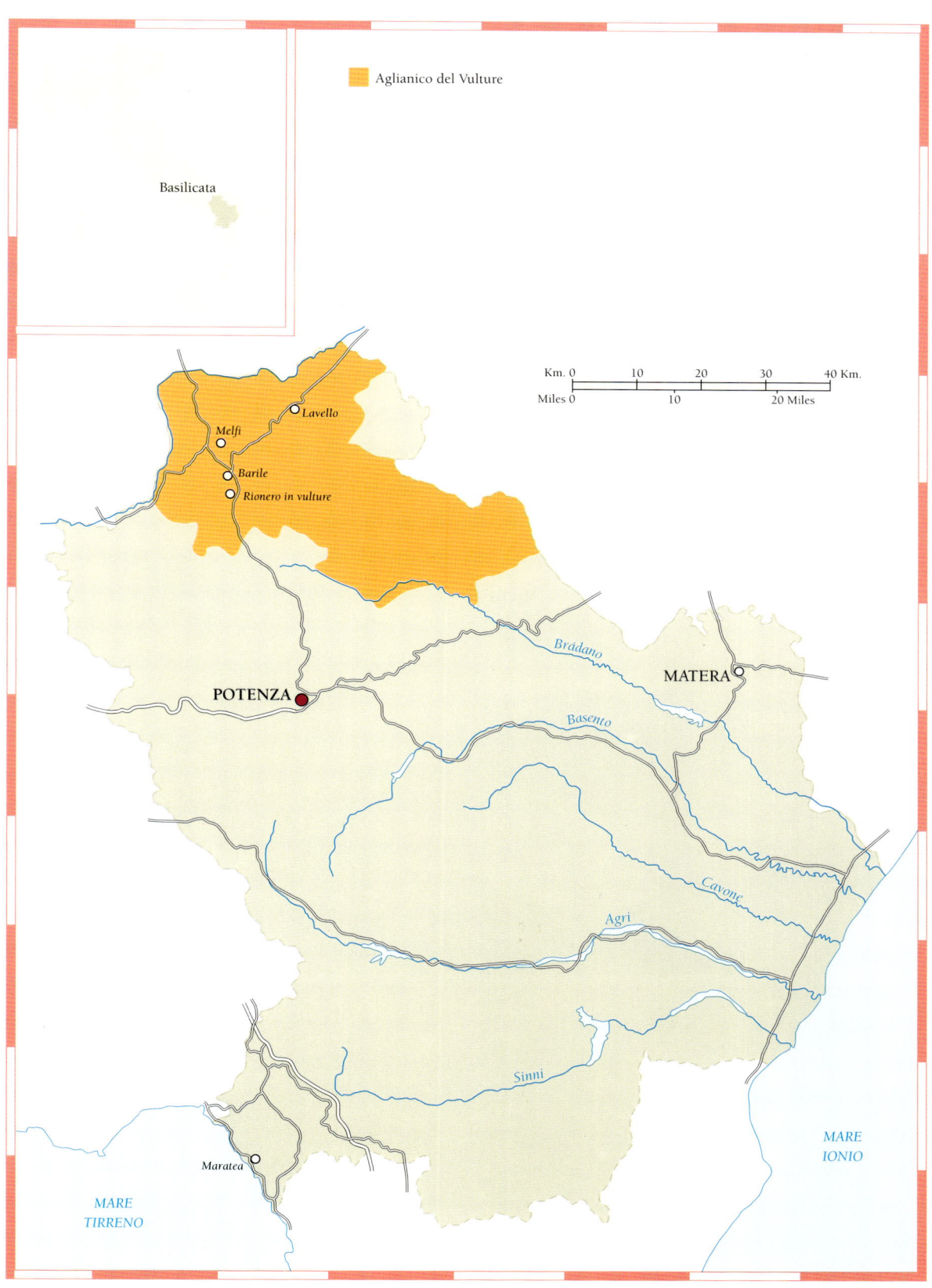

Aglianico del Vulture

Basilicata

Lavello

Melfi

Barile

Rionero in vulture

Km. 0   10   20   30   40 Km.
Miles 0   10   20 Miles

Brádano

MATERA

POTENZA

Basento

Cavone

Agri

Sinni

MARE
IONIO

Maratea

MARE
TIRRENO

Die wichtigsten Berge der Basilicata sind der Monte Pollino (2248 Meter) und der Monte Sirino (2005 Meter) sowie im Norden die imposante Vulkankette um den Monte Vulture (1326 Meter). Die niedrigeren Hügel weisen vorwiegend Lehm- und Sandböden auf, die Talgründe der Flusstäler dagegen Alluvialböden und Muschelkalk, was die Fruchtbarkeit dieser Gebiete erklärt.

Den Weinbau brachten im 6. Jahrhundert v. Chr. die Griechen in die Basilicata. Folgerichtig nannte man die wichtigste Rebsorte dieses Gebiets «die Griechische» – «Elliniko» –, der heutige Aglianico. Die meistverbreitete Reberziehungsform war lange *alberello speronato*; heute werden die Reben vertikal in einer Abart des Guyot-Systems erzogen. Schon in der Antike lagerte man die Weine in Höhlen in den Hügelflanken; heute reifen sie zumeist in großen Fässern aus slowenischer Eiche.

Das Kernland des Weinbaus in der Basilicata ist das fruchtbare Gebiet um das Vulture-Massiv. Diese Region weist eine große klimatische Vielfalt auf. Der Apennin hält die milden Luftströme vom Tyrrhenischen Meer im Westen der Region ab, kalte Winde aus der Balkanregion bringen über Adria und Apulien noch mehr kühle Luftmassen heran. Das in 800 Meter Höhe gelegene Potenza ist fast immer die kälteste Stadt Italiens. Es regnet ausgiebig, von Dezember bis März schneit es. Die Gegend um Matera dagegen hat milderes, trockeneres Klima – die ionische Küste liegt im Einflussbereich warmer Winde aus Nordafrika und ist mit ihrem trockenen, heißen Klima für den Anbau von Zitrusfrüchten geeignet.

Weine und Weinerzeugung

In der Basilicata wird nur ganz wenig Wein erzeugt. Die Produktion liegt unter 500 000 Hektoliter, nicht einmal drei Prozent davon sind DOC-Weine, die einzige *denominazione* ist Aglianico del Vulture. Die Gründe dafür liegen auf der Hand, eignet sich doch das raue, gebirgige Land kaum für den Weinbau. Auch das ungewöhnlich kühle Klima ist nicht gerade ein Standortvorteil. Es wirkt in diesen südlichen Breiten geradezu paradox, denn man erwartet doch in Süditalien allgemein fast tropische Hitze, warme Winter und Sonnenschein in Hülle und Fülle. Dass die Basilicata die niedrigsten Hektarerträge aller italienischen Weinbauregionen hat, verwundert kaum.

Das Vulture-Gebiet ganz im Norden der Region liegt zwischen Irpinia und Capitanata sowie zwischen Kampanien und Apulien am Fluss Ofanto. Benannt ist das Weinbaugebiet nach dem Monte Vulture, einem erloschenen Vulkan. Dieses Stammland des Aglianico umfasst Melfi, Rionero, Lavello, Venosa und zehn weitere kleine Gemeinden. Aglianico del Vulture ist ein kraftvoller, körperreicher Rotwein, der bis zur Trinkreife einige Jahre lagern muss. Die Grundversion muss mindestens ein Jahr lang beim Erzeuger reifen, die Riserva nicht unter fünf Jahre (davon mindestens zwei Jahre im Fass), ehe der Wein in den Handel kommt. Traditionellerweise sagt man dem Aglianico griechische Herkunft nach. Einer jüngeren Theorie zufolge soll er jedoch unter der Herrschaft des Hauses Aragon nach Italien gekommen sein. Sein Name wäre dann eine Verballhornung von «vino de llanos» (Wein der Ebenen) und nicht von «elliniko» (griechisch).

Neben Aglianico hat die Basilicata eine erstaunliche Vielfalt von Rebsorten aufzuweisen; sie werden allerdings selten genannt. So ist es immer noch weithin unbekannt, dass die Basilicata sehr angenehmen Moscato und ausgezeichneten Malvasia erzeugt, daneben auch Primitivo, Sangiovese und Montepulciano, ganz zu schweigen von beachtlichen Rotweinen aus Bombino. Die Basilicata gilt zwar weiterhin als das Land des Aglianico, die kürzlich eingerichtete IGT könnte jedoch zum Sprungbrett in Richtung Vielfalt und Qualität werden.

Weinberge bei D'Angelo. In der Basilicata wird eine Unmenge wenig bedeutender Rebsorten angebaut, die einzige DOC ist Vulture.

Wichtige Erzeuger

Basilium, Acerenza (PZ) Diese im Süden der DOC Vulture gelegene Kellerei hat sich als eine der bedeutendsten Kellereigenossenschaften der Region mit einer Reihe bemerkenswerter Rotweine einen Namen gemacht. Aushängeschild ist zweifellos ihr Aglianico del Vulture Valle del Trono; er reift in Eichenfässern mit fünf Hektoliter Fassungsvermögen, ist von dunklem Rubinrot, elegant in der Nase und üppig am Gaumen. Ebenfalls vorzüglich der Aglianico del Vulture I Portali, ein samtiger Roter mit wohl dosierten Tanninen und makellosem Stil. Auch ihr Pipoli ist beachtlich: Neben fruchtigen Noten – wie auch die beiden anderen Aglianicos – weist er Körper und Weichheit auf.

Consorzio Viticoltori Associati del Vulture, Barile (PZ) In den späten siebziger Jahren erfolgter Zusammenschluss von fünf Kellereigenossenschaften und einiger weiterer Mitglieder. Riesige Rebflächen. Das jährliche Produktionspotenzial beträgt 20000 Hektoliter, wovon ein Viertel in Eichenfässern ausgebaut wird. Ausgezeichnete Aglianico-Auslese, anlässlich des 2000. Todestages von Horaz «Carpe Diem» genannt. Auch der Aglianico del Vulture ist eine Kostprobe wert: feines Rubinrot, angenehme aromatische Noten nach Kirschen und reifen Pflaumen. Dazu das Schaumwein-Duo Ellenico und Moscato.

Paternoster, Barile (PZ) Die Kellerei der Brüder Vito, Sergio und Anselmo Paternoster ist eine der ersten im Vulture-Gebiet. Die Reben ihrer sieben Hektar Weinberge in 450 bis 600 Meter Höhe verarbeiten sie zu modernen, sauberen, sehr typischen Weinen mit guter Struktur – der Beste ist der reinsortige Aglianico del Vulture Don Anselmo: attraktives Rubinrot, Aromen nach reifen Früchten und Gewürzen, angenehm gerbstoffreich am Gaumen. Der normale Aglianico del Vulture duftet nach einer Fülle reifer Kirschen, ausgeglichen durch delikate vegetale Noten. Ziemlich adstringierend am Gaumen, dennoch ein ausgewogener, fleischiger, harmonischer Wein. Er reift 18 bis 20 Monate im Eichenfass und mindestens sieben Monate in der Flasche.

D'Angelo, Rionero in Vulture (PZ) Jedes Jahr aufs Neue festigt das Weingut D'Angelo seinen Ruf als eine der besten Kellereien Süditaliens. Das Credo dieses fortschrittlichen Betriebs: moderne Methoden, Experimente bei Produktion und Anbau (zwölf Hektar Reben), ohne den regionalen Charakter aufzugeben. Seit acht Jahren arbeitet man hier mit innovativen weißen Rebsorten und erzeugt eine kleine Menge Aglianico spumante für den lokalen Markt.

Schwerpunkt sind allerdings große Rote. Der wichtigste, Canneto, besteht nur aus spät gelesenen Aglianico-Trauben aus Lagen im Rionero-Gebiet und reift 15 Monate in kleinen Eichenfässern. Er ist von dunklem Rubinrot, öffnet sich in der Nase mit einem Bukett nach schwarzen Beeren, Tabak, Toast und Gewürzen. Dieser Wein hat ein beachtliches Alterungspotenzial – durchaus 15 Jahre. Ebenfalls körperreich und gut strukturiert ist der Aglianico del Vulture, auch wenn er in puncto Finesse nicht mit dem Canneto mithalten kann.

Donato D'Angelo kostet seinen wichtigsten Wein, den Canneto, einen Rotwein aus dem altgriechischen – oder vielleicht spanischen? – Aglianico.

Kalabrien

Kalabrien galt in der Antike als legendäre Weinregion. Seine Küstenstädte spielten eine wichtige Rolle bei der Besiedelung Großgriechenlands. In den Punischen Kriegen stand es auf der Seite der Karthager und wurde von den Römern besiegt. Später wurde es noch von einer Reihe weiterer Invasoren erobert. Nach der Epoche der stabilen Bourbonenherrschaft kämpften die Kalabresen – angespornt von den Ideen Mazzinis und des politischen Geheimbunds der Carboneria – für die Einigung Italiens.

Boden, Klima und Anbaumethoden

Kalabrien liegt am Südzipfel der Apenninenhalbinsel, umgeben vom Tyrrhenischen und vom Ionischen Meer. Nur eine schmale Meerenge trennt es von Sizilien, im Norden grenzt es an die Basilicata.

Kalabrien besteht fast zur Gänze aus Berg- und Hügelland, nur neun Prozent seiner Fläche, meist in Küstennähe, sind Ebene. 42 Prozent dagegen sind gebirgig. Die Wasserläufe sind ziemlich kurz und gleichen eher Wildbächen als Flüssen. Die längsten, Crati und Neto, münden ins Ionische Meer. Dem heißen Mittelmeerklima der Küstengebiete steht im Sila-Massiv kontinentales Klima mit sehr kalten Wintern gegenüber. Vor allem in den höher gelegenen Landesteilen gehen reichlich Niederschläge nieder – an den Küsten eher weniger. Aufgrund des Klimas wurde ein Großteil der Weinberge des antiken Kalabrien höher angelegt als jene in Sizilien und Apulien.

Kalabrien war stets ein guter Boden für den Rebstock. Bereits im 6. Jahrhundert v. Chr. erzeugten griechische Siedler vorzüglichen Wein aus den günstigsten Lagen. Siegreiche Olympioniken feierte man mit Rotwein aus Krimisa (dem heutigen Cirò) aus Trauben von der ionischen Küste. Über ein dichtes Netz von Handelsverbindungen wurde dieser Wein in der ganzen antiken Welt vertrieben.

Kalabrischer Wein ist seit dem Mittelalter berühmt. Die Produktion erreichte jedoch nie mehr das Niveau, das sie vor der Reblauskatastrophe Anfang des 20. Jahrhunderts hatte. In den besten Weinbergen findet man die Erziehungsformen *alberello basso* und *cordone speronato*; 80 Prozent sind mit roten Rebsorten bepflanzt, allen voran Gaglioppo. Die häufigste weiße Rebe ist Greco.

Weine und Weinerzeugung

Nur vier Prozent von Kalabriens Weinproduktion von einer Million Hektoliter im Jahr haben DOC-Status. Wenige Weinerzeuger und -genossenschaften schöpfen das Potenzial der Region aus und verkaufen Wein in Flaschen; das Gros ist Massenware. Niedrige Gewinne führten zum schleichenden, aber unaufhaltsamen Rückgang des Weinbaus – ein Problem, mit dem alle Weinbaugebiete des Südens zu kämpfen haben.

Die wichtigsten Weinbaugebiete und fast alle DOCs liegen in Mittel- und Nordkalabrien. Rückgrat der Rotweine ist der Gaglioppo, die Weißen stammen fast durchwegs vom Greco. Am berühmtesten ist der charakteristische Cirò. Der Rosso gilt als Superiore, wenn er über 13,5 Prozent Alkohol aufweist, als Riserva, wenn er zumindest zwei Jahre lagert, und als Classico, wenn die Trauben aus dem ältesten, traditionellsten Gebiet stammen. Die Rosato-Version wird ebenfalls aus Gaglioppo gekeltert, der Bianco aus Greco. Cirò ist ein kraftvoller Wein mit hohem Alkoholgehalt, stilistisch vielleicht etwas altmodisch, aber mit beträchtlichem Potenzial.

Aus denselben Trauben stammen die DOC-Weine verschiedener Gebiete, darunter Pollino, Sant'Anna di Isola Capo Rizzuto, Melissa, Savuto und Donnici. In San Vito di Luzzi und Scavigna gibt es nur Rosso. Der Bianco aus Lamezia enthält neben Greco noch Trebbiano und Malvasia, zum Rosso dieses Gebiets werden Nerello Mascalese, Greco Nero und Gaglioppo verschnitten.

Der seltene Greco di Bianco schließlich ist ein köstlicher weißer Süßwein aus dem Küstengebiet von Locride.

Frühling bei Verbicaro. Kalabrien mit seinem Gewirr von Berg- und Hügellandschaften hat eine der reichsten Weinbautraditionen Italiens.

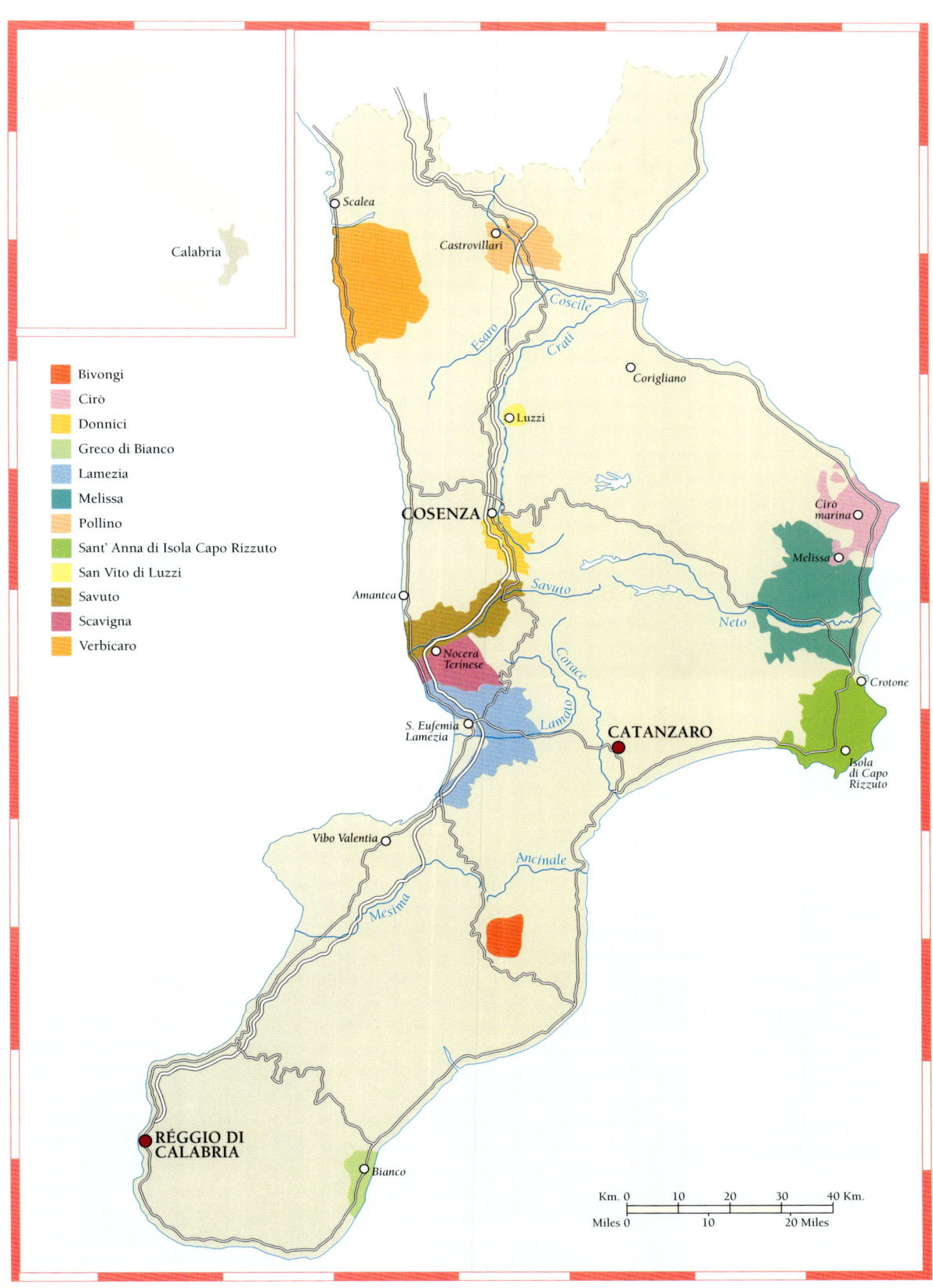

Calabria

Bivongi
Cirò
Donnici
Greco di Bianco
Lamezia
Melissa
Pollino
Sant' Anna di Isola Capo Rizzuto
San Vito di Luzzi
Savuto
Scavigna
Verbicaro

Scalea
Castrovillari
Coscile
Esaro
Crati
Corigliano
Luzzi
Cirò marina
COSENZA
Melissa
Amantea
Savuto
Neto
Nocera Terinese
Crotone
S. Eufemia Lamezia
Corace
Lamato
CATANZARO
Isola di Capo Rizzuto
Vibo Valentia
Ancinale
Mesima
RÉGGIO DI CALABRIA
Bianco

Km. 0   10   20   30   40 Km.
Miles 0   10   20 Miles

Cirò

Das gebirgige Sila-Gebiet reicht vom Apennin bis zur Küste. Weinbau ist hier arbeitsintensiv, die Methoden oft archaisch.

Wenn ein Wein Kalabrien auf dem internationalen Parkett vertreten könnte, dann fiele diese Rolle dem Cirò zu, der seit Jahrtausenden im gleichnamigen Weinbaugebiet erzeugt wird. Die DOC umfasst den Ort Cirò, das am Meer gelegene Cirò Marina – die gemeinsam die Cirò-Classico-Zone bilden – und einen Teil von Melissa und Crucoli in der Provinz Catanzaro. Hier lag das griechische Krimisa mit seinem prächtigen Dionysos-Tempel.

Cirò liegt im Osten des Sila-Gebirges. Die Hügel, Täler und Schluchten des Gebiets entstanden durch Erosion von Mergel. Typisch für die Region sind ton- und sandhaltige Böden. Im Winter wird es wegen der maritimen Einflüsse nie allzu kalt, und es regnet reichlich. Im Sommer jedoch fällt kaum Niederschlag – es wird extrem heiß.

Roter Cirò besteht hauptsächlich aus Gaglioppo, weißer vorwiegend aus Greco. Man nimmt an, dass Gaglioppo griechischen Ursprungs ist. Er wurde bis vor kurzem mit Arvino, Magliocco, Lacrima Nera und Mantonico Nero verwechselt. Neben seinem großen Auftritt bei Cirò spielt er in fast allen Rotweinen Kalabriens eine Rolle.

Cirò und damit Gaglioppo bekamen die positiven Auswirkungen der italienischen Wein-Renaissance jedoch kaum zu spüren. Abgesehen von einigen wenigen genialen Weinen präsentiert sich Cirò als kleine, in sich geschlossene Welt mit eigener – nicht immer vorteilhafter – Tradition. Hier hat Innovation nur selten eine Wende zum Besseren bedeutet. So werden etwa die besten Reben in *alberello*-Form erzogen, die zwar qualitativ hochwertige Trauben hervorbringt, aber durchwegs händische Weinbergsarbeit erfordert. In den letzten Jahren wich diese Form allmählich der praktischeren Spaliererziehung, bei der die Triebe an Drahtrahmen erzogen werden. Gelegentlich wird die hohe *tendone*- oder *palmetta*-Erziehung verwendet – allerdings auf Kosten der Qualität. Die Kellereien hinken dagegen in der Ausstattung dem übrigen Italien um Jahrzehnte hinterher: Beton- oder Polyestertanks, große, alte Holzfässer und der fast völlige Verzicht auf Temperaturkontrolle bewirken, dass Cirò und viele andere Weine Kalabriens weiterhin kaum von Bedeutung sind.

Den wenigen Kellereien, die sich der Renaissance des neuen italienischen Weins angeschlossen haben, ernteten internationalen Erfolg. Cirò – und mit ihm der Großteil Kalabriens – müht sich aber immer noch, das oft euphemistische Etikett «großes Potenzial» endlich umzusetzen.

Wichtige Erzeuger

Librandi, Cirò Marina (CZ) Vor zwanzig Jahren nutzte Nicodemo Librandi als erster Erzeuger der Region den frischen Wind in der Welt des Weins, der Cirò zu einem großen Rotwein machen sollte. Als einer der Ersten ließ er sich von einem Önologen beraten.

In dieser Rolle brillierte bis vor kurzem Severino Garofano. Heute erzeugt Librandi mit dem Önologen Donato Lanati einige der besten Weine Süditaliens. Sein Aushängeschild ist der preisgekrönte Gravello, eine wunderbare barriquegereifte Cuvée aus Gaglioppo und Cabernet Sauvignon, körperreich, weich und von einer Komplexität, wie sie nur die ganz großen Weine besitzen.

Der Cirò Rosso Classico Riserva Duca di Sanfelice ist warm, tanninreich und fest. Der junge Cirò Classico ist direkter, stilistisch sauber, fest und ausgewogen. Librandi erzeugt auch Critone, einen der besten Weißen Kalabriens, aus Chardonnay und Sauvignon sowie den süßen Le Passule.

Fattoria San Francesco, Cirò (CZ) Francesco Siciliani hat seine Kellerei in ein Musterweingut mit neu angelegten Weinbergen und modernisierter Ausstattung verwandelt und arbeitet nun mit dem toskanischen Önologen Fabrizio Ciufoli zusammen. Seither zählen die Weine dieser Fattoria zu den Spitzenreitern der Region.

Der tief rote Cirò Rosso Classico Superiore Ronco dei Quattroventi besticht durch umwerfende Konzentration und weichen Stil, große Fruchtigkeit und würzige Noten. Der Cirò Rosé ist einer der besten Rosés Italiens. Auch die übrigen Weine sind vorzüglich.

Odoardi, Nocera Terinese (CZ) Gregorio Odoardis Weingut verdient als eines der wenigen außerhalb von Cirò Beachtung. Es liegt an der tyrrhenischen Küste im Gebiet der DOCs Savuto und Scavigna. Seinen besten Wein, den Lagen-Scavigna Vigna Garrone, erzeugt er in Zusammenarbeit mit dem berühmten Önologen Luca D'Attoma. Die Cuvée aus Aglianico, Merlot, Cabernet Franc und Cabernet Sauvignon reift in französischen Eichenbarriques und ist wunderbar fruchtig. Das köstliche Beerenbukett wird von komplexen, würzigen Noten unterstrichen. Er hat elegante, feine Tannine und ist am Gaumen von kraftvoller Vielschichtigkeit. Die übrigen Weine – unter anderem der großartige Savuto Superiore Vigna Mortilla – sind ebenfalls traumhaft.

Francesco Siciliani erwies sich als einer der fortschrittlichen und erfolgreichen Erzeuger von Cirò.

Kritiker mögen die antiquierte Ausstattung und die Introvertiertheit von Ciròs Weinerzeugern belächeln – diese bleiben ihren Traditionen treu.

Die Inseln

Die Weinkultur der beiden größten Mittelmeerinseln Sizilien und Sardinien reicht tausende Jahre zurück, lange bevor griechische Siedler in Sizilien ihre bedeutenden Städte gründeten, in eine Zeit, als auf Sardinien noch die Erbauer der Nuraghen (kegelstumpfförmige Türme) herrschten. In qualitativer Hinsicht hinkten die Weine beider Inseln allerdings noch vor zehn Jahren dem übrigen Italien hinterher. Trotz der Fülle heimischer Rebsorten und Weinbaugebiete wurde hier Massenwein erzeugt. Sizilien und Sardinien schienen sich mit ihrer Rolle als Lieferanten leidlich anständiger Supermarktweine abgefunden zu haben. Traditionelle gespritete Weine wie der sizilianische Marsala und der sardische Vernaccia di Oristano standen lang auf verlorenem Posten.

Sizilien ist gleichauf mit Apulien die produktivste Weinregion Italiens und bestritt 1997 mit acht Millionen Hektoliter fast sechzehn Prozent der Gesamtproduktion des Landes, davon allerdings nur zwei Prozent mit DOC-Klassifikation. Dieses Missverhältnis wird sich nicht über Nacht lösen lassen. Seit Jahrzehnten sind Siziliens Weine nicht zuletzt wegen ihrer konkurrenzfähigen Preise im Ausland sehr erfolgreich, vor allem jene von Duca di Salaparuta, der größten und bekanntesten Kellerei der Insel, und der Genossenschaft Settesoli di Menfi. Die Modernisierung vieler Weingärten und Kellereien erfolgte nicht immer in Hinblick auf Qualität, und die Vorliebe für weiße Rebsorten wie den anständigen, aber nichts sagenden Catarratto brachte belanglose Weine hervor. Viele Weinbauern kamen vom traditionellen *alberello*-System ab und erzogen ihre Reben fortan in Spalierform oder nach dem berüchtigten *tendone*-System.

Mitte der achtziger Jahre begannen Sizilien und Sardinien, sich den Herausforderungen des neuen Weinzeitalters zu stellen – zuerst nur ein paar Kellereien, nach und nach schlossen sich ihnen immer mehr Winzer an, und heute zeigen die neuen großen Rotweine, die einige auf hohe Qualität bedachte Erzeuger hervorgebracht haben, was tatsächlich in Sizilien steckt. Man besinnt sich auf traditionelle Rebsorten wie Nero d'Avola (möglicherweise eng mit Syrah verwandt), Frappato und Nerello Mascalese. Weinfirmen aus anderen Regionen und Ländern investieren heute in Sizilien, wo alte Weinberge mit in *alberello*-Form erzogenen roten Reben noch immer günstig zu haben sind. Bei sorgfältiger Behandlung können diese Lagen wunderbare Weine hervorbringen, und das ideale Klima bietet den Winzern die Möglichkeit, die Trauben erst relativ spät zu lesen, wenn sie völlig ausgereift sind – und das auch in Hochertragslagen.

Sardinien hat sich mit seiner Vielfalt an Klimaten und Rebsorten ganz ähnlich entwickelt wie Sizilien. Auch hier tendierte man zur Massenproduktion, und die Winzer verkauften ihre Trauben, statt sie selbst zu vinifizieren und zu vermarkten. Die Weinerzeugung ist heute noch größtenteils in Genossenschaftshand; einigen Kellereien, wie etwa Sella & Mosca, ist es jedoch zu verdanken, dass sich der nordsardische Vermentino di Gallura zu einem der erfolgreichsten Weißweine Italiens entwickelte. Sein «Aufstieg» wirkte sich auch auf rote Rebsorten wie Cannonau und Carignano belebend aus.

Sardinien mit seinen Gebirgsregionen und trockenen Ebenen bringt nur zwei Prozent des italienischen Weins hervor, weniger als sechs Prozent davon haben DOC-Status. Die Quantität dürfte sich kaum steigern, es gibt jedoch Anzeichen für einen Qualitätsanstieg. Die Insel mit ihren beeindruckenden heimischen Rebsorten und ihrem für Weinbau idealen Klima lockte einige der besten Önologen Italiens an, die heute Sardiniens oft noch in den Kinderschuhen steckenden Qualitätsweinen ein neues Gesicht verleihen. Privatkellereien und fortschrittlichen Genossenschaften gelangen so in nur wenigen Jahren einige international erfolgreiche Stile. Nicht zuletzt haben auch internationale Rebsorten wie Cabernet Sauvignon in den Hügeln und Ebenen Sardiniens eine neue Heimat gefunden.

Die Costa Paradiso in Sardinien, eine der abgelegensten und ungewöhnlichsten Regionen Italiens: Die Bewohner sind freundlich, aber stets auf Eigenständigkeit bedacht.

Sardinien

Sardinien ist seit über 150 000 Jahren besiedelt. Immer wieder war die einheimische Bevölkerung in Kämpfe mit Invasoren verwickelt: Auf die Griechen, Phönizier und Karthager folgten die Römer. die Sardinien über siebenhundert Jahre beherrschten und der Sprache und den Bräuchen der Insel ihren Stempel aufdrückten. Später brachten die Aragonier die spanische Sprache und spanische Weinbaumethoden ins Land. Von 1720 bis zur Einigung Italiens wurde Sardinien vom piemontesischen Haus Savoyen beherrscht. Allen Eindringlingen zum Trotz bewahrten die Sarden ihre Eigenständigkeit.

Boden, Klima und Anbaumethoden

Zu Sardinien gehören die umliegenden kleineren Inseln Asinara, Caprera, San Pietro und Sant'Antioco. Rund 13 Prozent der Hauptinsel, vor allem im Norden und Osten, sind gebirgig, etwa 18 Prozent der Fläche nehmen Ebenen ein. Der Westen besteht vorwiegend aus Hügelland, die Ebene Campidano teilt die Insel diagonal in zwei Hälften.

Die winterlichen Regenfälle verwandeln Sardiniens wenige Flüsse – der wichtigste ist der Tirso – meist in Sturzbäche. Im Sommer trocknen sie aus. Klima und Wasserversorgung litten unter den massiven Abholzungen der letzten dreihundert Jahre. In den vergangenen fünfzig Jahren baute man Staubecken, um den Bauern im Sommer die Bewässerung ihrer Felder zu ermöglichen. Das mediterrane Inselklima sorgt für heftige Niederschläge in den kurzen, milden Wintern und für extreme Trockenheit in den langen, heißen Sommern.

Die Reblaus dezimierte Ende des 19. Jahrhunderts Sardiniens Sortenvielfalt. Bei der Neubepflanzung der Weingärten legte man bis vor kurzem kaum Wert auf Qualität: Man bevorzugte weiße Rebsorten für Tafelweine und ertragreiche Erziehungssysteme. Die traditionelle *alberello*-Erziehung überdauerte nur in wenigen DOC-Gebieten wie Gallura, erfreut sich aber seit kurzem wieder ähnlicher Beliebtheit wie die traditionellen Rebsorten. Die Nachfrage nach süßen sardischen Weinen – gespritet oder klassisch – ging zurück. Man trinkt lieber alkoholärmere Weine – was keineswegs bedeutet, dass die Tage von Vernaccia di Oristano und Malvasia di Bosa gezählt wären.

Weine und Weinerzeugung

Sardinien erzeugt weniger Wein, als man annehmen würde – kaum eine Million Hektoliter, davon 15 Prozent DOC. Seine Fortschritte im mittleren Qualitätssegment sind jedoch beachtlicher als in anderen Regionen Süditaliens:

Vermentino di Gallura erhielt die DOCG; einige erfolgreiche private und genossenschaftliche Kellereien sind in die Spitzenklasse aufgerückt.

Das umfangreiche Weinsortiment spiegelt Sardiniens Klima-, Boden- und Rebsortenvielfalt wider. Einige DOCs umfassen die ganze Region, die in diesem Fall zusätzlich zur Rebsorte auf dem Etikett aufscheint. Die Zusatzbezeichnung «Sardegna» tragen etwa Cannonau (der beste kommt aus Jerzu, aus der Gegend von Nuoro oder aus Capo Ferrato in der Provinz Cagliari), Monica, Moscato und Vermentino. Sardegna Semidano wird von Cagliari bis Sassari, von Olbia bis Carbonia erzeugt. Cannonau und Monica sind rote Rebsorten, die übrigen weiße.

In der Provinz Cagliari sind Monica, Nasco, Moscato, Malvasia und Girò (korrekt: «Girò di Cagliari») heimisch: Der Rotwein aus Monica ist trocken, die übrigen Reben ergeben halbtrockene oder süße, oft gespritete oder trocken ausgebaute gespritete Weine. Nuragus di Cagliari ist ein verbreiteter, beliebter trockener Weißer, dem es allerdings an Charakter mangelt. Großzügige gesetzliche Regelungen gestatten einen Höchstertrag von 20 000 Kilogramm pro Hektar, der in Rekorderntejahren noch einmal um 20 Prozent auf 24 000 Kilogramm gesteigert wird. Diese am weitesten verbreiteten und bekanntesten Rebsorten bilden die Grundlage der sardischen Weinerzeugung und auch fast seiner gesamten DOC-Weine.

Aus den verschiedenen kleineren, oft historischen Teilgebieten Sardiniens kommt so mancher traditionelle Wein. Im Westen der Insel erzeugt man zwei ganz spezielle Weißweine: Vernaccia di Oristano ist ein trockener Weißer mit hohem Alkoholgehalt. Der sehr seltene Malvasia di Bosa ähnelt in mancher Hinsicht ungespritetem Sherry.

Ebenfalls aus der Provinz Oristano stammen Campidano di Terralba (aus dem roten Bovale), Trebbiano sowie Sangiovese di Arborea. Aus Sulcis im tiefen Süden der Insel kommt der dortige Lokalmatador Carignano del Sulcis, ein köstlich milder Rotwein, interessant, aber unbedeutend. Im trockenen Landesinneren werden Bovale und Cannonau zu rotem Mandrolisai verschnitten. Sein Herkunftsgebiet liegt in der Provinz Nuoro bei Sorgono, Barbagia und im Gennargentu-Massiv. Aus dieser Gegend stammt auch der Großteil des Cannonau di Sardegna. Er wird vor allem an den Hängen des Gennargentu angebaut, die sich zur Ostküste Sardiniens hin erstrecken. An den hiesigen Weinen wird allerdings der Technologierückstand der Kellereien deutlich: Sie werden – von ein paar Ausnahmen abgesehen – dem Potenzial des Cannonau

Kuppeldach bei Alghero. Sardinien ist rauer als seine nördlichen Nachbarn und trägt heute noch die Narben jahrhundertelanger Kriege.

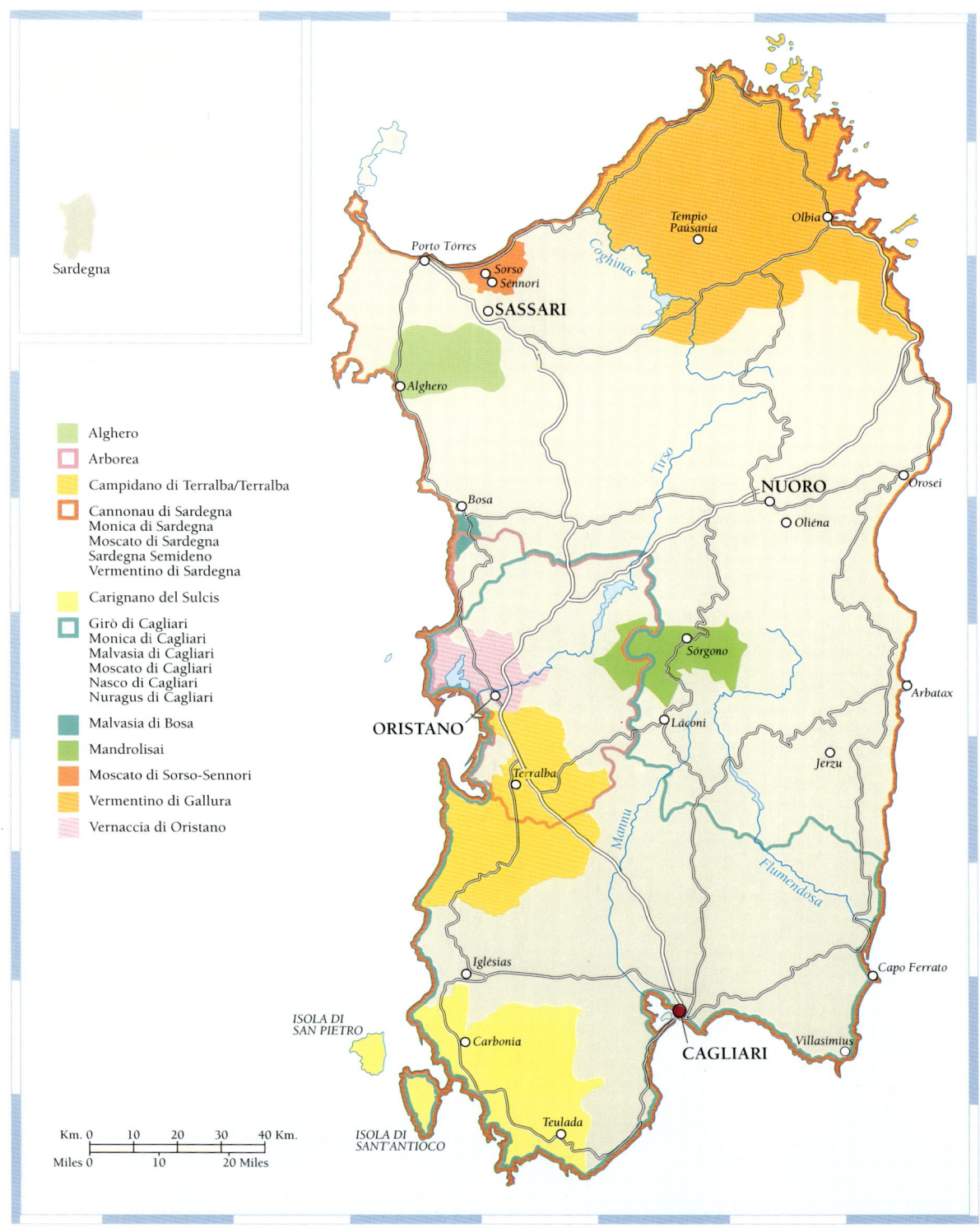

Sardegna

Alghero
Arborea
Campidano di Terralba/Terralba
Cannonau di Sardegna
Monica di Sardegna
Moscato di Sardegna
Sardegna Semideno
Vermentino di Sardegna
Carignano del Sulcis
Girò di Cagliari
Monica di Cagliari
Malvasia di Cagliari
Moscato di Cagliari
Nasco di Cagliari
Nuragus di Cagliari
Malvasia di Bosa
Mandrolisai
Moscato di Sorso-Sennori
Vermentino di Gallura
Vernaccia di Oristano

Km. 0   10   20   30   40 Km.
Miles 0   10   20 Miles

kaum gerecht. Auch hier sind jedoch Modernisierungs-
tendenzen im Gange, die bald Wirkung zeigen sollten.

Nördlich von Sassari bringt die DOC Moscato di Sorso-Sennori süßen, angenehm aromatischen Weißwein
hervor. Auch die relativ junge DOC Alghero ist erwäh-

nenswert. Hier nehmen die Kellereien Sella & Mosca sowie
Santa Maria La Palma praktisch eine Monopolstellung ein.
Aus dieser Region stammen auch der seltene, exzellente
weiße Torbato di Alghero sowie geläufigere Sorten wie
Sauvignon Blanc, Chardonnay, Cabernet und Sangiovese.

Alghero und Gallura

Die DOC Alghero wurde erst 1995 eingerichtet, aber die Weine aus der Ebene von Alghero stehen schon seit Jahrzehnten für sardischen Wein schlechthin. Die weite Ebene der Piani, die sich nördlich der Stadt bis zu den Hügeln von La Nurra im Westen sowie Sassari und Logudoro im Osten erstreckt, wurde vom Ende des 19. Jahrhunderts bis in die fünfziger Jahre trockengelegt. Sie entwickelte sich zu einer Weinhochburg mit einflussreichen Großkellereien und vielen kleineren Cantine.

Alghero ist der Sitz einer der berühmtesten Kellereien Italiens: Sella & Mosca ist hier seit über hundert Jahren ansässig. Aus ihren Weinbergen stammt der sehr erfolgreiche Vermentino di Sardegna – ein leicht perlender Weißer, an dem sich die Touristen der Costa Smeralda erfreuen –, Torbato (der französische Malvoisie du Roussillon), Rosé aus vorwiegend Cabernet sowie hervorragender Rotwein

Alghero am Nordwestzipfel der Insel bringt mehr Wein hervor als jedes andere Gebiet Sardiniens.

aus Cannonau. Aus dieser großen Kellerei kommt zudem die Spezialität Anghelu Ruju (oder Angelo Rosso): Der gespritete Rotwein ist nach der prähistorischen Nekropole benannt, die auf dem Weingut entdeckt wurde. Er wird wie Portwein hergestellt, die Cannonau-Trauben werden jedoch vor dem Pressen getrocknet. Die besten Jahrgänge sind beachtlich. Sella & Moscas Offenheit gegenüber Innovation und Experimenten zeigt sich in ausgezeichneten Tafelweinen wie dem kraftvollen roten Tanca Farrà aus Cannonau und Cabernet, der Ende der siebziger Jahre auch andere sardische Erzeuger dazu inspirierte, sich auf körperreiche Rote zu verlegen. Die Firma entwickelte erstklassige Spitzenweine, angeführt von einem hinreißenden Cabernet Sauvignon sowie intensiv aromatischen, frischen Weißweinen auf der Grundlage von Sauvignon Blanc.

Die DOC Alghero umfasst alle in diesem Gebiet heimischen Rebsorten: traditionelle wie Torbato (der auch zu Schaumwein verarbeitet wird) und Cagnulari (Grundlage des gleichnamigen Rotweins), auch Cabernet Sauvignon, Chardonnay, Sauvignon Blanc und Sangiovese.

Gallura

Dieses Gebiet am Nordzipfel Sardiniens ist mit seinen felsigen Granitböden für hoch qualitative Weine besonders geeignet. Die in *alberello*-Form erzogenen Reben wachsen auf Hügeln in 300 bis 500 Meter Höhe. Geringe Niederschläge sorgen für natürliche Ertragsbeschränkung.

Die Erhebung von Vermentino di Gallura zur DOCG im Jahr 1996 war ein Meilenstein in der Geschichte des sardischen Weins. Der Ertrag ist auf 10000 Kilogramm Trauben pro Hektar und drei Kilo Trauben pro Rebstock beschränkt. Die Mindestpflanzdichte muss 3250 Stöcke pro Hektar betragen, und selbst in Dürreperioden darf nur zweimal bewässert werden. Im Rahmen dieser strengen Regelungen gelangen den fast durchwegs genossenschaftlich organisierten Erzeugern faszinierende Weine. Die typischen Vertreter sind kraftvoll, hoch aromatisch, fruchtig und ausgewogen, sie altern ausgezeichnet und erreichen leicht einen Alkoholgehalt von über 13 Prozent.

Vermentino di Gallura passt hervorragend zur regionalen Küche. Den leichten, angenehm zu trinkenden weißen Vermentino di Sardegna, der auch außerhalb Sardiniens sehr beliebt ist, stellt er deutlich in den Schatten. Daneben wird in Gallura Nebbiolo angebaut, der im 19. Jahrhundert von den Piemontesen eingeführt wurde und in den Colli del Limbara kraftvolle, konzentrierte Weine hervorbringt. Aus Moscato werden beachtliche Schaumweine erzeugt.

Wichtige Erzeuger

Cantina Sociale Santa Maria La Palma, Alghero (SS) Mit dieser Kellerei verbindet man immer noch die Trockenlegung des Gebiets in der Nachkriegszeit. Die Weinberge sind durch Reihen von Eukalyptus gegen den Mistral geschützt oder mit Olivenbäumen durchsetzt. Die für gute, leicht trinkbare Weine bekannte Kellerei hat in letzter Zeit komplexere Stile entwickelt. Cannonau di Sardegna Le Bombarde und Vermentino di Sardegna Aragosta sind interessant.

Sella & Mosca, Alghero (SS) Kellerei mit über hundertjähriger Geschichte und in letzter Zeit stark verbesserter Qualität. Sie wird geleitet von dem Önologen Mario Consorte, der einige herausragende Weine von internationalem Rang sowie Verkaufshits wie Vermentino di Sardegna, Vermentino di Sardegna La Cala und Alghero Rosé Oleandro erzeugt. Sein großer roter Alghero Cabernet Marchese di Villamarina gehört zu den Spitzenweinen Italiens. Gut ist auch der frische Sauvignon Le Arenarie. Der rote Raim besteht vorwiegend aus Carignano. Der Anghelu Ruju Riserva ist ein großer *vino da meditazione*.

Tenute Capichera, Arzachena (SS) Die Brüder Ragnedda erkannten als erste das Potenzial des traditionellen Vermentino di Gallura und erzeugen einige ausgezeichnete Versionen: gut strukturiert, reif, komplex und körperreich. Neben Capichera auch eine vielschichtige, elegante Vendemmia Tardiva.

Cantina Sociale del Vermentino, Monti (SS) Dieser Kellerei gehören über 350 Winzer an. Sie ist auf Vermentino di Gallura spezialisiert und bietet ein breites Weinsortiment, darunter drei hervorragende Vermentinos: Funtanaliras hat Unmengen reicher und fruchtiger Aromen, Superiore Aghiloia ist ein warmer, körperreicher, harmonischer Wein mit delikaten aromatischen Noten, S'Eleme hat gute Struktur und interessante Komplexität.

Piero Mancini, Olbia (SS) Eine der bedeutendsten Privatkellereien Sardiniens. Mancini und seine Söhne sind ein fähiges Team und erzeugen exzellente, moderne, sehr saubere Weine – doch mit Bedacht auf die Tradition. Ihre Besten sind der aromatische, trockene Cannonau di Sardegna und der fruchtige, duftige Vermentino di Gallura Cucaione – zu obendrein sehr angemessenen Preisen.

Cantina Sociale Gallura, Tempio Pausania (SS) Der sorgfältigen Arbeit des Önologen Dino Addis ist es zu verdanken, dass hier eine der besten Kellereigenossenschaften Sardiniens entstanden ist. Jeder einzelne ihrer Weine ist hervorragend. Allen voran ist jedoch der Vermentino di Gallura Superiore Canayli zu nennen, der eine der maßgeblichen Stützen der DOCG bildet. Er ist wohl einer der besten aus heimischen Rebsorten erzeugten italienischen Weine. Weitere unwiderstehliche Exemplare sind der weiße Balajana – ein eleganter, komplexer, barriquegereifter Wein aus Vermentino –, der rote Dolmen aus Nebbiolo, ebenfalls in neuem Holz ausgebaut, intensiv fruchtig und mit eleganten Tanninen, sowie der frische und duftige Karana, ein Nebbiolo aus den Hügeln von Limbara. Schließlich wartet der Vermentino di Sardegna Piras mit einem prachtvollen Bukett auf.

Links: Der «grüne Riese» Sella & Mosca, einer der beiden Weingiganten Sardiniens, vereint Menge und Qualität.

Unten: Dino Addis von der Cantina Sociale Gallura erzeugt einen der besten «heimischen» Weißweine Italiens.

Oristano und Vernaccia

Von diesen Reben in der Provinz Oristano stammt der klassische Vernaccia; seit Jahrzehnten ist die Familie Contini für diesen Wein berühmt.

Die Provinzhauptstadt Oristano liegt an der Westküste, etwa auf halber Höhe zwischen Sassari und Cagliari. Sie ist von Weingärten umgeben, aus denen einige der charakteristischsten Weine der Insel stammen. Gegen Norden hin ziehen sich die Hügel von Planargia an der Küste entlang. Hier liegt die Gemeinde Bosa, aus der der seltene Malvasia di Bosa kommt, einer der reizvollsten *vini da meditazione* Italiens. Die Malvasia-Reben werden nach dem *alberello*-System erzogen und überreif geerntet. Der Wein wird einige Jahre im Fass gelagert, wo er Licht, Luft und Temperaturschwankungen ausgesetzt ist. Der traditionellste Stil hat ein Madeira-ähnliches Bukett, das von der Reifung in nicht völlig gefüllten Fässern herrührt. Dadurch bildet sich an der Oberfläche des Weins eine Hefe- oder Florschicht. Das Aroma gemahnt an die Sherrys aus Jerez de la Frontera. Neben den natürlichen *dolce* (süß)

und *secco* (trocken) mit 15 Prozent Alkohol gibt es zwei leicht mit Weingeist gespritete Versionen, die einen Alkoholgehalt von 16 Volumenprozent aufweisen.

Der zweite große Wein von Oristano ist der Vernaccia. Die gleichnamige Rebsorte wird auf den sand- und kieshaltigen Schwemmlandböden des weiten Tirso-Beckens angebaut und ebenfalls nach dem *alberello*-System erzogen. Vernaccia, der im ganzen Mittelmeerraum bis in die Renaissancezeit berühmt war, wird aus überreifen Trauben gemacht. Er ist ein wunderbarer Aperitif- und *meditazione*-Wein, trocken, selten gespritet und noch seltener süß ausgebaut. Sein Alkoholgehalt beträgt 15 Prozent. Er reift mehrere Jahre in kleinen Fässern aus Kastanienholz, in denen er Licht und Luft ausgesetzt ist, und wird dann in *magazzini* gelagert. Ebenso wie bei Malvasia di Bosa und Sherry werden die Fässer nur zu 90 Prozent gefüllt, so dass sich an der Oberfläche des Weins Flor entwickeln kann, der zu seinem einzigartigen Charakter beiträgt. Die Riserva reift lange Zeit im Fass, anders als Sherry durchläuft Vernaccia jedoch nicht das Solera-System.

Außerhalb der DOC Bosa entstehen interessante Versionen von Malvasia della Planargia. Sie ähneln Bosa, blieben aber bislang ohne DOC. Der gute Rotwein Campidano di Terralba wird in den Provinzen Oristano und Cagliari erzeugt und ist nur dort zu haben. Meist durchschnittlich sind Trebbiano und Sangiovese aus der DOC Arborea. Sardegna Semidano, ein typischer Weißwein von heimischen Trauben aus Mogoro, gut strukturiert und körperreich, wird nur lokal angeboten.

Wichtige Erzeuger

Contini, Cabras (OR) Vernaccia di Oristano mag zwar ein berühmter, traditioneller Wein sein – ein kommerzieller Erfolg war er in den letzten Jahren nicht. Contini di Cabras, eine der erfolgreichsten und angesehensten Marken, erzeugt seit kurzem komplexeren, faszinierenden Vernaccia. Besonders die Riserva und die Selektion Antico Gregori sind hervorragend. Interessant sind aber auch der weiße Karmis und der in neuem Holz ausgebaute Elibaria. Nieddera und Cannonau di Sardegna sind ihre würdigen roten Pendants.

Naìtana, Magomadas (NU) Malvasia di Bosa ist legendär, außerhalb der DOC aber kaum erhältlich. Einige Erzeuger versuchen daher eine Erweiterung des DOC-Gebiets zu erreichen. Einer dieser Pioniere ist der junge Gianvittorio Naitana, der sich auf halbtrockene und süße Versionen der hiesigen Malvasia spezialisiert hat. Der junge Stil fand rasch Anklang. Naitanas angenehmer Malvasia della Planargia Murapiscados ist ein delikater Wein mit sortentypischen Pfirsicharomen und ausgewogener Süße.

Giuseppe Gabbas, Nuoro Cannonau verbindet man immer häufiger mit dem Namen Gabbas. Er vertritt hier würdig

die Erzeuger dieses Weins in der Provinz Nuoro. Seine Rotweine aus dieser Rebsorte zählen zu den Allerbesten ihrer Art. Ihr Vorsprung gegenüber der regionalen Konkurrenz ist unangefochten – bleibt zu hoffen, dass diese seinem Beispiel folgt. Sorgfältig gepflegte Weinberge, niedrige Erträge und eine gut ausgestattete Kellerei erklären die erstklassige Qualität von Gabbas Cannonau di Sardegna Lillovè und seines Dule – einer gelungenen, in neuem Holz gereiften Cuvée aus Cannonau, Cabernet Sauvignon, Sangiovese und Montepulciano.

Die *alberello*-Erziehung bringt in Sardinien gute Weine hervor, darunter den Sherry-ähnlichen Malvasia di Bosa.

Cagliari und Sulcis

Natur und *terroir* des Mittelmeerraums lockten Giacomo Tachis aus der Toskana nach Süden.

Die Provinz Cagliari lag einst in der Hand großer Kellereigenossenschaften, die eher an Quantität denn an Qualität interessiert waren. Aber auch hier änderte sich die in den siebziger Jahren stagnierte Situation – und zwar dank zweier hervorragender Kellereien: Santadi und Argiolas di Serdiana. Die Veränderung ging nicht ohne Opfer vor sich: Viele Genossenschaften und Kellereien schlossen, private Weinbaubetriebe mussten ihre Strategien neu überdenken. Als Ende der achtziger Jahre zwei große Weine (von denen noch die Rede sein wird) auf den Markt kamen, ging es aber rasch aufwärts. Heute steht für die meisten Kellereien die Qualität im Vordergrund.

In den achtziger Jahren begann in Sulcis eine neue Ära. Es war die Zeit des «Weinkriegs» mit Frankreich, und langsam, aber unaufhaltsam erkannten die Winzer – angeführt von der großen Kellereigenossenschaft Santadi – die Notwendigkeit, ihren Wein in Flaschen abgefüllt zu vermarkten. Die alten, oft in Küstennähe in *alberello*-Form erzogenen Carignano-Reben gaben damals üblicherweise

Rohmaterial für fassweise verkauften Wein. Sie sollten jedoch schon bald mehr Beachtung finden.

Treibende Kraft hinter diesem Umbruch war Giacomo Tachis, Italiens berühmtester Weinerzeuger, Schöpfer großer Rotweine wie Incisa della Rocchettas Sassicaia und Antinoris Tignanello und Solaia. Tachis glaubte fest an das große Weinpotenzial der warmen Mittelmeergebiete und nahm die Herausforderung an, für Santadi Qualitätsweine zu erzeugen. Unter seiner Leitung entwickelte Santadi einige beeindruckende Weine. Terre Brune aus Carignano (verwandt mit der französischen Carignan und der spanischen Cariñena) und einem Schuss Bovaleddu wurde zum Symbol für den Neubeginn in Sulcis: ein in neuen Eichenbarriques ausgebauter, ungemein eleganter, konzentrierter Wein von internationalem Format.

Im Norden der Provinz, in Serdiana zwischen Trexenta und Parteolla, liegt Argiolas, eine qualitätsorientierte Kellerei in Privatbesitz. Der über neunzigjährige Antonio Argiolas erzeugt seit über siebzig Jahren hervorragenden Wein und wunderbares Olivenöl. Der Betrieb ist heute in den Händen seiner Söhne Franco und Pepetto, die unter Tachis' Anleitung Erstaunliches zu Wege gebracht haben. Ihr bester Rotwein ist der Turriga, eine sorgfältig ausgewogene, herausragende Cuvée aus Cannonau (70 Prozent) mit Zusätzen von Carignano, Malvasia Nera und Bovale, ein konzentrierter und doch weicher Wein mit ausgezeichnetem Alterungspotenzial, der immer häufiger auf den Weinkarten von Spitzenrestaurants in aller Welt auftaucht.

Neben diesen großartigen Weinen haben Santadi und Argiolas zwei beneidenswerte Selektionen entwickelt: Monica di Sardegna, einen Rotwein mit milden Fruchtnoten, und mehrere DOC-Versionen von Carignano del Sulcis. Von diesem Duo stammen auch hinreißender fassgereifter Chardonnay, guter Nuragus sowie Latina, ein viel versprechender *vino da meditazione* aus Nasco-Trauben. Argiolas' gleichnamiger Weißwein ist intensiv fruchtig und hat einen köstlich aromatischen Duft. Außerdem gibt es hervorragenden Vermentino di Sardegna, sehr guten Cannonau, einen bezaubernden modernen Roten – Kore – sowie Angialis, einen Süßwein aus Nasco.

Dem Beispiel dieser beiden folgen nun eine Reihe von Kellereien; sie beginnen ihre Weine für die Zukunft zu entwerfen. Die Erwartungen sind hoch, aber nicht unrealistisch. Vielleicht finden sogar Cagliaris traditionelle Süßweine wie Moscato di Cagliari und der rote Girò di Cagliari wieder zu ihrem früheren Ruhm zurück. Der Mensch lebt schließlich nicht von Nuragus allein!

Antonio Argiolas ist einer der Spitzenreiter in Sardiniens Aufholjagd gegenüber dem Festland.

Wichtige Erzeuger

Cantine di Dolianova, Dolianova (CA)
Eine der größten Kellereigenossenschaften der Provinz Cagliari. Ihre Weine wurden in den letzten Jahren immer erfolgreicher. Erzeugt vorwiegend einfache, duftige Weißweine. Uns mundete jedoch besonders der rote Falconaro aus Cannonau, Carignano, Pascale Barbera und anderen roten Sorten sowie der ausgezeichnete Moscato di Cagliari.

Cantina Sociale Santadi, Santadi (CA)
An Santadis Erfolg käme allenfalls die eine oder andere Südtiroler Kellereigenossenschaft heran. Santadi drang in den letzten zehn Jahren mit einer Reihe fantastischer Weine, die er in Zusammenarbeit mit dem unvergleichlichen Önologen Giacomo Tachis erzeugte, an

die Spitze der sardischen Weinerzeugung vor. Neben dem legendären Terre Brune bietet Santadi auch eine breite Palette von Rotweinen aus vorwiegend Carignano – etwa Carignano del Sulcis Rocca Rubia Riserva und Baie Rosse – und anspruchsvolle Weiße wie Chardonnay Villa di Chiesa. Vermentino di Sardegna Cala Silente und Nuragus di Cagliari Pedraia sollte man sich merken.

Meloni, Selargius (CA) Meloni hat auch außerhalb Sardiniens großen kommerziellen Erfolg. Neben einfacheren, eingängigen Weinen erzeugt Meloni auch die traditionellen Süß-und *meditazione*-Weine der Gegend von Cagliari. Uns gefielen der faszinierende Nasco di Cagliari, Malvasia di Cagliari, Moscato di Cagliari und Girò di Cagliari aus der Donna-Jolanda-Linie.

Argiolas, Serdiana (CA) Antonio Argiolas' Kellerei ist ein Familienbetrieb und erzeugt renommierte Weine. Die Argiolas spielten eine wichtige Rolle beim Comeback des sardischen Weins. Ihre Weine lagerten als Erste neben denen des Giganten Sella & Mosca in internationalen Top-Weinkellern. Nur wenige können ihnen das Wasser reichen.

Das Familienimperium hat sein Weinberg- und Kellereipotenzial längst noch nicht ausgeschöpft. Von den Brüdern Franco und Pepetto sind in den kommenden Jahren durchaus weitere faszinierende Weine zu erwarten. Empfehlenswert sind der Turriga, der Monica di Sardegna Perdera und Cannonau di Sardegna Costera, bei den Weißen Vermentino di Sardegna Costamolino, Argiolas und der sinnliche süße Angialis aus Nasco-Trauben.

Sizilien

Sizilien ist seit dem Ende der Steinzeit besiedelt, der heutige Name der Insel rührt von ihren frühesten Einwohnern her – den Sikanern und später den Sikulern. Seine zentrale Lage im Mittelmeer machte Sizilien zu einem wichtigen Handelsplatz: seit dem Beginn der Zivilisation mischten sich hier die Völker des Mittelmeerraums. Den spätbronzezeitlichen Einwanderungswellen von Sikulern, Ausoniern und Morgeten folgten die Griechen, die in der zweiten Hälfte des 8. Jahrhunderts v. Chr. an der Küste eine Reihe von Städten gründeten, darunter Messina, Naxos, Catania und Syrakus. Ihnen folgten die Phönizier (die bei den Römern auch Karthager oder Punier hießen), die wichtige Kolonien wie Mozia, Palermo und Solunto gründeten – und damit in Konflikt mit den griechischen Städten gerieten. Über 500 Jahre währten die Kriege – erst gegen die Griechen, dann gegen die Römer, die schließlich Karthago zerstörten und Sizilien zur ersten Provinz des römischen Imperiums machten. Ebenso wie die Griechen förderten sie den Weinbau auf der Insel.

Danach wurde Sizilien von den Byzantinern erobert; zu ihren großen Gütern im Kirchenbesitz gehörten auch Weingärten. Von 827 bis 1061 wurde Sizilien von den Arabern beherrscht, die die Landverteilung neu regelten, ein Bewässerungssystem schufen und neue Obst- und Gemüsesorten einführten. Der Weinbau wurde von den Arabern geduldet. In der Folge wurde zwar nicht mehr Wein erzeugt als zuvor, die Rebflächen jedoch – vor allem jene, aus denen zur Trocknung bestimmte Trauben wie Zibibbo (eine Art Muskateller) stammten – weiteten sich aus.

Mit der Eroberung durch die Normannen kehrte Sizilien zum Christentum und zum Feudalsystem zurück. Unter den Staufern – vor allem unter Friedrich II. – florierte der Weinbau, die Häuser Anjou und Aragon hingegen beuteten die Insel wirtschaftlich unbarmherzig aus und überließen sie der Gier der Feudalherren. Die Spanier blieben bis 1713 in Sizilien. Nach einem kurzen Zwischenspiel unter piemontesischer und österreichischer Herrschaft fiel Sizilien an die Bourbonen und wurde in der ersten Hälfte des 19. Jahrhunderts Teil des Königreichs beider Sizilien. Die Bourbonen förderten Acker- und Weinbau, 1860 wurden sie von Garibaldi gestürzt, und Sizilien wurde Teil des jungen Königreichs Italien.

Boden, Klima und Anbaumethoden

Sizilien, nur durch die Straße von Messina von Italien getrennt, ist die größte Mittelmeerinsel. Die Region umfasst auch die Egadischen, Liparischen und Pelagischen Inseln sowie Ustica und Pantelleria. Sizilien hat über 1400 Kilometer Küste, fast ein Viertel des Landes ist gebirgig, über 60 Prozent sind Hügelland, die restlichen 14 Prozent Flachland. Hohe Berge befinden sich vorwiegend im Nordosten der Insel, der höchste Gipfel liegt im Ätna-Massiv. Der Apennin setzt sich über die Meerenge nach Sizilien fort und bildet hier die drei Gebirgsketten Monti Peloritani, Monti Nebrodi und Madonie. Südlich des Ätna erstrecken sich entlang der Küste und bei Catania landeinwärts Ebenen. Sizilien hat Mittelmeerklima – an den Küsten heiß und ziemlich trocken, gemäßigt und feucht im meist höher

Der Pretoria-Brunnen in Palermo. Die Stadt gründeten die Punier, später wurde Sizilien die erste römische Provinz.

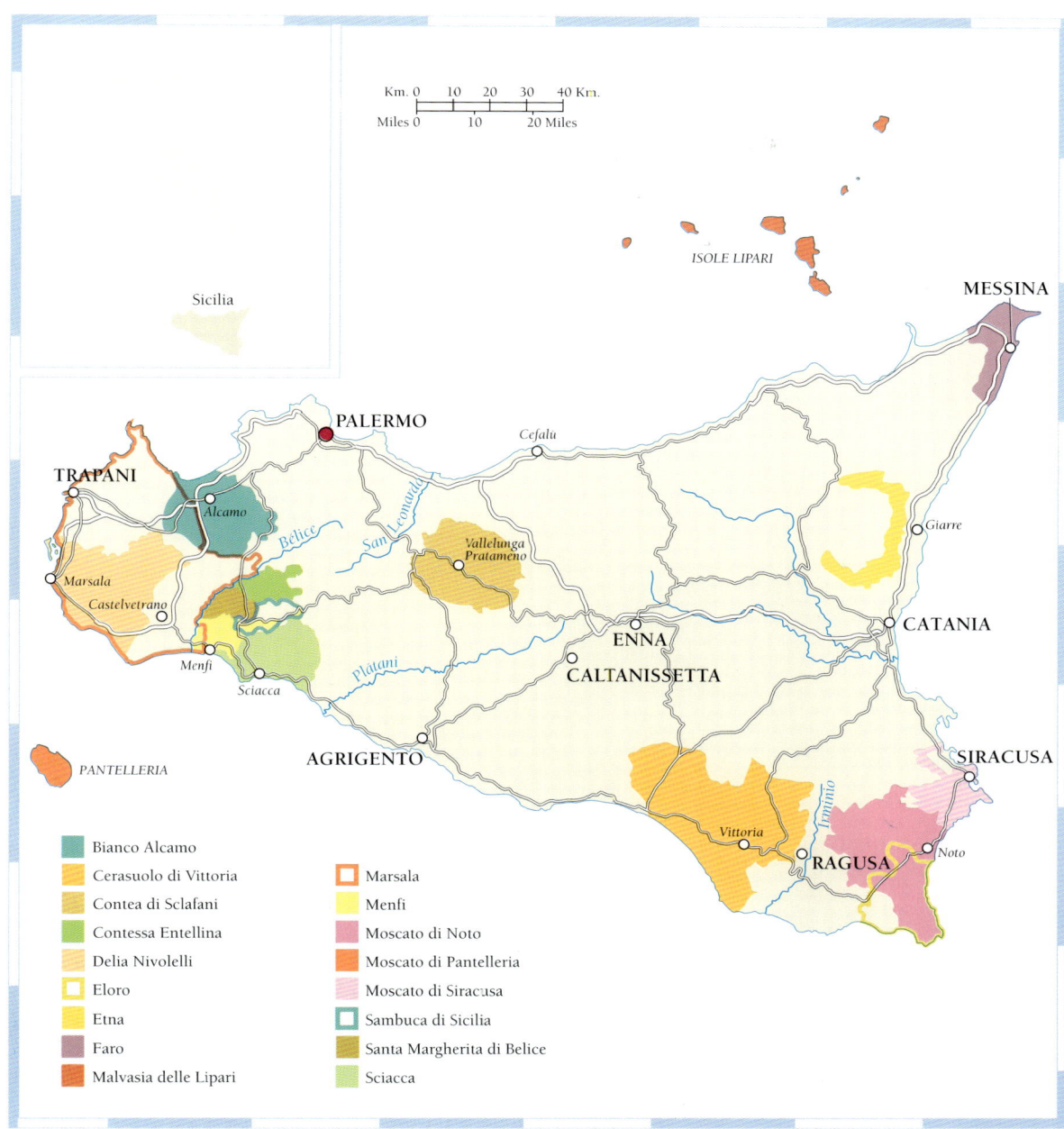

Km. 0   10   20   30   40 Km.
Miles 0   10   20 Miles

Sicilia

ISOLE LIPARI

MESSINA

PALERMO

Cefalù

TRAPANI

Alcamo

*Vallelunga
Pratameno*

Giarre

Marsala
Castelvetrano

CATANIA

Menfi
Sciacca

ENNA
CALTANISSETTA

PANTELLERIA

AGRIGENTO

SIRACUSA

Vittoria

Noto

RAGUSA

- Bianco Alcamo
- Cerasuolo di Vittoria
- Contea di Sclafani
- Contessa Entellina
- Delia Nivolelli
- Eloro
- Etna
- Faro
- Malvasia delle Lipari
- Marsala
- Menfi
- Moscato di Noto
- Moscato di Pantelleria
- Moscato di Siracusa
- Sambuca di Sicilia
- Santa Margherita di Belice
- Sciacca

gelegenen Inselinneren. Das eher trockene Klima rührt nicht nur von den kräftigen warmen Winden, sondern auch von den massiven Abholzungen früherer Zeiten her; verschärft wird die Lage noch durch extrem geringe Niederschläge (außer im Ätna-Gebiet).

Weinbau kennt man in Sizilien seit über 4000 Jahren, wie archäologische Funde von Weinfässern und -bechern belegen. In der Antike zählten Siziliens Weine zu den berühmtesten der Welt; im 20. Jahrhundert hingegen wandte sich der Weinbau hohen Erträgen und der Produktion von Tafeltrauben zu. Seit einigen Jahren besinnt man sich jedoch wieder auf Qualität. Zum Glück sind über 40 Pro-

zent der Rebflächen immer noch nach dem *alberello*-System bepflanzt, das schon bei den Griechen für hohe Qualität bürgte. Die in Hinblick auf die Erzeugung von Verschnittwein angelegten weiten Systeme und bewässerten Weingärten sind heute im Rückgang begriffen.

Weine und Weinerzeugung

In seiner «Italienischen Reise» rühmte Goethe Sizilien als das Land, in dem alles seinen Ursprung hat – und meinte damit nicht nur die alte Kultur der Insel, sondern auch ihre Weinbautradition. Sizilien ist in der Tat eine der ältesten und mit 10 Millionen Hektolitern im Jahr (davon nur zwei

Fischerboote im Hafen von Siracusa (Syrakus), einer der vielen von den Griechen vor 3000 Jahren gegründeten Hafenstädte.

Prozent DOC-Weine) eine der produktivsten italienischen Weinbauregionen. Leider muss man sagen, dass Siziliens Weine ebenso wie ein Gutteil der übrigen süditalienischen Weine bis zu einem gewissen Grad anonyme Massen- und Tankware sind. Dennoch gelang es einigen Betrieben, die seit Jahren keine DOC-Weine erzeugen, sich einen Namen zu machen. Ein Musterbeispiel ist die Marke Corvo der Firma Duca di Salaparuta, die Trauben der verschiedensten Gebiete aufkauft und daraus nach standardisierten Methoden Wein erzeugt. Wären Anbau- und Kellereimethoden mehr auf die Erzeugung von Qualitätsweinen ausgerichtet – geringere Hektarerträge, niedrig erzogene Reben im *alberello*-System, modernere Vinifizierungsmethoden –, so brächte Sizilien fraglos wahre Prachtge-

wächse hervor, die den Vergleich mit den Weinen Kaliforniens und Australiens nicht zu scheuen bräuchten.

Siziliens Sonne ist keineswegs eine Belastung für die Reben, sondern sorgt im Gegenteil für vollkommene Ausreifung der Trauben – die Voraussetzung für große Weine. Das wirkt einleuchtend, dennoch ist der durchschnittliche sizilianische Wein weit davon entfernt, sein ungeheures Potenzial auszuschöpfen. Langsam kommen die Dinge jedoch in Bewegung. Neue kleine und mittlere Kellereien entstehen, Winzer aus anderen Regionen Italiens – und nicht nur Italiens – kaufen große Anbauflächen und bringen ihre Erfahrung ins Land. Diese Zeichen weisen eindeutig darauf hin, dass Sizilien in Zukunft qualitativ hochwertige Weine hervorbringen wird.

Die wichtigsten Weinbaugebiete

In der Provinz Messina im Osten Siziliens wird aus Nerello Mascalese und Nerello Cappuccio der rote Faro erzeugt – leider nur in wenigen Kellereien und in winzigen Mengen. Die Trauben wachsen an den Osthängen des Peloritani-Gebirges im Gebiet zwischen Messina und Taormina.

Von der Insel Salina, einer der größten der Liparischen oder Äolischen Inseln, kommt Malvasia delle Lipari. Auch dieser köstlich süße, aromatische Weißwein wird nur in kleinsten Mengen erzeugt, *naturale* oder *passita* mit dem unverwechselbaren Duft nach getrockneten Aprikosen.

Die Weinberge des großen Ätna-Gebiets in der Provinz Catania liegen bis zu 1000 Meter über dem Meer; die Böden sind reich an Vulkanasche und Kalium. Etna Bianco wird aus Carricante und Catarratto gekeltert, Etna Rosso vorwiegend aus Nerello Mascalese. Der Bianco darf bei einem Alkoholgehalt von mindestens 12 Prozent als Superiore bezeichnet werden, der Rosso ist komplex, elegant und hat ungewohnte, blumige Aromen.

Aus den südlich davon liegenden Gebieten Siracusa und Ragusa stammen der seltene, süße Moscato di Siracusa und Moscato di Noto, die außerhalb dieser Gegend kaum erhältlich sind, außerdem Eloro in verschiedenen Versionen: Eloro Pachino etwa ist ein explosiver, dichter, körperreicher Rotwein aus Nero d'Avola, der in *alberello*-Form im Gebiet von Pachino südlich von Noto angebaut wird. Dieser Teil Siziliens wird in naher Zukunft zweifellos viele große Weine hervorbringen.

Der repräsentativste DOC-Wein aus dem Südosten Siziliens ist gegenwärtig der Cerasuolo di Vittoria aus Frappato und etwas Nero d'Avola, der hier Calabrese heißt – ein milder, abgerundeter, oft sehr alkoholstarker Wein, der vorzüglich zu den Fleischgerichten der Region passt.

An der Südküste findet man zwar viele Weingärten, aber keinerlei DOC-Weine. Die einzigen DOC-Gebiete westlich von Agrigento sind Menfi, Sambuca di Sicilia und Santa Margherita di Belice, auf ihren Rebflächen dominieren bei den weißen Rebsorten Grecanico, Catarratto und Inzolia, bei den roten Nero d'Avola und Perricone. Für spannende Ergebnisse sorgen in diesen Gebieten bislang unübliche Weine aus neu angepflanzten Sorten wie Chardonnay, Merlot, Cabernet Sauvignon und Syrah. Treibende Kraft hinter diesem Vorhaben ist die Großgenossenschaft Settesoli, die allein so viel erzeugt wie die ganze Basilicata, und das in exzellenter Qualität.

Zwischen diesen Gebieten und der Provinz Palermo wurden zwei interessante neue DOCs eingerichtet: Con-

tessa Entellina und Contea di Sclàfani. Von hier stammt die Produktion zweier wichtiger Kellereien, Tenuta di Donnafugata und Regaleali, das Weingut der Grafen Tasca d'Almerita. Beide Betriebe erzeugen neben traditionellen Gewächsen aus Ansonica/Inzolia und Grecanico auch sehr innovative internationale Weine aus Cabernet, Merlot, Syrah, Pinot Nero oder Chardonnay, die ihren Erzeugern neben finanziellem Erfolg auch ein hohes internationales Ansehen eingebracht haben.

Die Insel Pantelleria – auf halbem Weg zwischen Siziliens Südküste und Tunesien gelegen – ist die Heimat eines der besten Süßweine Italiens, des Moscato di Pantelleria. Er wird aus niedrig und aufwändig erzogenem Zibibbo hergestellt. Der Passito mit seiner hoch konzentrierten, aromatischen Süße eignet sich vorzüglich als Ergänzung zu Marzipan und Mandelgebäck.

Aus der an der Provinzgrenze zwischen Palermo und Trapani gelegenen DOC Alcamo kommt der fast ausschließlich aus Catarratto bestehende Bianco d'Alcamo. Der legendäre Marsala schließlich wurde in den letzten Jahren eher stiefmütterlich behandelt; aus der Weinbautradition Siziliens ist er jedoch nicht wegzudenken.

Zitrushaine in den Monti Iblei. Optimisten prophezeien der Provinz Siracusa einen Boom bei den Qualitätsweinen.

Der Nordosten Siziliens

Anfang des 20. Jahrhunderts kam aus der Gegend um Messina und den Ätna noch ein großer Teil der Weinproduktion Siziliens. Dann stürzte jedoch die Reblauskatastrophe das Gebiet in eine Krise, von der es sich nie mehr erholte, und immer mehr Weinberge wurden aufgegeben. Die DOCs dieser Gegend, Faro und Etna, spiegeln denn auch eher die vergangene Größe als die gegenwärtige Weinerzeugung wider. Allerdings gibt es Anzeichen für einen neuen Aufschwung: In beiden Anbaugebieten erzeugen heute talentierte Winzer Weine von großer Eleganz, von denen man vor zehn Jahren nicht einmal zu träumen gewagt hätte

Faro – «Leuchtturm» – ist nach dem Leuchtturm von Capo Peloro benannt, der den Schiffen einst den Weg in den Hafen von Messina wies. Das Gebiet erstreckt sich vom Leuchtturm bis zum Südende der Meerenge am Fuß des Monte Poverello. Hier zogen schon Mykener und Phönizier Reben in niedriger *alberello*-Form. Bei den Römern hieß der hiesige Rotwein Mamertiner, Julius Cäsar schätzte ihn zu feierlichen Anlässen. Ende des 19. Jahrhunderts gab es um Messina 40000 Hektar Weinberge, die Reblauskatastrophe führte jedoch zu einer drastischen Verringe-

rung der Rebflächen: 1985 waren es in der ganzen Provinz nur noch knapp 5400 Hektar. In den letzten Jahren wurde Faro allerdings neu entdeckt. Der Wein aus Nerello Mascalese, Nocera und Nerello Cappuccio mit Zusätzen von Calabrese (Nero d'Avola) und Gaglioppo weist große Finesse und Tiefe auf.

Ähnlich verhält es sich mit dem Weinbaugebiet um den Ätna in der südlich davon gelegenen Provinz Catania: Seine Blütezeit erlebte es Ende des 19. Jahrhunderts, als Frankreichs Weingärten von der Reblaus verwüstet worden waren und das Land Wein aus Italien importieren musste. Das Ätna-Gebiet wurde zu einem einzigen riesigen Weinberg; man baute eine eigene Eisenbahn, um die Trauben raschestmöglich in die Kellereien zu verfrachten. Einer der (heute stillgelegten) Häfen nördlich von Catania diente ausschließlich dem Export von Wein in alle Welt. Anfang des 20. Jahrhunderts jedoch fiel die Produktion von über 800000 Hektolitern auch hier auf ein jämmerliches Niveau. Vulkanische Tätigkeit ist ebenfalls ein Problem, allerdings findet man an den Hängen des Ätna heute noch Weinberge in bis zu 800 Meter Höhe. Wasserdurchlässige vulkanische Böden und starke Temperaturschwankungen zwischen Tag und Nacht sorgen für ausgezeichnete Weine. Etna Rosso und Rosato werden aus Nerello Mascalese (mindestens 80 Prozent) und Nerello Cappuccio gekeltert, Etna Bianco, ein Verschnitt der heimischen Carricante mit Catarratto und geringen Zusätzen anderer Sorten, ist ein gut strukturierter Wein mit ausgeprägtem Säurespiel und gutem Alterungspotenzial. Das gilt besonders für den fast völlig aus Carricante bestehenden Superiore. Versuche, heimische Trauben mit Chardonnay und Cabernet Sauvignon zu verschneiden, führten zu ausgezeichneten Ergebnissen.

Von den nordwestlich von Messina gelegenen Liparischen (Äolischen) Inseln stammt der Malvasia delle Lipari, einer der attraktivsten Süßweine des Mittelmeerraums, ein eleganter, intensiver Passito aus Malvasia delle Lipari und etwas Corinto Nero. Die überreifen Trauben trocknen zwei Wochen in der Sonne und werden mehrere Monate in kleinen Fässern vergoren. Vor der Abfüllung reift der Wein etwa ein Jahr lang. Gesetzlich vorgesehen ist auch ein gespriteter Liquoroso, der aber kaum mehr erzeugt wird. Malvasia delle Lipari ist ungemein konzentriert und duftet köstlich nach Aprikosenkonfitüre, getrockneten Feigen und anderen mediterranen Aromen. Er ist extrem süß und passt vorzüglich zum reifen, würzigen Käse dieser Region sowie zu sizilianischen Süßspeisen.

Überreste eines antiken Theaters vor der großartigen Kulisse des Ätna.

Wichtige Erzeuger

Colosi, Messina Historisches Gut mit sieben Hektar Weinbergen in Malfa auf der Insel Salina. Malvasia delle Lipari (Naturale und Passito), auch interessanter Passito di Pantelleria, den Pietro Colosi auf der Insel Pantelleria erzeugt.

Palari, Messina Salvatore Geraci machte Faro wieder zu einem der großen Weine Italiens. Das Gut in Palari zwischen Messina und Taormina erzeugt vorbildlichen Faro in limitierter Auflage – wuchtigen, kräftigen, konzentrierten Rotwein mit einer Fülle milder Tannine und beeindruckend langem Abgang.

Hauner, Salina (ME) Dem aus Mailand stammenden Carlo Hauner ist der große Erfolg zu verdanken, der dem Malvasia delle Lipari in den letzten zwanzig Jahren zuteil wurde. Heute führen seine Kinder Gjona, Ida, Alda und Carlo junior das Werk des verstorbenen Meisters in bewundernswerter Weise mit derselben Leidenschaft und Begeisterung fort, mit der sich ihr Vater seinerzeit diesem Weinklassiker widmete. Sie erzeugen Malvasia delle Lipari in zwei Versionen, als Naturale und als Passito. Letzterer ist mit seinen konzentrierten aromatischen Noten, seiner öligen Süße und perfekten Ausgewogenheit ganz einfach unwiderstehlich.

Benanti, Viagrande (CT) Salvatore Benanti hat sich mit Liebe und Leidenschaft der Rettung einiger der großartigen Weinberge an den Hängen des Ätna verschrieben, die allzulang völlig vernachlässigt brachlagen. Sein Einsatz hat sich gelohnt und trägt heute reiche Frucht – in Form einiger großer Rotweine wie Etna Rosso Rovitello, Etna Bianco Superiore und Pietra Marina sowie einer Hand voll Cuvées aus traditionellen und internationalen Rebsorten. Dazu gehören der Lamoremio – ein Verschnitt aus Cabernet Sauvignon, Nero d'Avola und Nerello Mascalese – und Edelmio, der aus Chardonnay und Carricante besteht.

Die vulkanischen Böden des Ätna sind eine gute Grundlage für exzellente Weine, viele davon aus heimischen Rebsorten.

Marsala

Anlage zur Gewinnung von Meersalz bei Trapani. Westsizilien ist die Heimat des süßen, in England «erfundenen» Marsala.

Ohne den Spanischen Erbfolgekrieg im 18. Jahrhundert gäbe es heute wahrscheinlich weder Marsala noch Portwein oder Sherry. Denn diese drei Weine verdanken ihre Entstehung der Rivalität zwischen England und Frankreich und insbesondere den Streitigkeiten um ihre jeweilige Stellung im damaligen Europa.

Bis zu diesem Zeitpunkt versorgten sich englische Weinhändler fast ausschließlich auf dem französischen Markt – in erster Linie mit Bordeaux. Als sich die Beziehungen zwischen den beiden Ländern jedoch im Spanischen Erbfolgekrieg gravierend zu verschlechtern begannen, wurde der Import französischer Weine nach Großbritannien verboten, und die Untertanen von Queen Anne mussten mit Whisky oder Gin vorlieb nehmen – Letzterer wurde vor allem in eleganteren Kreisen Mode. Eine Lösung des Problems brachten erst Importe aus Weinbaugebieten außerhalb Frankreichs – zuerst Portwein aus Portugal, dann andalusischer Sherry und Mitte des 18. Jahrhunderts schließlich Marsala aus Sizilien.

Der damalige Marsala war ein rustikaler Wein mit hohem Alkoholgehalt, der vorwiegend aus drei typischen sizilianischen Rebsorten gekeltert wurde: Grillo, Catarratto und Inzolia. Er schmeckte stark und leicht salzig, ähnlich extrem trockenem Sherry. Blieb noch das Transportproblem: Von der sizilianischen Heimat des Marsala zu den englischen Häfen war es eine beschwerliche Reise, die bis zu zwei Monate dauern konnte. Nach den damaligen Kellertechniken erzeugter Wein war zu instabil und wäre auf dem Transport verdorben. Dieses Problem wurde auf dieselbe Weise gelöst wie beim spanischen und portugiesischen Wein: durch Aufspritung mit Weingeist. Ein Weinklassiker war entstanden – und brachte den Engländern Woodhouse und Ingham ein Vermögen ein. Die Entwicklung des englischen Marktes spornte – wenn auch erst nach einiger Zeit – auch Erzeuger wie Florio und Pellegrino zur Erzeugung dieser Art Marsala an.

Heute wird Marsala zwar vielleicht nicht mehr so geschätzt wie noch vor einer Generation, als er als Inbegriff eines Dessertweins galt. Die Erzeugung ging in den vergangenen Jahren zurück, die Qualität allerdings stieg – manche Marsalas sind heute besser als je zuvor. 1969 erhielt er die DOC, in der die einzelnen Stile festgelegt wurden. Marsala Fine und Superiore wird nach traditioneller Manier Weingeist zugesetzt; am angesehensten ist jedoch der ungesüßte Vergine, der nach zehn Jahren in der Solera das Etikett *stravecchio* (sehr alt) tragen darf. Dieser trockene, bernsteinfarbene Wein mit intensivem Geschmack ist ein vorzüglicher Begleiter zu süßen Naschereien wie *marrons glacés* und sizilianischem Marzipan. Köstlich macht er sich auch mit Schokoladetorte.

Wichtige Erzeuger

Alvis-Rallo, Marsala (TP) Diese alte, traditionelle Kellerei erzeugt gute Tafel- und *meditazione*-Weine. Die besten Produkte ihres Sortiments sind der Passito di Pantelleria Mare d'Ambra, der Nero d'Avola und der Marsala Superiore Ambra Semisecco.

Marco De Bartoli, Marsala (TP) Einer der führenden Weinerzeuger Siziliens und Pionier der hiesigen Weinrenaissance. Sein Marsala Vergine und besonders der Vecchio Samperi – beides im *solera*-System gereifte, ungespritete *meditazione*-Weine aus Marsala – setzten Maßstäbe. Faszinierend der wuchtige Moscato Passito di Pantelleria Buk-kuram und der Moscato Secco Pietranera. Auch sonst hervorragende Weine.

Tenuta di Donna Fugata, Marsala (TP) Familie Rallo erzeugt einige herausragende Weine. Glanzstücke aus der breiten Palette von Weinen dieser beeindruckenden Kellerei sind Chiarandà del Merlo, ein eleganter, aristokratischer barriquegereifter Chardonnay, und ein vorwiegend aus Nero d'Avola gekelterter Rotwein mit dem poetischen Namen Milleunanotte («1001 Nacht»), wohl einer der größten Weine Siziliens der letzten Jahre.

Vinicola Italiana Florio, Marsala (TP) Dass Marsala den Niedergang der Likörweine in den letzten Jahren überlebte, ist sicher in hohem Maß dieser historischen Kellerei zu verdanken, die erfolgreich ihr hohes Qualitätsniveau hielt. Dank alter Reserven und vorzüglicher Vinifizierung zählen ihr Marsala Superiore Vecchioflorio Riserva Millesimato, der Marsala Vergine Soleras Oro sowie der Marsala Superiore Targa Riserva zu den besten Interpretationen dieses Weins.

Carlo Pellegrino, Marsala (TP) Diese traditionsreiche Kellerei im Marsala-Gebiet erzeugt nicht nur den berühmten Likörwein (ihr Marsala Vergine Vintage ist ein Gedicht), sondern hat ihr Angebot um zahlreiche andere Weine der DOCs Etna, Delia Nivolelli und Passito di Pantelleria erweitert.

Weinberge am Fuß des Monte Inici bei Castellamare del Golfo. Marsala wird aus Catarratto, Grillo und Inzolia gemacht.

Westsizilien

Zitadelle bei Erice. Weniger bekannte Rebsorten ergeben im heißen Klima Westsiziliens konzentrierte Weine.

Westsizilien hat mehr als nur Malvasia zu bieten. Die Provinzen Trapani und Palermo stellen den Großteil von Siziliens Weinerzeugung und liefern – rechnet man angesehene Kellereien wie Tasca d'Almerita, die außerhalb dieses Gebiets, aber in seinem Einflussbereich liegen, dazu – 80 Prozent der Qualitätsweine der Insel. Am produktivsten sind die Gebiete Trapani, Contessa Intellina und der West- und Mittelteil der Provinz Palermo.

Die bedeutendsten weißen Rebsorten sind Catarratto, Inzolia und Grillo (um Marsala) sowie Damaschino, bei den roten dominieren Pignatello und Nero d'Avola. Die wichtigsten DOCs sind Marsala und Alcamo (oder Bianco d'Alcamo). Gruppo Italiano Vini hat sich in die wichtigste Kellerei des Gebiets, Rapitalà, eingekauft und den Vertrieb übernommen, was zu beachtlichen Qualitätssteigerungen führte. Viele Kellereien erzeugen Tafelwein, das erst kürzlich eingeführte DOC-System findet erst nach und nach Beachtung. Die DOC Contea di Sclàfani etwa umfasst einen großen Teil des Gebiets zwischen Palermo, Agrigento und Caltanissetta. Neben dem Rosso aus Nero d'Avola und Perricone, dem Rosé aus Nerello Mascalese und dem Bianco aus Catarratto, Inzolia und Grecanico bringt die DOC eine Reihe reinsortiger internationaler Weine wie Chardonnay, Sauvignon, Cabernet, Pinot Nero, Syrah und Merlot sowie traditionellere wie Nerello Mascalese und Nero d'Avola hervor. Hier liegt auch Tasca d'Almerita.

Die DOC Contessa Entellina südlich von Palermo weist zwölf Weine auf. Zu den Weißen zählen Sauvignon und Chardonnay, zu den Roten eine Cuvée aus Calabrese und Syrah sowie Cabernet, Merlot und Pinot Nero, die bei einem anderen wichtigen Erzeuger, der Tenuta di Donna Fugata, eine bedeutende Rolle spielen. Die DOC Delia Nivolelli in der Provinz Trapani ist ebenfalls auf reinsortige Weine spezialisiert, findet aber wenig Beachtung.

An der Provinzgrenze zwischen Trapani und Agrigento liegt die DOC Menfi, deren Sortiment fünfzehn Weine umfasst: bei den Weißen den delikaten Inzolia, Chardonnay und Catarratto, dazu große Rote wie Nero d'Avola, Cabernet Sauvignon, Syrah sowie Bonera, in dem sich Cabernet, Merlot, Nero d'Avola, Sangiovese und Syrah ein Stelldichein geben. Die hiesige Genossenschaftskellerei Settesoli di Menfi erzeugt gute Spätlese.

Weitere gute DOCs: Sambuca di Sicilia (Palermo/Agrigento), die Heimat der Kellerei Planeta mit ihrem beachtlichen reinsortigen Chardonnay und Cabernet, sowie die Agrigenter DOCs Sciacca und Santa Margherita di Belice.

Berühmte Weine hat auch Pantelleria zu bieten. Die Araber nannten die südlich von Sizilien gelegene Insel Ben Ryè – Tochter des Windes. Auf den vulkanischen, den heißen Winden Afrikas ausgesetzten Felsen Wein anzubauen ist Herkulesarbeit. Die Reben ducken sich in Mulden nah an den Boden oder müssen durch Steinmauern gegen Verätzung durch Salzablagerungen geschützt werden. Die Weine allerdings sind einzigartig: Auch hier brilliert Moscato aus in *alberello*-Form erzogenem Zibibbo oder Moscatellone; die getrockneten Trauben ergeben einen goldenen Nektar, der nach der Sonne des Südens, konzentrierten Fruchtaromen und wilden mediterranen Kräutern schmeckt. Nur ein paar hundert Hektoliter werden von diesem Wein erzeugt, der sicher zu den Besten Italiens zählt. Dem Moscato di Pantelleria Naturale werden leicht getrocknete Trauben beigegeben, der selteneren gespriteten Version Weingeist, um ihren Alkoholgehalt auf 21,5 Prozent zu heben. Passito di Pantelleria besteht so gut wie ausschließlich aus getrockneten Trauben.

Wichtige Erzeuger

Melia, Alcamo (TP) Die Brüder Antonino, Giuseppe und Vincenzo Melia erzeugen exzellenten, viel versprechenden Rotwein. Der vollmundige Ceuso, eine in neuer Eiche gereifte Cuvée aus Nero d'Avola, Merlot und Cabernet Sauvignon, hat Tiefe und Komplexität.

Abbazia Sant'Anastasia, Castelbuono (PA) Vor der Gründung dieser Kellerei war die Gegend von Cefalù Weinliebhabern praktisch unbekannt. Zusammen mit dem Önologen Giacomo Tachis erzeugt man hier aus Cabernet Sauvignon (90 Prozent) und Nero d'Avola die besten Roten Süditaliens; auch ihre übrigen Weine sind erlesen.

Duca di Salaparuta – Vini Corvo, Casteldaccia (PA) Siziliens Weingigant, weltweit wohl eine der bekanntesten italienischen Marken. Schwerpunkt des breit gefächerten Angebots sind der vorzügliche Corvo Bianco und Corvo Rosso: fruchtig, gut gemacht, ausgezeichnetes Preis-Leistungs-Verhältnis. Topweine dieses Betriebs sind Nero d'Avola, Duca Entico und Bianco di Valguarnera.

Fazio Wines, Erice (TP) Die Brüder Fazio retteten Trapani als Weinbaugebiet aus der Vergessenheit. Sie erzielten mit beachtlichen Weinen internationale Erfolge. 600 Hektar Rebflächen, ausgezeichnete Rote und Weiße; am besten ist ihr Cabernet Sauvignon.

Settesoli, Menfi (AG) Riesiges Weingut (9000 Hektar); einige seiner Weine sind in Sizilien von Qualität und Quantität her unerreicht. Zu seinen Besten zählen der charakterstarke Nero d'Avola und eine höchst erfolgreiche Cuvée aus Nero d'Avola und Cabernet.

Firriato, Paceco (TP) In einem Gebiet ohne besondere Weinbautradition schufen die Brüder Di Gaetano und der australische Weinerzeuger und Master of Wine Kim Mylne eine der dynamischsten Kellereien Siziliens. Ihr breites Weinsortiment besticht durch ein sagenhaftes Preis-Leistungs-Verhältnis; herausragend die beiden Santagostinos: der Bianco aus Catarratto und Chardonnay und der Rosso aus Nero d'Avola und Syrah.

Aziende Vinicole Miceli, Palermo Der kürzlich verstorbene Ignazio Miceli war eine Schlüsselfigur und einer der «Erfolgsmanager» des sizilianischen Weins. Die Kellerei erzeugt unter seinem Namen weiterhin interessante Weine wie Zibibbo Vivace Garighe, Nero d'Avola, Passito di Pantelleria Janir und den aromatischen Zibibbo Secco Yrnm.

Spadafora, Palermo Franco Spadafora und sein Weinberater Luca D'Attoma schufen eines der interessantesten Weingüter Westsiziliens. Die Trauben für ihre Weine – internationale und traditionelle Sorten – stammen aus den eigenen 100 Hektar Weingärten. Wir waren sehr beeindruckt von ihrem Don Pietro Rosso und Vigna Virzì Rosso.

Salvatore Murana, Pantelleria (TP) Der Feuerwehrmann und Winzer Salvatore Murana gilt einhellig als einer der besten Interpreten der Weine von Pantelleria. Seine Moscato Passito aus den Gebieten Mueggen, Kamma und Martingana haben die unwiderstehliche Faszination der großen, traditionellen Süßweine des Mittelmeerraums.

D'Ancona, Pantelleria (TP) Giacomo D'Ancona geriet vor kurzem mit seinem ausgezeichneten Passito di Pantelleria Solidea ins Rampenlicht. Er erzeugt außerdem noch faszinierenden Moscato di Pantelleria und sehr duftigen trockenen Zibibbo.

Planeta, Sambuca di Sicilia (AG) Eines der eindrucksvollsten Phänomene der italienischen Weinszene. In nur vier Jahren erlangte diese Kellerei einen ausgezeichneten Ruf. Zusammen mit dem Önologen Carlo Corino erzeugen die Cousins Alessio, Francesco und Santi Planeta international bejubelte Weine.

Ihr Chardonnay ist einer der Besten, die Italien je hervorbrachte; Santa Cecilia, eine gelungene Cuvée aus Nero d'Avola, Cabernet Sauvignon und Merlot, ist ebenfalls herausragend.

Cantina Sociale di Trapani, Trapani Genossenschaftskellerei mit 120 Mitgliedern und erstklassigem Management. Die schönen Weinberge liegen über die Gebiete Trapani, Erice, Kinisia, Rocca del Giglio und Val d'Erice verstreut und sind mit traditionellen Rebsorten und internationalen Favoriten – Chardonnay und Sauvignon – bepflanzt. Sie erbringen den großartigen Forti Terre di Sicilia Cabernet Sauvignon und den beachtlichen Forti Terre di Sicilia Rosso; Forti Terre di Sicilia Bianco vervollständigt das Sortiment.

Graf Tasca d'Almerita hinterließ ein prachtvolles Weingut; seine Nachfolge anzutreten ist für Sohn Lucio eine Herausforderung.

Tasca d'Almerita, Valle Lunga Pratameno (CL) Familie Tasca d'Almerita errichtete auf ihrem wunderbaren, mitten in Sizilien gelegenen Gut eine der bedeutendsten Kellereien Italiens. Ideales Klima und sehr moderne Anbau- und Kellereimethoden sorgen für die Erfolge, den Tasca d'Almerita bei der Erzeugung einer Reihe großartiger Weine verbuchen kann. Neben ihrer Hauptlinie Regaleali erzeugt die Kellerei auch noch eine Reihe international erfolgreicher Sortenweine wie Cabernet Sauvignon und Chardonnay.

Der Südosten Siziliens

Ragusa im Südosten Siziliens. In der Umgebung dieser Stadt werden vorwiegend Verschnittweine erzeugt.

Eine der viel versprechendsten Weinbauregionen Siziliens ist der Südosten der Insel. Er umfasst Teile der Provinzen Siracusa, Ragusa und Caltanisetta. Die DOC-Weinerzeugung ist gegenwärtig nicht sehr vielfältig. Siracusas berühmter Moscato erfreut sich seit dem wieder erwachten Interesse an Süßweinen wieder wachsender Beliebtheit. Diese in niedriger *alberello*-Form erzogenen Reben baut man auch in der Nachbar-DOC von Moscato di Siracusa, Moscato di Noto, rund um die Stadt Noto an. Die Weingesetze sehen theoretisch auch schäumenden und gespriteten Moscato vor, der bislang aber lediglich auf dem Papier existiert.

Der wichtigste DOC-Wein dieser Region ist wohl Cerasuolo di Vittoria – benannt nach der kirschroten Farbe des jungen, fruchtigen Weins. Das Kirscharoma verleiht ihm die Frappato, die mit Calabrese (Nero d'Avola) verschnitten wird. Die traditionelle Version ist leicht trinkbar, von mittelkräftiger Struktur und nicht zum Altern bestimmt. Fortschrittlichere Kellereien allerdings erzeugen aus Trauben von Niedrigertragslagen aristokratischere Spielarten mit mehr Tiefe und Konzentration und folglich viel besserem Alterungspotenzial.

Der Südosen Siziliens war immer ein wichtiges Weinbaugebiet. Auf seinen guten Lagen gedeihen rote Rebsor-

ten – vor allem Nero d'Avola – und ergeben sehr elegante, konzentrierte Weine, besonders wenn sie in *alberello*-Form erzogen wurden. Viele Kellereien dieses Gebiets haben große Summen in Forschung und Entwicklung investiert. Neben Nero d'Avola sorgen auch Frappato und Pignatello für spannende Resultate, vor allem im Gebiet von Pachino. Für das DOC-Gebiet Eloro an der Provinzgrenze zwischen Siracusa

und Ragusa sind eine rote Cuvée, ein Rosé sowie drei reinsortige Weine, nämlich Nero d'Avola, Frappato und Pignatello, zugelassen. Zusätzlich zu diesen Weinen kann im Teilgebiet Pachino auch eine Pachino Riserva erzeugt werden.

Die Zukunft des sizilianischen Weinbaus liegt vielleicht weniger in seinen übrigen Anbaugebieten als vielmehr in den Weinbergen des Südostens.

Mit diesen Herren ist nicht zu spaßen: das imposante Duo Giambattista Cilia (links) und Giusto Occhipinti von COS.

Wichtige Erzeuger

Cantine Torrevecchia, Acate (RG) Die Kellerei im Besitz der Familie Favuzza ist einer der erfolgreichsten Weinbaubetriebe Siziliens. Ihr Aushängeschild, der Rosso Casale dei Biscari, wird aus Nero-d'Avola-Trauben gemacht. Ebenfalls ausgezeichnet ist der Bianco Biscari aus Inzolia und Chardonnay, und auch ihr Syrah macht einen äußerst vielversprechenden Eindruck.

Valle d'Acate, Acate (RG) Gaetana Jacono ist eine junge Winzerin aus Leidenschaft, die keine Mühen scheute, um die Weine aus Vittoria wieder nach oben zu bringen. Ihr Cerasuolo DOC ist hervorragend, desgleichen ihr reinsortiger Frappato. Auch das übrige Sortiment ist interessant.

Avide, Comiso (RG) Aus dieser Kellerei stammen mehrere ausgezeichnete Versionen von Cerasuolo di Vittoria wie

etwa Barocco und Selezione Etichetta Nera. Daneben erzeugt man hier auch gute Weißweine wie Vigne d'Oro aus Inzolia-Trauben.

Cooperativa Interprovinciale Elorina, Rosolini (SR) Diese junge Genossenschaftskellerei erzeugt eine Reihe von Eloro-DOC-Weinen. Unter ihren gut gemachten, zuverlässigen Rotweinen ist der Rosso Pachino besonders vielversprechend – bei etwas mehr Sorgfalt

kann er mit Top-Syrahs aus dem Rhônetal oder Barossa Valley konkurrieren.

COS, Vittoria (RG) Diese Kellerei brachte in jüngster Zeit einige der interessantesten Weine Südostsiziliens hervor. Die Selektionen Cerasuolo di Vittoria Sciri und Vigne di Bastonaca sowie der Rosso Le Vigne di Cos, der aus Inzolia-Trauben gekelterte Bianco Ramingallo und der Moscato Dolce Aestas Siciliae sind hervorragend.

Glossar

ABBOCCATO Halbtrockener Wein mit etwas Restzucker.

ACERBO [SAUER] Noch nicht ausgereifter Wein mit unangenehm hohem Säuregehalt.

ACIDULO Leicht säurehaltig.

ACINO [TRAUBE] Traube auf dem Rebstock.

ADSTRINGIEREND Zu tannin- und säurehaltiger Wein mit rauer Textur, trocknet den Mund aus.

ALBERELLO Für den Mittelmeerraum typisches Reberziehungssystem, das von den alten Griechen stammt: Die Rebstöcke wachsen ohne Stützen oder Draht niedrig und sehr dicht.

ALKOHOL, ÄTHYL- Wichtigstes bei der Gärung des im Most enthaltenen Zuckers entstehendes Produkt.

ALKOHOL, METHYL- Der bei der Gärung der Zellulose und der festen Traubenbestandteile entstehende Alkohol; tritt bei der alkoholischen Gärung des Traubenmosts in geringen Mengen auf. In höheren Konzentrationen giftig.

ALLAPPANTE Harter, rauer, adstringierender Wein mit zuviel Gerbstoff.

AMABILE Lieblich.

AMBRATO [BERNSTEINFARBEN] Farbe vieler Passito- und/oder Liquoroso-Weine (z. B. Passito di Pantelleria, Marsala Superiore), auch oxidierter, altersfirniger Weißweine.

AMPELOGRAFIE Rebsortenkunde.

AMPIO [ÜPPIG] Bezeichnung für besonders reiche, komplexe Weine mit ausgeprägtem Bukett.

ANNATA [JAHRGANG] Jahr der Weinlese. Gleichbedeutend mit *millésime, vintage, colheita, vendange* und *vendemmia*.

ANTHOCYANE Polyphenole, die Farbstoffe von Rotweinen.

ARISTOKRATISCH Fein, elegant, kann aber auch Weine von einzigartiger Qualität bezeichnen, die sich unter ihresgleichen hervortun – die größten Weine, sowohl von ihrer historischen Tradition als auch von ihren sensorischen Merkmalen her.

AROMA Geruchsempfindung in der Nasenhöhle vor und nach dem Schlucken des Weins. Auch Geruchsstoffe im Zusammenhang mit in manchen Rebsorten (Muskateller, Traminer, Brachetto, einige Malvasias, Riesling und Müller-Thurgau) enthaltenen aromatischen Substanzen (vor allem Terpene).

AROMATICO Wein mit deutlich riechbarem Aroma.

ÄTHERISCH Transparent, durchsichtig, sublimiert.

BARRIQUE Kleines Fass aus französischer Eiche (vor allem aus dem Allier, dem Tronçais, dem Limousin oder den Vogesen), Fassungsvermögen 225–228 Liter, üblich bei Bordeaux. Je nachdem, wie lange die Fassdauben dem offenen Feuer ausgesetzt werden, ist das Fass mehr oder weniger stark getoastet.

BEVA «Einfach» oder «bereit» – drückt den Grad der Trinkbarkeit eines Weins aus.

BEVERINO Leicht und leicht trinkbar.

BLANC DE BLANCS Weißwein – meist Schaumwein – von ausschließlich weißen Trauben.

BLANC DE NOIRS Weißwein – meist Schaumwein – von ausschließlich roten Trauben.

BOTRITIZZATO [BOTRYTISIERT] Wein aus edelfaulen, von Botrytis cinerea befallenen Trauben.

BRUT Trockener Schaumwein mit nur wenig Versanddosage.

BUKETT Summe aller Düfte, die ein Wein mit dem Alter entwickelt, die so genannten tertiären Gerüche (Lagerbukett).

CALDO [WARM] Wärmegefühl, das ein alkohol- und glycerinreicher Wein hervorruft.

CAPPUCCINA oder **CAPOVOLTO** Form des Guyot-Schnitts mit nach unten gebogenen Streckern, verbreitete Erziehungsform in Toskana und Nordostitalien, vor allem in Friaul.

CARATELLO Kleines Fass, meist aus Kastanienholz, fasst weniger als 200 Liter, für die Reifung des toskanischen Vin Santo.

CARATO Italienische Bezeichung für Barrique.

CASARSA Reberziehungssystem, in den Ebenen Nordostitaliens sehr verbreitet, der Hochkultur ähnlich.

CORDONE SPERONATO [HOHES SPALIER] Rebschnitt für an Drähten erzogene Reben, in Mittel- und Norditalien verbreitet.

CORTO [KURZ] Bezeichnet einen Wein ohne bemerkbaren Abgang und ohne jeden nachhaltigen Geschmackseindruck.

CRU [LAGE] Französischer Begriff für einen einzelnen Weinberg oder einen genau definierten Teil davon in einer bestimmten Zone, meist von überlegener Qualität.

CULTIVAR Spielart einer Rebsorte.

CUVÉE Verschnitt aus Weinen verschiedener Herkunft oder Jahrgänge, meist – aber nicht immer – Grundlage für traditionell erzeugte Schaumweine.

DELICATO [DELIKAT] Wein, der Harmonie, Finesse und Leichtigkeit aufweist.

DOC Denominazione di origine controllata [kontrollierte Ursprungsbezeichnung]. Gilt in Italien derzeit für über 300 Weine, 1963 erstmals verliehen.

DOCG Denominazione di origine controllata e garantita [kontrollierte und garantierte Ursprungsbezeichnung]. Höhere Klassifikation als DOC, gilt derzeit für folgende Weine:
Piemont: Asti, Barbaresco, Barolo, Brachetto d'Acqui, Gattinara, Gavi, Ghemme;
Lombardei: Franciacorta, Valtellina Superiore;
Veneto: Recioto di Soave;
Emilia-Romagna: Albana di Romagna;
Toskana: Brunello di Montalcino, Carmignano, Chianti, Chianti Classico, Vernaccia di San Gimignano, Vino Nobile di Montepulciano;
Umbrien: Sagrantino di Montefalco, Torgiano Rosso Riserva;

«König der Weine – Wein der Könige» – Barolo ist seit dem 19. Jahrhundert bei der Bevölkerung beliebt und wird auch von Experten geschätzt.

Schnitt von Trebbiano-Trauben, einer der häufigsten Rebsorten Italiens; ihre Qualität schwankt je nach Region.

Kampanien: Taurasi;
Sardinien: Vermentino di Gallura.

DORATO [GOLDEN] Typische Farbe von – insbesondere fass-gereiften – Weißweinen mit Körper und Struktur.

DRY Englischer Begriff zur Beschreibung eines – meist schäumen-den – Weins mit höherem Zuckergehalt als ein Brut.

DUFTIG Bezeichnung für ein intensives, feines Bukett. Sehr ange-nehmer, aromatischer Wein.

ELEGANT Ausgewogener, aristokratischer, feingliedriger Wein.

EQUILIBRATO [AUSGEWOGEN] Ein Wein, dessen Hauptbestand-teile miteinander harmonieren.

ESTER Flüchtige Aromastoffe, die während der Gärung bei der Synthese von Säuren und Alkohol entstehen.

FASS Behälter aus Eichen- oder Kastanienholzdauben für Reifung und Alterung von Wein, Fassungsvermögen 500 bis 20 000 Liter.

FECCIOSO [TRÜB] Wein mit viel Bodensatz, nicht klar.

FEIN Elegant duftig und harmonisch im Geschmack.

FILARE In weiten Teilen Mittel- und Norditaliens verbreitetes Reb-erziehungssystem.

FILTRATO DOLCE Most, dessen Gärung durch Beseitigung der Hefen mittels Sterilfiltration unterbrochen wird, wird als «süßes Filtrat» bezeichnet. *Filtrato dolce* aus Muskattrauben ist die Grundlage für Asti.

FIRNIG Sehr alter Wein, der seine Eigenheiten völlig verloren hat.

FRESCO [FRISCH] Bezeichnet beim Bukett fruchtige oder zitro-nige Noten, beim Geschmack eine angenehme, jugendliche Säure.

FRUTTATO [FRUCHTIG] Typisch für junge Weine mit Geruch und Geschmack nach frischem Obst.

GÄRUNG, ALKOHOLISCHE Prozess, bei dem der im Traubenmost enthaltene Zucker unter Einwirkung von Hefe in Alkohol und Kohlendioxid umgewandelt wird.

GÄRUNG, MALOLAKTISCHE Zweite Gärung, die nach der ersten oder alkoholischen Gärung stattfindet. Dabei wird Äpfelsäure unter Einwirkung von Milchsäurebakterien zu Milchsäure abgebaut und somit der Säuregehalt des Weins verringert. Vor allem bei Rotweinen und besonders körperreichen, in Holz ausgebauten Weißweinen üblich.

GENEROSO [ÜPPIG] Mit hohem Alkoholgehalt.

GLYCERIN Entsteht in kleinen Mengen während der Gärung des Traubenmosts.

GOUDRON [TEER] Typischer Bestandteil des Buketts großer, geal-terter Rotweine, besonders im Piemont.

GRANATO [GRANATROT] Typische Farbe großer, gereifter Rot-weine.

GRAPPA Schnaps, der aus Trester (Pressrückständen) destilliert wird und vor allem im Norden Italiens sehr verbreitet ist.

GRASIG Oft typisch für Weine aus Cabernet oder Merlot, auch für junge oder noch nicht ganz reife Weine.

GRASSO [FETT] Extraktreicher Wein; drückt auch die Dichte eines Weins aus.

GUYOT Rebschnitt- und Erziehungsmethode, benannt nach ihrem Erfinder.

HARMONISCH Ein Wein gilt als harmonisch, wenn seine Bestandteile in einem ausgewogenen Verhältnis zueinander stehen.

HEFEN Mikroorganismen, die alkoholische Gärung hervorrufen.

IGT Indicazione geografica tipica [typische geografische Bezeichnung]. Untergruppe der Vini da Tavola, gilt derzeit für etwas mehr als hundert Weine.

INNESTO [VEREDELN] Ein Stück Rebe einer Sorte wird mit Rebstock oder Trieb einer anderen verbunden.

INTENSO [INTENSIV] Bezeichnung für die Farbtiefe, Tiefe der Empfindung beim Bukett sowie für lang anhaltenden Geschmack.

INVAIATURA [FARBUMSCHLAG] Zeitpunkt, zu dem rote Trauben sich zu färben beginnen, meist etwa zwei Monate vor der Lese.

KLON Durch Vermehrung entstandene Nachkommenschaft einer ausgewählten Einzelpflanze.

LEGGERO [LEICHT] Wein mit niedrigem Alkoholgehalt, ausgewogen und angenehm.

LIQUOROSO [LIKÖRWEIN] Von Alkoholgehalt, Struktur und Süße her einem Likör ähnelnder Wein. Gespriteter Wein, dem Alkohol zugesetzt wurde, mit über 15 Prozent Alkohol.

MADERIZZATO [MADERISIERT], auch **MARSALATO** Oxidierter Wein; manchmal kein Weinfehler, sondern ein typisches Merkmal (Madeira, Marsala).

MAGRO [DÜNN] Schwacher, extraktarmer Wein mit wenig Körper.

MATTONATO [ZIEGELROT] Farbe sehr alten Rotweins an der Schwelle zum Maderisieren.

METODO CHARMAT [TANKSEKTMETHODE] Auch «cuve close», Methode der Schaumweinherstellung in druckfesten Edelstahltanks. Der Heferückstand wird vor der Flaschenfüllung unter Gegendruck filtriert.

METODO CLASSICO [TRADITIONELLES VERFAHREN] Schaumweinerzeugung nach der Methode, nach der in Frankreich Champagner hergestellt wird: Flaschengärverfahren. Hier wird der Heferückstand durch das Degorgieren aus der Flasche geschleudert.

MOLLE [LASCH] Allzu weich, rückgrat- oder charakterlos.

MORBIDO [WEICH] Ausgewogener, runder Wein mit einer Fülle von Alkohol und Glycerin.

MOST Saft frisch gepresster Trauben mit einem potenziellen Alkoholgehalt von mindestens acht Prozent.

NERBO [RÜCKGRAT] Merkmal eines Weins, der Säure, Körper und Struktur aufweist.

NETTO [SAUBER] Sauberer Geruch oder Geschmack, ehrlich und fehlerlos.

OENOTRIA «Land des Weins» – alte griechische Bezeichnung für Italien.

Die Weingärten des Chianti zeugen von den spektakulären Fortschritten der modernen italienischen Weinerzeugung.

OXIDIERT Weißwein, der durch Luftkontakt seine Frische verloren hat, mit dunklerer Farbe, auf dem Weg zum Maderisieren; bei Rotwein der Geruch nach faulen Äpfeln.

PAGLIERINO [STROHFARBEN] Gelblicher Farbton, erinnert an Stroh.

PAMPINI Weinblätter.

PASSITO Wein aus im Freien oder in geschlossenen Räumen getrockneten Trauben mit hohem Alkohol- und Zuckergehalt; entspricht ungefähr dem Strohwein.

PASTOSO [KLEBRIG] An Zucker, Extrakt und Glycerin überreicher Wein.

PENETRANT Scharfer, manchmal unangenehmer Geruch, hervorgerufen durch flüchtige Substanzen (Äthylacetat) oder Gase (Schwefelwasserstoff).

PERLAGE Auch Mousseux; die beim Schaumwein aufsteigenden Kohlensäurebläschen. Je größer und flotter die Perlen, desto rauer ist der Sekt am Gaumen; je kleiner und stetiger, desto höher die Qualität.

PERSISTENZA [NACHWIRKUNG] Letzte von einem Wein hervorgerufene Geschmacksempfindung, manchmal als Abgang bezeichnet, direkt proportional zur Qualität des Weins.

PESANTE [ÜBERLADEN] Zu alkohollastig, schwer zu trinken.

PIENO [VOLL] Ausgewogener Wein mit Körper und Struktur.

POLYPHENOLE Sämtliche in einem Wein enthaltenen Stoffe (Anthocyane, Tannine, Flavonoide etc.), verantwortlich für die Tiefe des Geschmacks und seine Langlebigkeit.

PORPORA [PURPURROT] Farbe junger Rotweine mit leichtem Körper, besonders von neuem Wein *(nouveau/novello)*.

PORTAINNESTO [UNTERLAGSREBE] Amerikanische Rebe, auf die eine europäische Rebe gepropft ist.

PRONTO [TRINKREIF] Wein, den man ohne weitere Lagerung trinken kann.

RASPO [TRAUBENSTIEL] Verholzter Teil einer Traube.

REIF Wein, der den optimalen Reifezustand erreicht hat, egal, ob er jung oder alt ist.

RETROGUSTO [NACHGESCHMACK] Summe der Empfindungen nach dem Schlucken von Wein.

RIDOTTO [REDUZIERT] Typisches Bukett von Weinen, die lange in einer sauerstoffarmen Umgebung (etwa in der Flasche) gealtert sind; neigt dazu, sich bei Luftkontakt rasch zu verflüchtigen.

ROBUSTO [KRÄFTIG] Alkoholreicher, gut strukturierter Wein.

ROTONDO [RUND] Durch seinen Zuckergehalt gemilderter Wein mit mäßigem Säuregehalt und gutem Körper.

RUBINO [RUBINROT] Typische Farbe von jungem Rotwein.

SACCHAROMYCES Mikroorganismen, die die alkoholische Gärung des Traubenmosts hervorrufen. Siehe auch «Hefen».

SAPIDO [MINERALISCH] Weine mit hohem Mineralsalzgehalt.

Der Iseosee in der Lombardei. Italiens Seen tragen zum günstigen Mikroklima vieler italienischer Weinbaugebiete bei.

SÄURE Grundlegender Bestandteil des Weins, die Summe seiner titrierbaren und flüchtigen Säuren (Apfel-, Wein-, Zitronen- und Essigsäure), angegeben in Gramm pro Liter. Entscheidend für Bekömmlichkeit und Lagerfähigkeit eines Weins.

SÄURE, FLÜCHTIGE Essigsäure im Wein. In kleinen Mengen wichtig für die Entwicklung des Buketts; zuviel davon verleiht dem Wein einen stechenden Essigton.

SÄURE, TITRIERBARE Gesamtgehalt an nicht flüchtigen Säuren.

SBOCCATURA [DEGORGIEREN] Bei Schaumweinherstellung in traditioneller Flaschengärung werden dabei die Hefeablagerungen entfernt; ist das Datum auf dem Etikett angegeben, so bezeichnet es das ungefähre Alter von Nicht-Jahrgangsweinen.

SORTENTYPISCH Wein, aus dem die Rebsorte sehr deutlich riech- und schmeckbar ist.

SPALLIERA [SPALIER] Mittelhohe bis hohe Reberziehungsmethode, in Teilen Nordwestitaliens verbreitet.

SPUNTO [ESSIGSTICH] Übermaß an unangenehmen flüchtigen Bestandteilen wie Acetaldehyd.

STOFFA [TEXTUR] Geschmacklicher Gesamteindruck eines Weins, kann leicht, seidig, samtig oder schwer sein.

STRUTTURA [STRUKTUR] Gesamtheit der Bestandteile eines Weins.

STRUTTURATO [STRUKTURIERT] Alkoholstarker, polyphenolreicher Wein.

SVANITO [SCHAL] Flach schmeckender Wein, durch zu viel Luftkontakt geschwächt.

TAGLIO Verschnitt von Weinen verschiedener Rebsorten oder Jahrgänge.

TANNICO [GERBSTOFFREICH] Adstringierend, tanninreich.

TANNIN Diese Substanz kommt mit Schalen, Stielen und Kernen in den Wein; vor allem bei Rotweinen wichtig für Haltbarmachung und Farbe des Weins. Gibt dem Geschmack eine adstringierende, herbe Note, die mit dem Alter abnimmt.

TENDONE In Teilen Mittel- und Süditaliens – vor allem in den Abruzzen – verbreitete Form der Pergel-Erziehung.

TENUE [TRANSPARENT] Leicht, flüchtig in Farbe oder Bukett.

TERROIR Kombination aus Boden, Exposition und Kleinklima, die die Einzigartigkeit eines bestimmten Weins ausmacht.

TIPICO [TYPISCH] Spricht eigentlich für sich selbst: die Eigenschaft eines Weins, dem Geschmacksbild einer Region, einer Rebsorte oder einer bestimmten Ausbaumethode genau zu entsprechen.

TRALCIO [TRIEB] Teil der Rebe, an dem die Trauben wachsen.

TRANQUILLO [STILL] Wein ohne (Rest-)Kohlensäure. Der Terminus wird auch im Gegensatzpaar *vino tranquillo – vino effervescente* (Stillwein – Schaumwein) gebraucht.

TROCKENEXTRAKT Summe der Bestandteile eines Weins abzüglich Alkohol und Wasser.

UNHARMONISCH Aufgrund des Fehlens oder der übermäßigen Ausprägung eines Elements unausgewogener Wein.

UVA [TRAUBE] Sowohl im Sinne von «Rebsorte» als auch von «Traube» gebraucht.

UVAGGIO [VERSCHNITT] Rebsortenmix, d. h. das Mengenverhältnis der einzelnen Rebsorten im fertigen Wein.

VELATO [SCHLEIERIG] Nicht ganz klarer Wein.

VELLUTATO [SAMTIG] Harmonischer, weicher, gewinnender Wein, dessen Textur einen samtigen Eindruck am Gaumen hinterlässt.

VERDOLINO [BLASSGRÜN] Leichter Grünstich aufgrund des Vorhandenseins von Chlorophyll in den Trauben. Typischer Farbton von Weinen aus dem Norden, besonders von Riesling und Sauvignon Blanc.

VERTICALE [VERTIKAL] Weine, in denen Tannin und Säure gegenüber der Weichheit von Alkohol und Glycerin dominieren.

VINACCE [TRESTER] Feste Bestandteile, die nach dem Abpressen zurückbleiben: Stiele, Schalen und Kerne. Aus diesem Rückstand wird Grappa destilliert.

VINOSO [MOSTIG] Jungwein, dessen Aroma an gärenden Most erinnert.

VITE MARITATA «Verheiratete Reben» – alte Erziehungsform, bei der die Rebe von einem Baum (Ahorn, Oliven-, Maulbeerbaum) gestützt wird, noch in Teilen der Marken, Latiums und Molises anzutreffen.

VITIGNO Rebsorte.

VITIS VINIFERA Die europäische Edelrebfamilie.

VIVACE [LEBHAFT] Jung wirkender Wein, der noch etwas (Rest-)Kohlensäure enthält.

Cabernet Sauvignon wird vorherrschend im Nordosten Italiens angebaut, gewinnt jedoch mit der Internationalisierung des italienischen Weinbaus an Bedeutung.

Register

Bildnachweis

1 Cephas Picture Library/Mick Rock; 3 oben: Scope/Bernard Galeron; 3 unten: Cephas Picture Library/Mick Rock; 4 Cephas Picture Library/Andy Christodolo; 6–7 Andrea Pistolesi; 8–9 AKG; London/ © DACS 2000; 10 Ancient Art and Architecture Collection; 11 AKG; London; 12 Patrick Eagar/Mike Newton; 13 Cephas Picture Library; 14 Cephas Picture Library/Mick Rock; 15 Cephas Picture Library/Mick Rock; 18 Cephas Picture Library/Mick Rock; 19 Cephas Picture Library/Mick Rock; 20 Laura Ronchi/Innehofer & Partner; 21 Cephas Picture Library/Mick Rock; 22 links: Cephas Picture Library/Mick Rock; 22 rechts: Cephas Picture Library/Mick Rock; 23 Cephas Picture Library/Mick Rock; 24 oben: Vivai Cooperativi Rauscedo/Negro Amaro; 24 unten: Cephas Picture Library/Mick Rock; 25 Cephas Picture Library/Mick Rock; 26 Vivai Cooperativi Rauscedo; 27 links: Cephas Picture Library/Mick Rock; 27 rechts: Cephas Picture Library/Mick Rock; 28 Cephas Picture Library/Mick Rock; 29 Cephas Picture Library/Mick Rock; 30–31 Anthony Blake Photo Library/John Sims; 32 Scope/Jacques Guillard; 34 Cephas Picture Library/Mick Rock; 36 Cephas Picture Library/Andy Christodolo; 37 oben: Franca Speranza Agenzia Fotografica, Milan/Walter Leonardi; 37 unten: Claes Lofgren; 38 Scope/Jacques Guillard; 39 Cephas Picture Library/Mick Rock; 40 Cephas Picture Library/Andy Christodolo; 41 Cephas Picture Library/Andy Christolodo; 42 Scope/Jacques Guillard; 43 Ikona; 44 Patrick Eagar; 45 Cephas Picture Library/Mick Rock; 46 Cephas Picture Library/Mick Rock; 47 Guiseppe Carfagna/Ikona; 49 Cephas Picture Library/Mick Rock; 50 Guiseppe Carfagna/Ikona; 51 Ikona; 52 oben: Cephas Picture Library/Mick Rock; 52 unten: Jean Charles Gesquire/Scope; 54 links: Guiseppe Carfagna/Ikona; 54 rechts: Cephas Picture Library/Mick Rock; 55 Guiseppe Carfagna/Ikona; 56 Cephas Picture Library/Mick Rock; 57 links: Mategani/Laura Ronchi; 57 rechts: Ikona; 58 Cephas Picture Library/Mick Rock; 59 links: Cephas Picture, Library/Mick Rock; 59 rechts: Guglielmo de 'Micheli/Grazia Neri; 60 Claes Lofgren; 61 Cephas Picture Library/Mick Rock; 62 Paulo Negri/Laura Ronchi; 63 Ikona/Paulo Della Corte; 64 Cephas Picture Library/Mick Rock; 66 Cephas Picture Library/Mick Rock; 67 Cephas Picture Library/Mick Rock; 68 Cephas Picture Library/Mick Rock; 70 John Heseltine; 71 Foto Mairani; 72–73 Cephas Picture Library/Mick Rock; 74 Scope/Bernard Galeron; 76 Claes Lofgren; 77 The Travel Library/Stuart Black; 78 Cephas Picture Library/Mick Rock; 79 Cephas Picture Library/Mick Rock; 80 Cephas Picture Library/Herbert Lehmann; 81 Patrick Eagar; 82 Art Directors & TRIP Photo Library/J. Moscrop; 83 links: Scope/Bernard Galeron; 83 rechts: Scope/Bernard Galeron; 84 Steven Morris; 86 Cephas Picture Library/Mick Rock; 87 Ikona; 88 Cephas Picture Library/Mick Rock; 90 Cephas Picture Library/Andy Christodolo; 91 Fotos der Weinwelt; 92 Cephas Picture Library/Mick Rock; 94 Elio & Stefano Ciol; 95 Scope/Sara Matthews; 96 Octopus Publishing Group Ltd/Alan Williams; 97 Cephas Picture Library/Herbert Lehmann; 98 Tenuta Beltrame; 99 Azienda Agricola Borgo san Daniele; 100–101 Andrea Pistolesi; 102 Cephas Picture Library/Mick Rock; 104 Scope/Jaques Guillard; 105 Cephas Picture Library/R A Beatty; 106 Cephas Picture Library/Mick Rock; 107 Scope/Bernard Galeron; 108 Cephas Picture Library/Mick Rock; 110 Cephas Picture Library/Mick Rock; 111 Cephas Picture Library/Mick Rock; 112 Laura Ronchi/Stefano Stefani;

113 oben: Azienda Agricola Alessandro Moroder; 113 unten: Azienda Agricola Alessandro Moroder; 114 Cephas Picture Library/Mick Rock; 115 Cephas Picture Library/Mick Rock; 116 Fotos der Weinwelt/Hans-Peter Siffert; 117 Cephas Picture Library/Mick Rock; 118–119 Steven Morris; 120 The Travel Library/Ch. Hermes; 122 Patrick Eagar/Jan Traylen; 124 Axiom Photographic Agency/Chris Coe; 125 Art Directors & TRIP Photo Library /Streano/Havens; 126 Cephas Picture Library/Mick Rock; 127 Cephas Picture Library/Mick Rock; 128 Claes Lofgren; 129 Cephas Picture Library/Mick Rock; 130 Grazia Neri/Fabio Muzzi; 131 Art Directors & TRIP Photo Library/N. & J. Wiseman; 131 Patrick Eagar/Jan Treylen; 132 oben: Claes Lofgren; 132 unten: Claes Lofgren; 133 Anthony Blake Photo Library/John Sims; 134 Scope/Jean-Luc Barde; 135 Claes Lofgren; 136 Steven Morris; 137 oben: Claes Lofgren; 137 unten: Grazia Neri/Stefano Cellai; 138 Cephas Picture Library/Mick Rock; 139 links: Andrea Pistolesi; 139 rechts: Andrea Pistolesi; 140 The Travel Library/Philip Enticknap; 141 Scope/Jean Luc Bardem; 142 Cephas Picture Library/Mick Rock; 143 Cephas Picture Library/Mick Rock; 144 Foto Mairani; 145 Ikona; 146 oben links: Franca Speranza/Bruno Morandi; 146 oben: The Travel Library/Stuart Black; 147 Anthony Blake Photo Library/John Sims; 148 The Travel Library/Philip Enticknap; 150 Cephas Picture Library/Mick Rock; 151 Claes Lofgren; 152 Cephas Picture Library/Mick Rock; 153 rechts: Cephas Picture Library/Mick Rock; 153 unten links: Claes Lofgren; 154 John Heseltine; 156 Cephas Picture Library/Mick Rock; 157 Cephas Picture Library/Mick Rock; 158 Franca Speranza Agenzia Fotografica, Milan/Sandro Vannini; 159 Foto Mairani; 160 Foto Mairani; 161 Foto Mairani; 162 Corbis UK Ltd; 163 Ikona; 164–165 J Allan Cash Ltd; 166 Scope/Michel Gotin; 168 John Ferro Sims; 169 Ikona/Pasquale Stanzione; 170 Scope/Michel Gotin; 171 Scope/Michel Gotin; 172 Foto Mairani; 173 oben: Foto Mairani; 173 unten: Fontana Galardi; 174 Cephas Picture Library/Mick Rock; 176 Cephas Picture Library/Mick Rock; 177 Cephas Picture Library/Mick Rock; 178 Franca Speranza Agenzian Fotografica, Milan/Stefano Torrione; 179 Cephas Picture Library/Mick Rock; 180 Franca Speranza Agenzia Fotografica, Milan/Sandro Vannini; 182 Cephas Picture Library/Mick Rock; 183 Cephas Picture Library/Mick Rock; 184 Cephas Picture Library/Mick Rock; 186 Franca Speranza Agenzia Fotografica, Milan/Rosario Elia; 187 Ikona; 187 unten: Franca Speranza Agenzia Fotografica, Milan/G Carfagna; 188–189 Pictures Colour Library Ltd; 190 Pictures Colour Library Ltd; 192 Index/Baldi; 193 oben: Sella & Mosca; 193 unten: Ikona; 194 Grazia Neri/Giulio Veggi/White Star; 194 Azienda Vinicola Attilio Contini spa Contini; 195 Grazia Neri/Giulio Veggi/White Star; 196 Grazia Neri/Curzio Baraggi; 197 Agriolas; 198 Anthony Blake Photo Library/John Sims; 200 Corbis UK Ltd; 201 Cephas Picture Library/Mick Rock; 202 The Travel Library/Philip Enticknap; 203 Cephas Picture Library/Mick Rock; 204 John Heseltine; 205 Cephas Picture Library/Mick Rock; 206 The Travel Library/Stuart Black; 207 Cephas Picture Library/Mick Rock; 208 Corbis UK Ltd; 209 Ikona/Massimo Siragusa; 211 Cephas Picture Library/Andy Christodolo; 212 Cephas Picture Library/Mick Rock; 213 Cephas Picture Library/Mick Rock; 214 The Travel Library/Stuart Black; 215 Cephas Picture Library/Mick Rock.

Die Autoren Daniele Cernilli und Marco Sabellico danken ihren Gattinnen Alessandra Capogna und Marina Thompson für deren Unterstützung während der gesamten Entstehungszeit dieses Buches. Ein weiterer Dank ergeht an Rebecca Spry, Lucy Bridgers, Adrian Tempany, Hilary Lumsden, Tracy Killick und Colin Goody.